未来エコ
実践テクノロジー
CN^2 燃料の普及を考える会［編著］
図解でわかる
カーボンニュートラル燃料
脱炭素を実現する新バイオ燃料技術
技術評論社

はじめに

世界的な脱炭素社会にむけた動きの中、日本も「第6次エネルギー基本計画」で2050年カーボンニュートラルの実現を掲げた。もっとも重要なのは、温室効果ガス排出量の8割以上を占めるエネルギー分野の取り組みだ。そのために産業界、消費者、政府などが総力を挙げて取り組む必要がある。

エネルギーの歴史は人類の歴史とともにある。約50万年前に人類が火の利用を可能としてから、人類の歴史はエネルギーの進歩と密接に関わってきた。蒸気機関の発明は石炭の活用なくしては産業革命につながらなかったし、電気や自動車の普及には石油が不可欠であった。

しかし、同時に多くの問題を引き起こした。火の使用は人類を飛躍的に豊かにしたが、人口増加と併せて、火を用いた煉瓦や鉄器、銅器製造のため森林が乱伐されていく。薪炭価格の高騰は石炭そして石油へとエネルギーの源泉を変遷させるが、これらは有限な化石燃料であり、その涸渇が問題とされた。人口増加と経済成長が続けば、資源制約により、地球の成長は100年以内に限界に達する、とローマ・クラブが「成長の限界」で警告を発したのは1972年のことだ。

当時、原油の可採年数は約30年と試算されていたが、今日原油は政治経済状況により価格の高騰はあっても涸渇はしていない。しかし、新たな問題を抱えることになる。地球温暖化をはじめとする気候変動の深刻化だ。今、その対処策として温室効果ガスの排出量を実質でゼロとするカーボンニュートラルが求められている。

温室効果ガスの排出を完全にゼロに抑えることは現実的に難しいが、排出せざるを得ない分に等しい量を「吸収」または「除去」することで、差し引きゼロにする。これが、「カーボンニュートラル」の意味するところだ。

温室効果ガスを排出する化石燃料に代わるエネルギーとして期待されたのが原子力発電であったが、2011年の東京電力福島第一原発事故を受け、その安全性と安定供給への疑問が生じ、脱炭素対策の主役となることはなくなった。代わって注目されているのが、水素やアンモニア、そして再生可能エネルギーだ。

水素は石油や石炭、天然ガスのような化石燃料と違って、燃焼させても大気汚染の原因になる有害物質や、二酸化炭素のような地球温暖化の原因になる温室効果ガスを発生しない。排出されるのはH_2Oの水だけだ。アンモニアは燃料として用いた場合、燃焼時にCO_2を出さず、かつ水素より運搬が簡単なため、脱炭素のエネルギーとして有望視されている。ただし、水素にしてもアンモニアにしても、それらを製造する方法によってはCO_2を発生する。

その点、とうもろこしや砂糖キビなどを原料とするバイオ燃料、すなわち再生可能エネルギーは、燃焼するとき石油などの化石燃料と同様にCO_2を排出するが、原料となる植物は成長過程において二酸化炭素を吸収する。したがって、燃焼時のCO_2の排出量は差し引きゼロで「カーボンニュートラル」となる。

バイオ燃料といえば、かつて「食料か燃料か」といった問題が議論された。国際原油価格が高騰した2000年代半ば、アメリカを中心に世界中でバイオ燃料の導入が進んだが、バイオ燃料の主原料が食用農産物であるため、バイオ燃料の増加は「食料か燃料か」という問題を提起した。しかし、これは二者択一問題ではなく、技術進歩によって、ともに解決可能な課題だ。

現在バイオエタノール生産に利用されているのは、食品や飼料に用いられる穀物などの農産物だが、バイオエタノール用として手間がかからず成長の早い多収量の品種を開発していけば、面積を増やさずに生産拡大は可能だ。また、第二世代とよばれるセルロース起源のバイオエタノール生産技術も発達しており、将来的には食料と競合することはなくなる。

食料生産との競合はアンモニアでも指摘されている。アンモニアは窒素肥料の原料となるため、肥料価格の高騰が懸念されている。しかし、電力会社等が燃料として用いるアンモニアは、再生可能エネルギーで製造した「グリーンアンモニア」や、製造時に発生するCO_2を抑制・回収した「ブルーアンモニア」といったクリーンな材料だ。農業用の肥料に用いるアンモニアは従来製法によるものであり、必ずしも競合しない。

いずれ、肥料製造においても脱炭素が求められ、クリーンなアンモニアにシフトすることになるにしても、当面はコストの点からも従来製法によるアンモニアの利用が主流となろう。

今求められているのは、脱炭素という喫緊の課題に向けた技術開発であり、そのための投資だ。不足する資源の価格は高騰し、その資源に代わる代替物の開発が誘発される。これは誘発的技術進歩と呼ばれるが、市場メカニズムだけに任せるのではなく、必要性が明確な脱炭素の課題に対し、官民あげてより積極的に取り組まなければならない。

本書では、カーボンニュートラル燃料について、産業界の現状とこれからの普及に向けた技術開発の最新情報を図解でわかりやすく解説されている。本書を通じて、脱炭素、カーボンニュートラル、バイオ燃料といった、これからの人間社会を司るエネルギーの本質について理解が深まることを期待したい。

2022年4月

アジア成長研究所特別教授・東京大学名誉教授

本間 正義

CONTENTS

［カーボンニュートラル燃料を理解するための基本用語］

用語	説明
再生可能エネルギー	利用する以上の速度で自然界からエネルギーが補充される資源のことを指す。日本では、法律と政令で太陽光、風力、水力、地熱、太陽熱、大気中の熱、その他の自然界に存在する熱、バイオマス（動植物に由来する有機物）の7種類が挙げられている。カーボンニュートラルを実現する上で、CO_2の排出を全体としてゼロにするために、再エネの導入は欠かせない取り組みである。
カーボンニュートラル	CO_2に限らず、メタン、N_2O（一酸化二窒素）、フロンガスを含む「温室効果ガス」の排出量を差し引きでゼロにすること。従来はバイオマスを燃焼することにより放出されるCO_2が生物の成長過程で光合成により大気中から吸収したCO_2であることから、大気中のCO_2を増加させない特性を称して使われていた。
ネガティブ・エミッション技術	直接空気からCO_2を回収したり、バイオマスを利用して間接的にCO_2を回収する技術と、回収したCO_2の貯留または固定化等を組み合わせることにより、正味としてマイナスのCO_2排出量を達成する技術。
e-fuel	再生可能エネルギーから得られる電力を用いて水を電気分解して得られる水素と、様々な方法で回収したCO_2を合成して得られる液体燃料。現在は発電所や工場などから回収されたCO_2の利用が想定されているが、将来的には、大気中の空気から直接CO_2を回収することが想定されている。
SDGs	将来の世代のために持続可能性のある社会を実現するための取り組みのことで、2001年に策定されたミレニアム開発目標（MDGs: Millennium Development Goals）の後継として、2015年9月の国連サミットで加盟国の全会一致で採択された国際目標。 2030年までに持続可能でよりよい世界を目指す17のゴールと169のターゲットから構成されている。SDGsは発展途上国のみならず，先進国自身が取り組む普遍的なものである。
バイオ燃料	バイオマスを原料に、発酵、搾油、熱分解などによって作られた液体燃料を指す。バイオ燃料を用途別に分けると、ガソリン代替であるバイオエタノール、軽油代替であるバイオディーゼル燃料、灯油・ジェット燃料代替であるバイオジェット燃料があり、その他重油代替なども検討されている。
カーボンリサイクル	CO_2を炭素資源と捉えて再利用すること。排出したCO_2を活用する形で温暖化対策に取り組むというのが「カーボンリサイクル」。2019年1月のダボス会議において、安倍総理がCO_2リサイクルの必要性に言及し、同年2月に資源エネルギー庁にカーボンリサイクル室が設置され、6月には「カーボンリサイクル技術ロードマップ」が取りまとめられた。
LCA（ライフサイクルアセスメント）	ある製品・サービスのライフサイクル全体またはその特定段階における環境負荷を定量的に評価する手法。LCAについては、国際標準化機構による環境マネジメントの国際規格の中で、規格が作成されており、わが国の企業でもCSR報告書などでLCAが取り入れられている。資源エネルギー庁のエネルギー源別標準発熱量・炭素排出係数によると、バイオマス由来の燃料は二酸化炭素の排出量の算定対象とはならないことから、総合エネルギー統計における炭素排出係数は0として扱われている。
次世代自動車	「ハイブリッド車（HEV）」「電気自動車（BEV）」「燃料電池車（FCV）」「天然ガス自動車（CNG）」の4種類であるが、近年ではCNGの代わりに「プラグインハイブリッド車（PHV）」が考慮され、動力エネルギーの一部もしくは全部が電気で賄われ、走行する際のCO_2排出量が従来車よりも少ない車輛の事を指す。
バイオエタノール	サトウキビ、トウモロコシ、キャッサバ（熱帯～亜熱帯地域で栽培されている芋の一種）などを原料に、糖を発酵して作る方法や植物の非可食部を前処理・糖化することによって得られた糖を発酵して作る方法がある。バイオエタノールはオクタン価が高く、ガソリンに混合して用いられている。
バイオジェット燃料	化石資源由来である石油系ジェット燃料の代替として、航空業界で導入が計画されているバイオマス由来の燃料。現在、国際規格として認められているバイオジェット燃料は7種類あり、森林系バイオマス、草本系バイオマス、植物油、アルコール、藻類、都市ゴミなどが原料として使われる。
バイオエタノールプラットフォーム	本著者らが提案している、国産バイオエタノールの製造技術開発と並行して、バイオエタノールの利活用技術の確立に取り組む枠組みのこと。バイオエタノールを基幹物質として、e-fuel、ATJプロセスによるバイオジェット燃料、バイオプラスチックなどを併産する。
ドロップインフューエル	ガソリン、ディーゼル油、ジェット燃料に本質的に類似した炭化水素燃料のこと。自動車、船舶、航空機など既存のインフラに対し、「そのまま(drop-in)」使用できる。これにより、エタノールやバイオディーゼルといったバイオ燃料の実用化を妨げているインフラの互換性に関する問題が最小化される。

［英単語略語表］

略称	正称	和訳
AI	Artificial Intelligence	人工知能
ASTM	American Society for Testing and Materials	ASTMインターナショナル （旧：米国材料試験協会）
ATJ	Alcohol to Jet	アルコールからのジェット燃料
ATO	Alcohol to Olefin	アルコール・ツー・オレフィン
BECCS	Bioenergy with Carbon dioxide Capture and Storage	バイオマスCO_2回収・貯留
BECCU	Bioenergy with Carbon dioxide Capture and Utilization	バイオマスCO_2回収・利用
BEV	Battery Electric Vehicle	（二次電池式）電気自動車
BiCRS	Biomass Carbon Removal and Storage	バイオマス炭素除去・貯留
BTX	Benzene, Toluene and Xylene	ベンゼン、トルエン、キシレン
CARB	California Air Resource Board	カリフォルニア州大気資源局
CASE	Connected, Autonomous, Shared, Electric	コネクテッド、自動運転、シェアリング、電動化
CAT	Climate Action Tracker	気候アクショントラッカー
CCS	Carbon dioxide Capture and Storage	CO_2回収・貯留
CCU	Carbon dioxide Capture and Utilization	CO_2回収・利用
CCUS	Carbon dioxide Capture, Utilization and Storage	CO_2回収・利用・貯留
CDR	Carbon Dioxide Removal	CO_2除去
CEO	Chief Executive Officer	最高経営責任者
CHJ	Catalytic Hydrothermolyisis Jet fuel	触媒的熱分解ジェット燃料
CNG	Carbon Neutral Growth	カーボンニュートラルな成長
COP	Conference of Parties to the United Nations Framework Convention on Climate Change	国連気候変動枠組条約締約国会議
CORSIA	Carbon Offsetting and Reduction Scheme for International Aviation	国際航空のためのカーボンオフセットおよび削減スキーム
DAC	Direct Air Capture	CO_2直接空気回収
DACS	Direct Air Capture with Carbon Storage	CO_2直接空気回収・貯留

略称	正称	和訳
DDGS	Distiller's Dried Grains with Solubles	ドライド・ジスチラーズ・グレイン
DME	Dimethyl Ether	ジメチルエーテル
DSHC	Direct Sugar to HydroCarbon	直接還元糖炭化水素
e-fuel	Electrofuels	イーフューエル
EOR	Enhanced Oil Recovery	原油増進回収
ETBE	Ethyl Tert-Butyl Ether	エチル・ターシャリー・ブチル・エーテル
FAA	Federal Aviation Administration	アメリカ連邦航空局
FAME	Fatty Acid Methyl Ester	脂肪酸メチルエステル
FCV	Fuel Cell Vehicle	燃料電池自動車
FFV	Flexible-Fuel Vehicle	エタノール対応車両
FIT	Feed-in Tariff	固定価格買取制度
FT	Fischer-Tropsch process	フィッシャー・トロプシュ合成
GHG	Greenhouse Gas	温室効果ガス
GPS	Global Positioning System, Global Positioning Satellite	全地球測位システム
HEFA	Hydroprocessed Esters and Fatty Acids	水素化処理エステル・脂肪酸
HEV	Hybrid Electric Vehicle	ハイブリッド自動車
HFS	Hydroprocessed Fermented Sugars	糖発酵・水素化
HMS	Hexagonal Mesoporous Silica	六方晶メソ多孔質シリカ
IATA	International Air Transport Association	国際航空運送協会
ICAO	International Civil Aviation Organization	国際民間航空機関
ICEF	Innovation for Cool Earth Forum	世界エネルギー・環境イノベーションフォーラム
IEA	International Energy Agency	国際エネルギー機関
IGCC	Integrated Coal Gasification Combined Cycle	石炭ガス化複合発電プラント
IGFC	Integrated Coal Gasification Fuel Cell Combined Cycle	石炭ガス化燃料電池複合発電
ILUC	Induced Land Use Change	間接的土地利用変化
INDC	Intended Nationally Determined Contribution	温室効果ガス削減・抑制目標（約束草案）
IPCC	Intergovernmental Panel on Climate Change	国連気候変動に関する政府間パネル

略称	正称	和訳
IT	Information Technology	情報技術
ITS	Intelligent Transport Systems	高度道路交通システム
JASE	Society of Automotive Engineers of Japan	公益社団法人自動車技術会
JATOP	Japan Auto-Oil Program	自動車・石油の共同研究
JBSL	Japan Biofuels Supply LLP	バイオマス燃料供給有限責任事業組合
JCM	Joint Crediting Mechanism	二国間クレジット制度
JHyM	Japan H_2 Mobility	日本水素ステーションネットワーク合同会社
JIS	Japanese Industrial Standards	日本産業規格
JPEC	Japan Petroleum Energy Center	一般財団法人 石油エネルギー技術センター
LCA	Life Cycle Assessment	ライフサイクルアセスメント
LCVs	Light-Commercial Vehicles	小型商用車
LIB	Lithium Ion Battery	リチウムイオン二次電池
LPG	Liquefied Petroleum Gas	液化石油ガス
MaaS	Mobility as a Service	モビリティー・アズ・ア・サービス
MTBE	Methyl Tert-Butyl Ether	メチル・ターシャリー・ブチル・エーテル
MTG	Methanol to Gasoline	メタノールからガソリン製造
MTO	Methanol To Olefins	メタノールからオレフィン製造
NDC	Nationally determined contribution	温室効果ガス削減・抑制目標 (国が決定する貢献)
NEDO	New Energy and Industrial Technology Development Orgaization	国立研究開発法人 新エネルギー・産業技術総合開発機構
ODA	Official Development Assistance	政府開発援助
PHEV	Plug-in Hybrid Electric Vehicle	プラグインハイブリッド自動車
PLDVs	Passenger Light-Duty Vehicles	乗用車
PSA	Pressure Swing Adsorption	圧力変動吸着法
RCF	Recycled Carbon Fuels	リサイクル炭素燃料
RFA	Renewable Fuels Association	全米再生可能燃料協会
RFNBO	Renewable Fuels of Non-Biological Origin	非バイオ由来再エネ燃料

略称	正称	和訳
RITE	Research Institute of InnovativeTechnologyfor the Earth	公益財団法人地球環境産業技術研究機構
SAE	Society of Automotive Engineers	自動車技術会
SAF	Sustainable Aviation Fuel	持続可能な航空燃料
SDGs	Sustainable Development Goals	持続可能な開発目標
SDS	Sustainable Development Scenario	持続可能開発シナリオ
SIP	Synthesized Iso-Paraffins	合成イソパラフィン
SPK	Synthetic Paraffinic Kerosene	合成パラフィン灯油
STEPS	Stated Policies Scenario	公表政策シナリオ
UNEP	United Nations Environment Programme	国連環境計画
WEO	IEA World Energy Outlook	IEA 世界エネルギー見通し
WMO	World Meteorological Organization	世界気象機関
WtW	Well to Wheel	油井から車輪走行まで

注）地名、商品名、人名は除く。

[単位換算表]

	SI単位	工学単位	British単位	慣用単位等
長さ	1m	1m	39.37インチ	—
	25.40mm	25.40mm	1インチ	—
面積	10,000m^{2}	—	—	1 ha
質量	1 kg	1 kg	2.205ポンド(lb)	—
	1,000kg	1 t	2,205ポンド(lb)	—
	0.4536kg	0.4536kg	1ポンド(lb)	—
圧力	1kPa	0.01020kg/cm^{2}	0.1450psi	0.009869atm
	1MPa	10.20kg/cm^{2}	145.0psi	9.869atm
エネルギー・熱量	1J	0.0002389kcal	0.0009488Btu	0.0002778Wh
	1kJ	0.2389kcal	0.9488Btu	0.2778Wh
	1MJ	238.9kcal	948.8Btu	0.2778kWh
	1GJ	2.389×105kcal	0.9488MMBtu	277.8kWh
	1PJ	2.389×108kcal	948.8MMBtu	2.778×105kWh
	1 EJ	2.389×1011kcal	948,800MMBtu	2.778×108kWh
	1.054kJ	0.252kcal	1 Btu	0.2928Wh
	1.054GJ	2.520×105kcal	1MMBtu	
熱流	—	860kcal/h	—	292.8kWh
	—	8.60×105kcal/h	—	1 kW
	—	8.60×108kcal/h	—	1 MW
温度	273.15K	0℃	—	1 GW

ご注意：必ずお読みください

●本書記載の内容は、2022年4月20日現在の情報です。そのため、ご購入時には変更されている場合もあります。また、本書は著者が独自に調査した結果を出版したものです。

●本書の内容について万全を期して作成いたしましたが、万一、ご不明な点や誤り、記載漏れなど、お気づきの点がありましたら、奥付に記載の小社連絡先にてご連絡をお願いします。

●本書に記載された内容は、情報の提供のみを目的としています。本書の運用については、必ずお客様自身の責任と判断によって行ってください。これらの情報の運用の結果について、技術評論社および著者はいかなる責任も負いかねます。

●本書の全部または一部について、小社の許諾を得ずに複製することを禁止しております。

以上の注意事項をご承諾いただいた上で、本書をご利用願います。これらの注意事項をお読みいただかずに、お問い合わせいただいても、技術評論社および著者は対処しかねます。あらかじめ、ご承知おきください。

＊本文中に記載されている[1]は参考文献番号、1は同ページ下部の脚注番号です。

第1章

CO_2削減に対する国内外の動向

第１章　概要

本章では地球温暖化対策としての温室効果ガスの削減に関する世界的な潮流について紹介し、特に化石燃料の代替として注目度が増しているバイオ燃料やe-fuelといったカーボンニュートラル燃料の定義付けと、石油産業の取り組みについて紹介する。

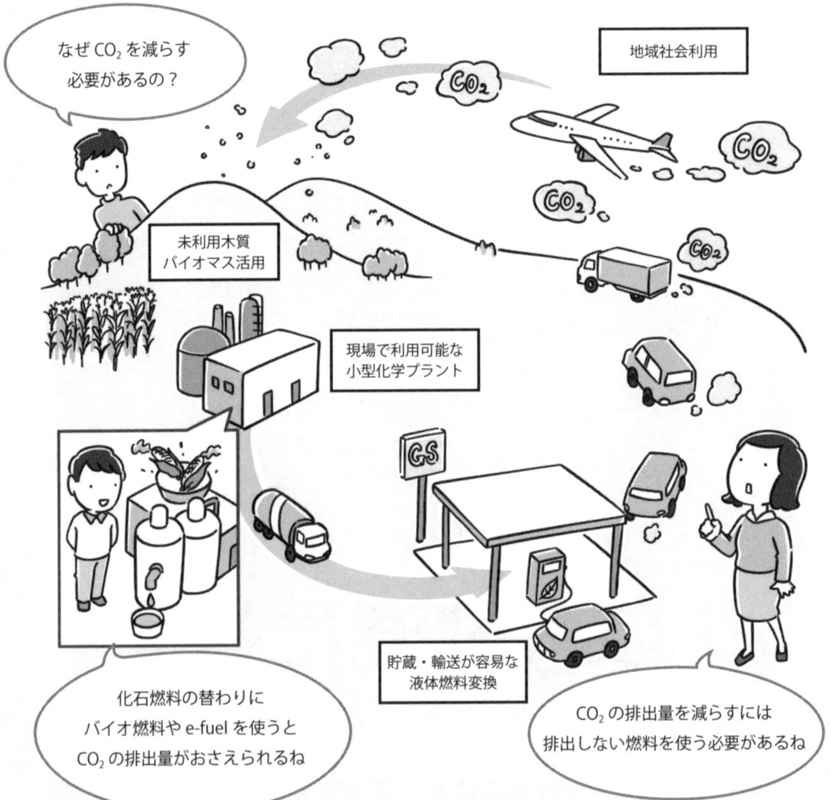

1.1 〉パリ協定の意味・GHG排出量削減に向けた世界の動向

1 CO_2排出量をなぜ減らす必要があるのか

地球規模の課題である気候変動問題の解決に向けて、各国が対策に取り組んでいるなか、2015年の第21回気候変動枠組条約締約国会議(COP21)において、気候変動抑制に関する多国間の国際的な協定である「パリ協定」が採択された。

パリ協定では、世界的な平均気温上昇を産業革命以前に比べて2℃未満に抑えること、加えて、1.5℃に抑制する努力目標も規定された。これらの目標を達成するためには、21世紀後半までに人間の活動による温室効果ガス(GHG：Greenhouse Gas)の排出量を実質的にゼロにする、すなわちカーボンニュートラルの方向性が打ち出された。

先進国の排出するGHGのうち、大半を占めるエネルギー由来の二酸化炭素(CO_2)については、主に電力分野で太陽光発電や風力発電といった再生可能エネルギーの導入による非化石燃料化が進められている。しかし、自動車、船舶、航空機、産業用ボイラー、暖房用の燃料として用いられるほか、非エネルギー部門では、プラスチックなどの化学品原料として利用されている石油製品の非化石燃料化については統一的なアプローチ方法が示されておらず、社会的な理解も進んでいない状況にある。

①地球温暖化対策としてのカーボンニュートラル

1970年代以降、地球温暖化が深刻な問題として注目され、1988年には、国連環境計画(UNEP：United Nations Environment Programme)と世界気象機関(WMO：World Meteorological Organization)によって、地球温暖化に関する科学的側面をテーマとした政府間の検討の場として、気候変動に関する政府間パネル(IPCC：Intergovernmental Panel on Climate Change)が設立された[1]。

1997年には京都で行われた第3回気候変動枠組条約締約国会議(COP3)で「京都議定書」が採択され、先進国などに対してGHG排出削減義務が課されたため、地球温暖化対策が喫緊の課題となった。

さらに2015年のCOP21において、気候変動抑制に関する多国間の国際的な協定であるパリ協定が採択された。

COP21に先立って、各国は国内で決めた2020年以降の温暖化対策に関する目標である約束草案(INDC：Intended Nationally Determined Contributions)を提出した。日本は2015年7月17日に、2030年度にGHG排出量を2013年度比で26.0%削減(2005年度比25.4%削減)するとのINDCを、気候変動枠組条約事務局へ提出し、パリ協定の締結後には草案がとれて、NDCとなった。日本のNDCは2021年10月22日に更新版が提出されており、2030年度にGHG排出量を2013年度比で46.0%削減することが明記されている。

図1.1のように2021年12月末時点で、59か国がカーボンニュートラルを表明している[2]。

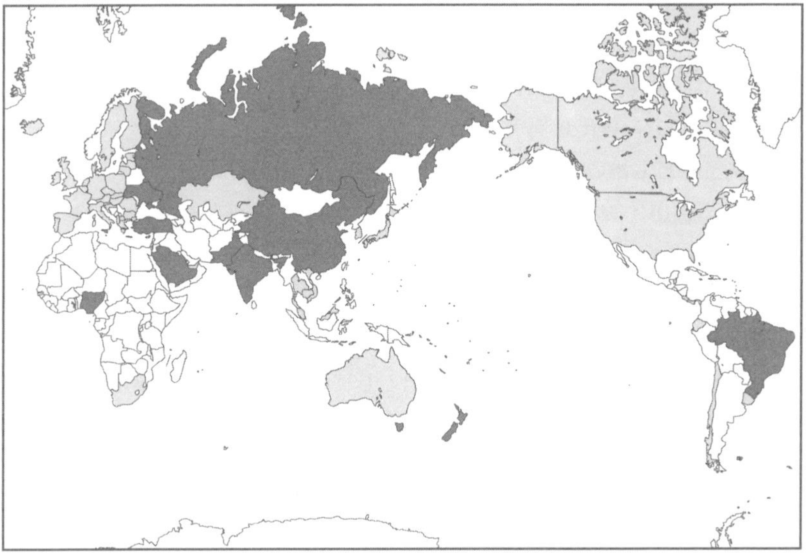

注)青が2050年までの達成を表明している国、灰色がそれ以降の達成を表明している国

図1.1 カーボンニュートラルを表明している国

出典：Energy & Climate Intelligence Unit「Net Zero Scorecard − NET ZERO EMISSIONS RACE」[2]をもとに作成

❷ 2100年までの温暖化予測

Climate Action Tracker(CAT)が公開している2100年までのシナリオ別の温暖化予測を**図1.2**に示す[3]。

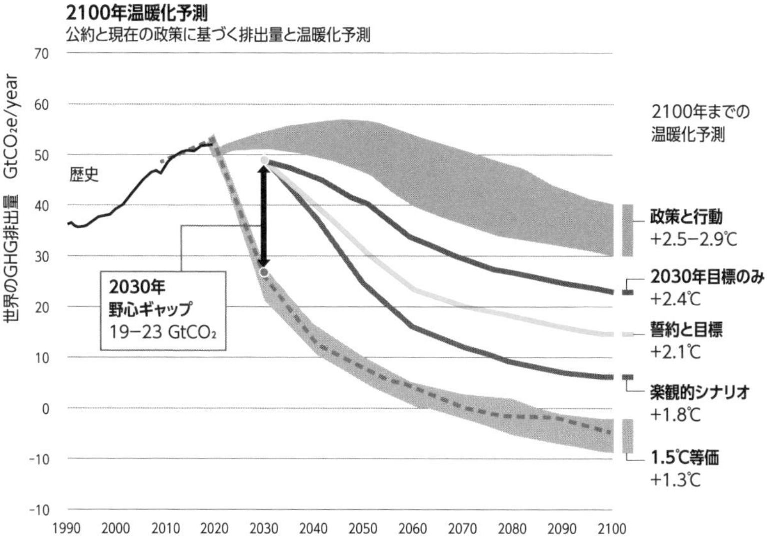

図1.2　2100年までのシナリオ別の温暖化予測

出典：Climate Action Tracker(CAT)「Addressing global warming」(2021)[3]をもとに作成

現在までの実績のGHG排出量は1990年の約35Gt-CO_2e／年[1]から2019年の50Gt-CO_2e／年以上まで徐々に増加している。今後、世界中で実施されている現行の政策にもとづいて、GHG排出削減が実行された場合、2030～2050年をピークにGHG排出量は徐々に減少し、2100年において30～40Gt-CO_2e／年の排出量となる。このとき、産業革命以前のレベルから2.5～2.9℃の範囲の温暖化が起こると予想されている。

各国のNDCが実行された場合は2100年におけるGHG排出量は約25Gt-CO_2e／年まで減少し、産業革命以前のレベルから2.4℃の温暖化が予想される。

1　**$GtCO_2e$/年**　CO_2eはCO_2等価の量を示す。CO_2eqと表すこともある。Gtは10億トンの意味。

温暖化を産業革命前の水準から1.5℃に抑えるということは、今後数年から数十年の間にGHGの排出量を急速に削減し、今世紀半ばには排出量をゼロにする必要があることになる。

各国政府が約束したこと(NDC)と、現行の政策の間には、依然として大きなギャップがあり、さらに、現在の政策とNDCはいずれも、パリ協定の長期目標で必要な排出経路を大きく上回っている。

③ IPCCの1.5℃目標

2018年に発表されたIPCCの1.5℃特別報告書[4]では、地球温暖化を1.5℃に抑える4つの例示的モデルの排出経路が示され、そのいずれにおいても植林によるCO_2除去(CDR：Carbon Dioxide Removal)が必要となること、4つのうち、3つの排出経路ではCO_2回収・貯留付きバイオエネルギー(BECCS：Bioenergy with Carbon Capture and Storage)が必要となることが示された(**図1.3**)。

このBECCSを行うためには、バイオマス発電所のみならず、バイオ燃料の製造時に発生するCO_2を回収するという二段階で取組んでいくことが現実的であり、発電部門と運輸部門のCO_2排出削減が期待される。

このように将来の地球温暖化対策においてバイオマスの利活用が必須であることはもとより、バイオマス由来のカーボンニュートラル燃料の利用とBECCSの組み合わせは重要な技術オプションであることがうかがえる。

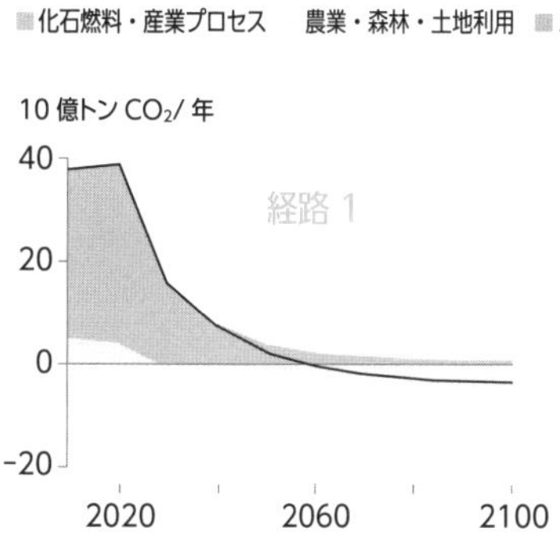

社会・事業・技術のイノベーションが、特に南半球において生活水準の向上をともないながら、2050 年までにエネルギー需要の削減をもたらすシナリオ

エネルギーシステムの規模を縮小することでエネルギー供給の急激な低炭素化が実現できる

CO_2除去の選択肢として植林のみが考慮され、CCS は利用されない

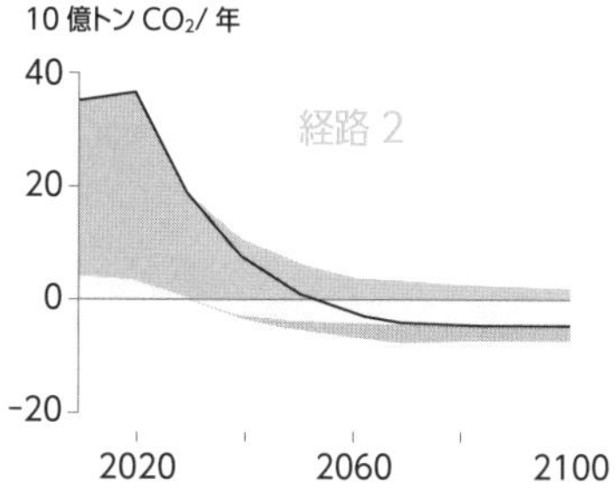

エネルギー原単位・人間開発・経済格差の収斂・国際協力などで持続可能性に広く注目するシナリオ

持続可能かつ健康的な消費パターン・低炭素技術イノベーション・バイオエネルギー CCS に対する社会受容性がよく管理された土地システムへの移行を含む

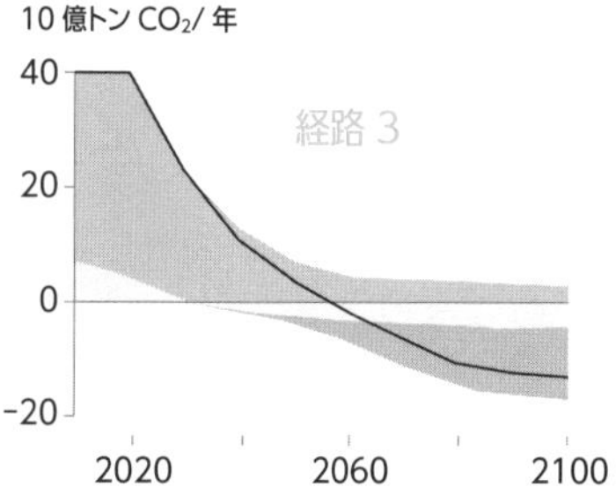

社会的発展・技術開発が過去の延長線上にある中庸のシナリオ

排出削減はおもにエネルギーおよび製品の生産方法を変更することで達成され、需要削減によって実現される度合いは相対的に低い

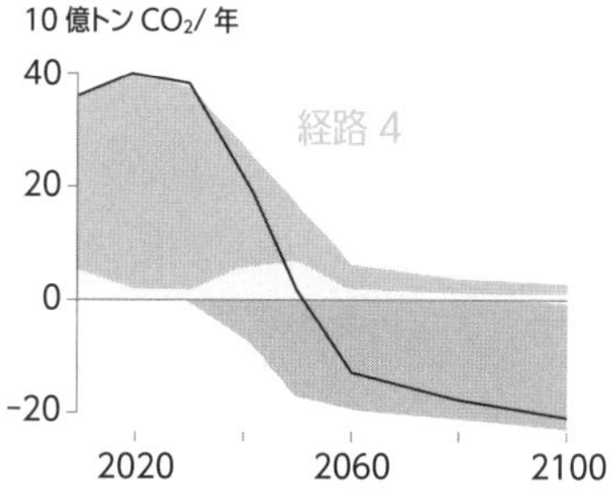

資源・エネルギー集約型のシナリオ

経済成長およびグローバル化が、運輸用燃料および畜産物の高需要を含む GHG 集約型の生活様式を広範囲に広める

排出削減はおもに技術的な手段によって実現され、バイオエネルギー CCS の導入による CO_2 除去の強力な利用を進める

図1.3　IPCC1.5℃特別報告書における4種類のCO_2排出経路

出典：気候変動に関する政府間パネル(IPCC)「Global Warming of 1.5℃」(2018)[4]をもとに作成

2 CO_2削減が期待されるカーボンニュートラル燃料

前述のパリ協定以降、カーボンニュートラルという言葉をよく目にするようになったが、今から20年程前、2002年に閣議決定した「バイオマス・ニッポン総合戦略」[5]において、以下のように、バイオマスが有する特性の1つとして、カーボンニュートラルという言葉が説明されている。

> バイオマスを燃焼すること等により放出されるCO_2は、生物の成長過程で光合成により大気中から吸収したCO_2であることから、バイオマスは、私たちのライフサイクルの中では大気中のCO_2を増加させないという「カーボンニュートラル」と呼ばれる特性を有している。このため、化石資源由来のエネルギーや製品をバイオマスで代替することにより、地球温暖化を引き起こす温室効果ガスのひとつであるCO_2の排出削減に大きく貢献することができる[6]。

本書では、このように燃焼などの利用工程において放出されるCO_2がもともと大気中から吸収したCO_2であり、大気中のCO_2濃度を増加させない燃料のことをカーボンニュートラル燃料と呼ぶ。

世界各国で宣言されているカーボンニュートラルの実現に向けて導入が検討もしくは利用されている化石燃料を代替する燃料としては水素、アンモニア、バイオマス由来の燃料(固体、液体、気体)などがあり、近年では再生可能エネルギーから得られる電力を用いて水を電気分解して得られる水素と、様々な方法で回収したCO_2を合成して得られるe-fuelと呼ばれる合成燃料も注目されている。

これらの燃料を地球温暖化におよぼす影響の観点で整理すると、**表1.1**のようになる。

表 1.1　各種燃料のCO_2排出に関する特徴

分類	燃料の例	CO_2排出に関する特徴
化石燃料	石炭、石油、天然ガス	長い年月をかけて変成されてできた地下資源であるため、利用によって大気中のCO_2を増加させる
カーボンニュートラル燃料	バイオ燃料(木質ペレット、バイオエタノール、バイオディーゼル、バイオジェット燃料、バイオガスなど)	燃料に含まれる炭素はバイオマスが大気中から吸収したものであるため、利用によって大気中のCO_2を増加させない
	合成燃料(e-fuel[2]、MTG[3]、合成ガス[4]など)	合成する炭素源がバイオマス由来もしくは大気中からの直接回収の場合は、利用によって大気中のCO_2を増加させないが、化石燃料由来の炭素源を利用した場合は大気中のCO_2を増加させる
カーボンフリー燃料	水素、アンモニア	燃料が炭素を含まないため、利用によって大気中のCO_2を増加させないが、製造方法によっては化石燃料の利用と同程度の大気中CO_2増加を引き起こす

e-fuelについては、原料となるCO_2が工場や発電所で化石燃料を燃焼したときの排ガスを回収した場合、地下資源に含まれていた炭素を複数回利用することになるが、最終的には化石燃料と同様に大気中のCO_2を増加させてしまう。

また、水素についても太陽光発電や風力発電といった再生可能エネルギー由来の電力を用いて、電気分解することによって得られるものは製造時にも大気中のCO_2を増加させないが、石炭などの化石燃料をガス化して得られた場合、残るCO_2を大気中に放出すれば、大気中のCO_2が増加する。アンモニアについても原料に水素が必要となる。

カーボンニュートラル燃料と定義付けたバイオマス由来の燃料についても、製造工程や流通工程におけるCO_2の排出量に留意する必要があり、日本のカーボンニュートラルに貢献できるよう、適正な燃料についての議論が進められているところである。

3　SDGsの目標で掲げられる脱炭素の意味

また、近年よく耳にするキーワードとして、SDGs(Sustainable Development Goals)がある。これは将来の世代のために持続可能性のある社会を実現するための取り組みのことで、2001年に策定されたミレニアム開発目標(MDGs: Millennium Development Goals)の後継として、2015年9月の国連サミットで加盟国の全会一致で採択された国際目標である。

2　**e-fuel**　Electrofuelsの略称。CO_2と水素から作る液体合成燃料。詳細は第4章参照のこと

3　**MTG**　Methanol to Gasolineの略。メタノール経由で合成することによって得られる合成ガソリン

4　**合成ガス**　有機物をガス化することによって得られる水素、CO(一酸化炭素)、CO_2などを含むガス。

2030年までに持続可能でよりよい世界を目指す17のゴールと169のターゲットから構成されている。SDGsは発展途上国のみならず，先進国自身が取り組む普遍的なものである。

図1.4　持続可能な開発目標(SDGs：Sustainable Development Goals)
出典：国連広報センター「持続可能な開発目標」[7]をもとに作成

SDGsの中には2050年のカーボンニュートラルにつながる2030年断面における目標も多く含まれており、関係のある目標は次のとおりである。

①開発目標7：エネルギーをみんなに、そしてクリーンに

この目標では、すべての人々に手ごろで信頼でき、持続可能かつ近代的なエネルギーへのアクセスを確保することが謳われている。化石燃料を持続可能なカーボンニュートラル燃料に代替していく、エネルギーの脱炭素化が求められている。

❷ 開発目標12：つくる責任　つかう責任

この目標では、持続可能な消費と生産のパターンを確保することが求められており、基本的には資源や商品の3R(Reduce：リデュース、Reuse：リユース、Recycle：リサイクル)に関することだが、大気中のCO_2を吸収して利用するバイオマスの利活用は広い意味で炭素資源の3Rと考えることもできる。

❸ 開発目標13：気候変動に具体的な対策を

この目標では、地球温暖化の原因となるGHGを減らし、気候変動とその影響に立ち向かう目標だが、カーボンニュートラル燃料の利用によって大気中のCO_2を増やさないこと、さらに前述のBECCSによって大気中のCO_2を減らすことは、重要な地球温暖化対策の技術オプションである。

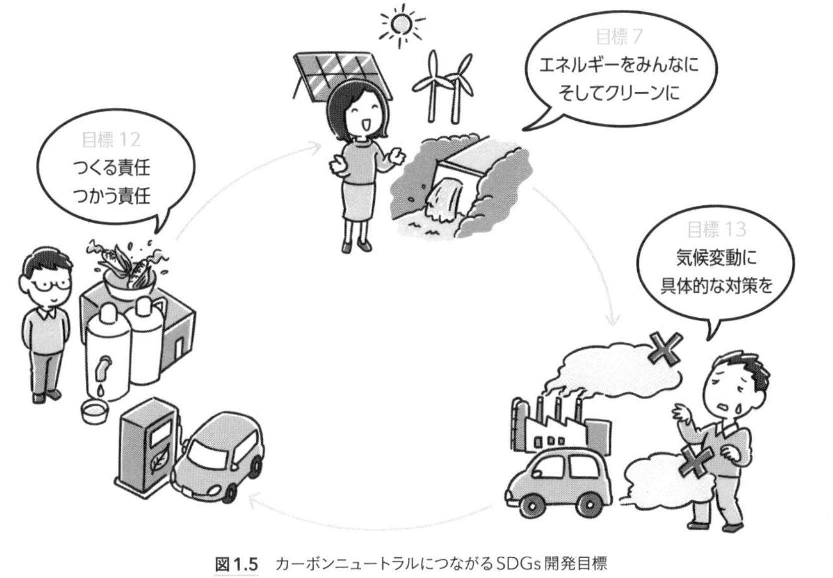

図1.5　カーボンニュートラルにつながるSDGs開発目標

Column 1 ネガティブ・エミッション技術とカーボンニュートラル燃料

2050年カーボンニュートラルを実現するにあたり、再生可能エネルギーなどの導入は必須であるが、特に運輸部門や産業部門などにおいてGHGの排出をゼロにすることが困難なものがある。

カーボンニュートラルの考え方は、GHGの排出を全体としてゼロにする、すなわち排出量から吸収量と除去量を差し引いた合計をゼロにするということである。排出せざるを得なかったGHGについては同じ量を「吸収」または「除去」するネガティブ・エミッション技術を導入ことで、差し引きゼロを目指すこととなる。

コラム図1.1 に主要なネガティブ・エミッション技術を示すが、これらのうち、BECCS、土壌炭素蓄積増加、大規模植林といったものはバイオマスが関係している。

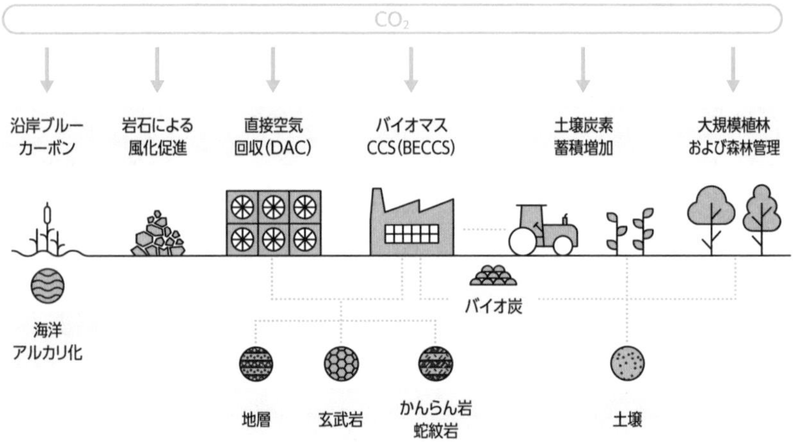

コラム図1.1　主要なネガティブ・エミッション技術

出典：Jennifer Wilcox et al.,「Carbon Dioxide Removal Primer (CDR Primer)」(2021) [8] をもとに作成

本書で取り上げるバイオ燃料のうち、エタノール発酵によって液体燃料を得る場合、原料である糖から発酵によって液体のエタノールと気体のCO_2が発生する(次式)。

$C_6H_{12}O_6$(グルコース(糖))→$2C_2H_5OH$(エタノール)+$2CO_2$(二酸化炭素)

このため、CO_2の分離が容易であり、そのあとの工程でCO_2を固定化すればBECCSに、合成燃料の原料として使用すれば、カーボンニュートラル燃料のe-fuel製造に利用することができる。

1.2 〉化石資源からのパラダイムシフト

1　石油製品を利活用する国内動向

2019年の日本のエネルギー構成を**図1.6**に示す。本図の左側に示したエネルギー供給量のほとんどは輸入された原油、石油製品、石炭、天然ガスからなっており、日本は一次エネルギー供給量447百万石油換算トンのほとんどを海外からの輸入に依存していることがわかる。また、これら輸入エネルギーが占める割合は約9割である。

図1.6の一次エネルギー供給量のうち、発電に供されている量は41%の186百万石油換算トンである。したがって、カーボンニュートラルは電力部門を脱炭素するだけでは達成できず、石油製品や石炭を利用している部門における脱炭素化が必須である。

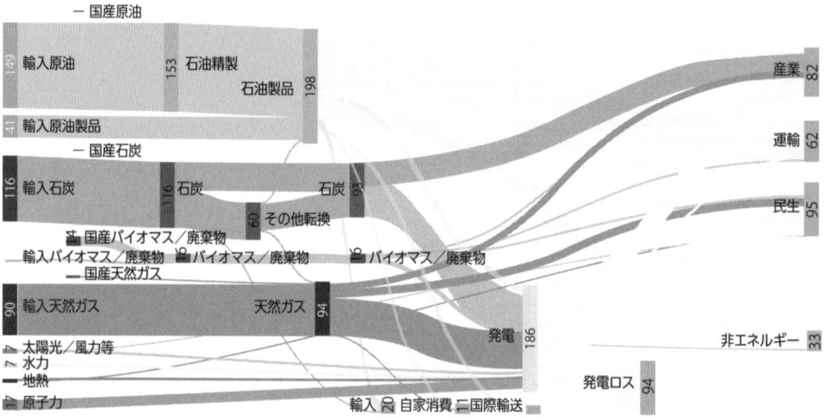

注）数値の単位は原油換算百万トン

図1.6　日本のエネルギーフロー図（2019年）

出典：国際エネルギー機関（IEA）「Sankey Diagram」[9]をもとに作成

一次エネルギー供給量のうち、原油(149百万石油換算トン)および石油製品(41百万石油換算トン)の合計は約4割を占めている。これら石油製品の用途は、自動車、船舶、航空機など運輸部門の燃料利用が35%、プラスチックなどの化学品原料としての非エネルギー部門の利用が17%、続いて、暖房用の燃料などの民生、石油化学製品としての輸出、産業用のボイラーなどがある(**図1.7**)。

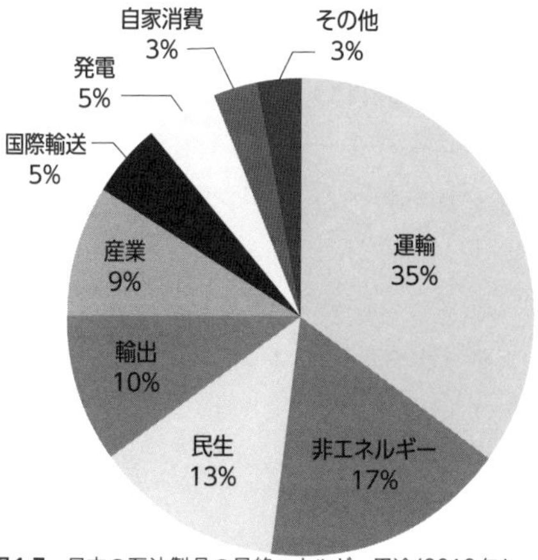

図1.7　日本の石油製品の最終エネルギー用途(2019年)
出典：国際エネルギー機関(IEA)「Sankey Diagram」[9]をもとに作成

現在では液体燃料を用いない電気自動車(BEV：Battery Electric Vehicle)の導入や水素を原料とする燃料電池自動車(FCV：Fuel Cell Vehicle)の導入が進められているが、2030年以降カーボンニュートラル達成目標の2050年において自動車、トラック、船舶、航空機の内燃機関や産業用ボイラーなど既存の機器を利用するためにはカーボンニュートラル燃料が必要になる。

2　石油業界のパラダイムシフト

これまで日本の石油業界は1960～1970年代の高度経済成長期を支え、1970年代の2度のオイルショックを乗り越え、石油の安定的かつ安価な供給確保への取り組みを実施してきた。

しかしながら、これまで述べてきた地球温暖化対策を背景として、化石燃料のパラダイムシフト[5]が起こっていることから、石油業界にも大きな変革が求められている。

国際エネルギー機関(IEA：International Energy Agency)のWorld Energy Outlook 2018によると、石油と天然ガス産業の操業において発生する間接的なGHG排出量は、エネルギー部門の総GHG排出量の約15%に相当するCO_2換算で約52億トンになる[10]。

世界では、石油メジャーと呼ばれる石油系巨大企業複合体を中心として、すでに、中核事業を石油からエネルギーへと移行する新規事業に注力している企業も多くなっている。以下に国内外の石油業界の動向を紹介する。

1 BP社

石油メジャーのBP社は事業の軸足を石油・ガスから再生可能エネルギーにシフトさせる戦略を実施している。

2020年2月には石油とガスの操業や生産から排出されるCO_2量を2050年までに正味ゼロへ削減することを表明した[11]。

また、同年8月には正味ゼロに向けて、2030年までの戦略として以下を発表した[12]。

- 石油・ガスの生産量を2019年比で約4割縮小
- 操業にともなうGHGの排出量を30～35%削減
- 低炭素エネルギー分野への投資額を5億ドルから10倍の50億ドルに引き上げ
- 再生可能エネルギー発電の容量を2.5GWから50GWに増強
- バイオ燃料の生産を2.2万バレル／日から10万バレル／日以上に増加
- 電気自動車の充電施設を7,500か所から70,000か所に増加
- 世界の主要10～15都市と低炭素化事業で提携

---

5 **パラダイムシフト**　その時代に当然と考えられていた物の見方や考え方が劇的に変化すること。

具体的な取り組みとして、2019年にBP社はオランダの穀物メジャーのBunge社とともにバイオエネルギー事業とサトウキビエタノール事業を統合したジョイントベンチャーbp Bunge Bioenergia社を設立した。同社はブラジルに位置する11のユニットと1万人以上の従業員を擁し、年間3,200万トンのサトウキビの処理能力を有している。また、150万kL以上のエタノール、110万トンの砂糖を生産し、1,200GWhのエネルギーをブラジルの電力網に供給することができる[13]（**図1.8**）。

また、2020年9月にBP社とノルウェーのエネルギー企業であるEquinor社は、アメリカで洋上風力を開発するための戦略的パートナーシップを形成した。BP社とEquinor社は、ニューヨークとマサチューセッツの沖合にある2つの既存の洋上風力発電を共同で開発する[14]。

ほかにも水素やCO_2回収・有効利用・貯留（CCUS：Carbon dioxide Capture, Utilization and Storage）など低炭素エネルギー分野への総合的な取り組みを行っている。

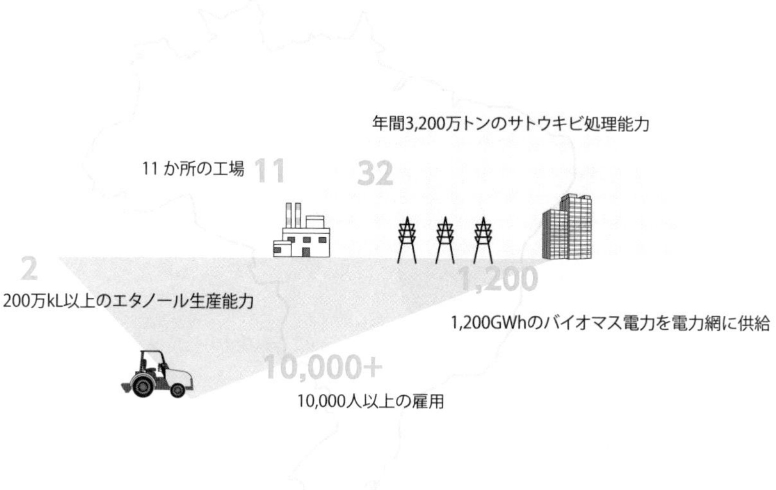

図1.8　ブラジルにおけるBP Bunge Bioenerguaの取り組み
出典：BP「Press releases」(2019)[14]をもとに作成

② Shell社

オランダ・イギリスの石油大手であるRoyal Dutch Shell(以下Shell社)は、CO_2排出量を正味でゼロにする将来計画を2020年4月に発表した。Shell社は遅くとも2050年までにすべての製品(スコープ1および2[6])の製造におけるGHG排出量を正味ゼロにし、2035年までに30%の削減を暫定目標として、スコープ3の排出量を2050年までに65%削減することを目指すことを表明した[15]。

Shell社のベン・ファン・ブールデン(Ben van Beurden)最高経営責任者(CEO)は、「気候変動をめぐる議論において、社会からの期待は急速に変化した」とし、「シェルは今、自らの大志をさらに前進させる必要がある。そのために私たちは、2050年までに排出量実質ゼロのエネルギー事業となることを目指す。社会と私たちの顧客は、それ以下のことは期待していない」と発表した[16]。

また、Shell社も再生可能エネルギーへの投資を推進しており、洋上風力発電ではアメリカのマサチューセッツ州ナンタケットの南23マイルにあるメイフラワーウィンド洋上風力発電所をOcean Winds社との合弁事業で開発しており[17]、ニュージャージー州の海岸から約10～20マイル離れた1,510MWの洋上風力発電所(Atlantic Shores Offshore Wind)をEDF Renewables社と開発している。Atlantic Shores Offshore Windでは10MWの風力発電による電力を利用したグリーン水素製造パイロットプラントの計画も含まれている[18]。

バイオ燃料の製造においても広範囲のバイオマスを中心とする有機廃棄物から代替可能な液体燃料を製造するIH^2(Integrated Hydropyrolysis and Hydroconversion)プロセスを開発している[19]。

③ 石油連盟

日本においても2021年3月に石油連盟が「石油業界のカーボンニュートラルに向けたビジョン(目指す姿)」を策定した。

図1.9に示すように、石油連盟では本ビジョンに基づき、2050年に向けて、各種の革新的技術開発と社会実装にチャレンジし、事業活動にともなうCO_2排出の実質ゼロを目指し、また、供給する製品に伴うCO_2排出の削減などにも取り組むことで、社会全体のカーボンニュートラルの実現に貢献すると述べている[20]。

具体的なアクションプランとしては、**図1.10**に示すような研究開発と実証事

6　**スコープ**　GHGプロトコルイニシアチブが定めたGHG排出量の算定と報告の基準において、スコープ1は事業者が所有または管理している排出源から直接排出するGHG、スコープ2は事業者が消費する購入電力などから間接的に排出するGHG、スコープ3は事業者活動の結果として生じるGHGのうち、スコープ2を除いたもの。

業を進めていき、2030年から2050年に向けて社会実装を含む実用化に向けたチャレンジを行うこととしている。

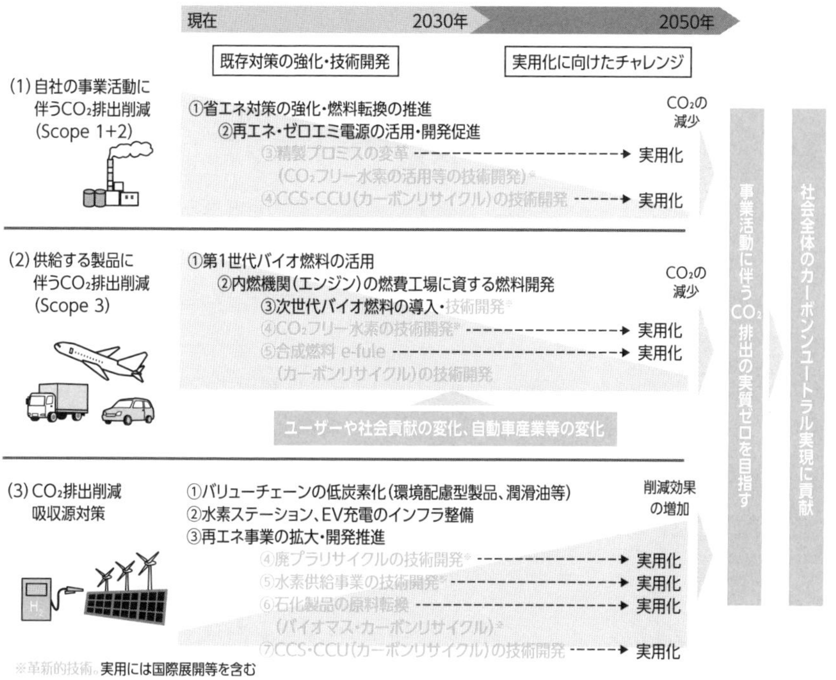

図1.9　石油業界のカーボンニュートラルに向けたビジョン
出典：石油連盟「石油業界のカーボンニュートラルに向けたビジョン（目指す姿）」(2021)[20]をもとに作成

対策No.	技術開発	年度（2020 2021 2022 2023 2024 2025 2026 2027 2028 2029 2030 … 2050）
(2)②	内燃機関（エンジン）の燃費向上に資する燃料開発	研究開発　実証事業
(2)③	次世代バイオ燃料の導入・技術開発	
(1)③ (2)④	CO_2フリー水素の技術開発	社会実装を含む実用化に向けたチャレンジ
(2)⑤	合成燃料e-fuel（カーボンリサイクル）の技術開発	
(3)④	廃プラリサイクルの技術開発	
(3)⑥	石化製品の原料転換（バイオマス・カーボンリサイクル）	
(1)④ (3)⑦	CCS・CCU（カーボンリサイクル）の技術開発 具体的には、CCU（炭酸塩プロセス）等	

注）表中の対策No.は、**図1.9**のビジョンの3つの分野(1)～(3)で取り上げている技術に割り振られた番号に相当する

図1.10　革新的技術開発のアクションプラン
出典：石油連盟「石油業界のカーボンニュートラルに向けたビジョン（目指す姿）」(2021)[20]をもとに作成

1.3 カーボンリサイクルでCO_2削減を目指す取り組み

1 カーボンリサイクル技術ロードマップ

カーボンリサイクルとは、経済産業省が推進するCO_2を炭素資源ととらえて、排出したCO_2を再利用するかたちで温暖化対策に取り組むコンセプトである。

2019年1月の世界経済フォーラム年次総会(ダボス会議)で安倍晋三前総理大臣がその重要性について言及した。

カーボンリサイクルで分離・回収されたCO_2を再利用する方法としては、鉱物化によりコンクリートなど、人工光合成等により化学品、メタネーションなどにより、燃料へ再利用することが考えられている(**図1.11**)。

燃料としての再利用の中には、前述のe-fuelやバイオ燃料が含まれている。

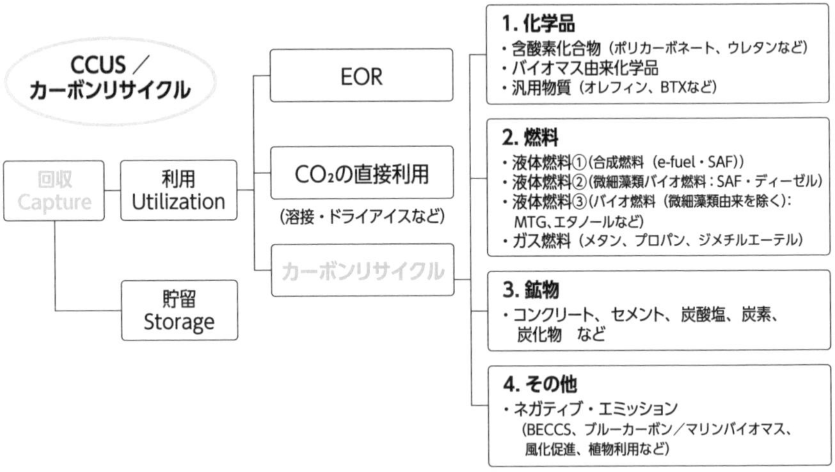

図1.11　カーボンリサイクルの方法

出典：経済産業省「カーボンリサイクル技術ロードマップ(令和3年7月改訂)」(2021) [21]をもとに作成

カーボンリサイクル技術ロードマップでは、2030年頃からバイオジェット燃料の低コスト化と普及初期が想定されており、2040年には消費が拡大してさらなる普及が進むことを目指している(**図1.12**)。

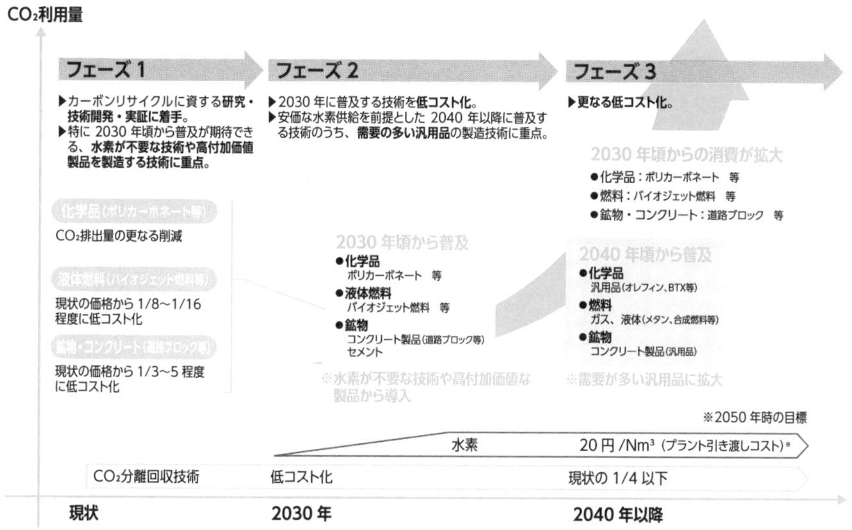

図1.12　カーボンリサイクル技術ロードマップ
出典：経済産業省「カーボンリサイクル技術ロードマップ（令和3年7月改訂）」（2021）[21]をもとに作成

2　2050年の脱炭素化を目指す政府の方針

2021年10月22日に閣議決定された最新のエネルギー基本計画（第6次エネルギー基本計画）[22]では、菅義偉前総理大臣の所信表明演説における2050年カーボンニュートラル宣言や、2021年4月にアメリカ主催の気候サミットにおいて表明された2030年度のGHG削減目標（2013年度から46％削減）の実現に向けたエネルギー政策の道筋を示すことを重要テーマとしている。

エネルギー基本計画全体では、次のパートから構成されている。

① 東電福島第一の事故後10年の歩み
② 2050年カーボンニュートラル実現に向けた課題と対応
③ 2050年を見据えた2030年に向けた政策対応

「②2050年カーボンニュートラル実現に向けた課題と対応」の中では、運輸部門において、電動化・脱炭素化を推進することとともに、燃料の脱炭素化を図っていくことも必要であり、既存の燃料インフラや内燃機関等の設備を利用可能なバイオ燃料や合成燃料等の選択肢を追求していくことも重要であると述べられている。

また、バイオジェット燃料や合成燃料などの持続可能な航空燃料(SAF：Sustainable Aviation Fuel)については、国際民間航空機関(ICAO: International Civil Aviation Organization)における国際航空分野の規制に対応するため、必要な原料の確保やサプライチェーンの構築の観点を踏まえ、技術開発・大規模実証に取り組むとともに、官民で連携して体制構築を行うとされている。

Column 2　国際的なGHG排出量の算定基準 GHGプロトコル

現在、日本では、地球温暖化対策の推進に関する法律(温対法)に基づいて、一定の要件に該当する事業者が“自らの”GHG排出量を算定・報告したり、各企業がCSR報告書などにおいて自主的に排出量を開示する取り組みが拡大している。

一方、各事業者の事業活動は購入や販売を通じてサプライチェーンでつながっているため、事業者 自らのGHG排出量を把握するだけではサプライチェーン・マネジメントによる排出削減行動のインセンティブが働かないとの指摘もある。こうしたことから、GHG排出量の把握・管理に当たっては、自社のGHG排出量だけではなく、サプライチェーンにおけるGHG排出量(サプライチェーン排出量)についても把握することが重要である。

GHGプロトコルでは、企業のバリューチェーンにおける排出量の算定や報告の方法を示す「GHGプロトコルSCOPE3算定報告基準」(Scope 3基準)を策定した。Scope 3基準は2008年から運営委員会および技術作業部会での検討が開始され、ステークホルダーの意見聴取や、60以上の企業が参加した試行テスト、ドラフト案に対するパブリックコメントなどを経て、2011年10月に策定された。

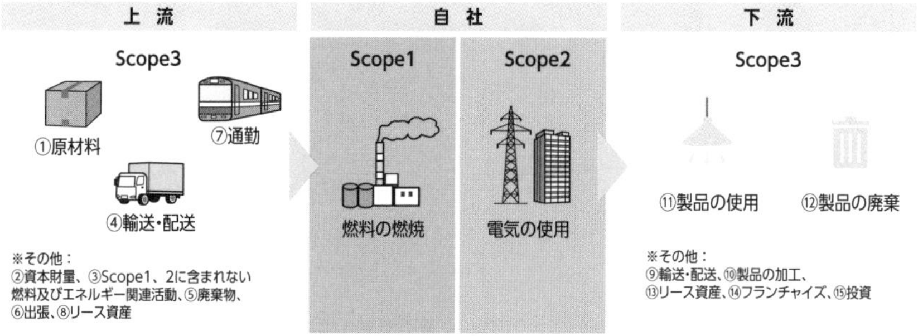

Scope1：事業者自らによる温室効果ガスの直接排出(燃料の燃焼、工業プロセス)
Scope2：他社から供給された電気、熱・蒸気の使用にともなう間接排出
Scope3：Scope1、Scope2以外の間接排出(事業者の活動に関連する他社の排出)

コラム図1.2　サプライチェーン排出量

出典：環境省・経済産業省　グリーン・バリューチェーンプラットフォーム「サプライチェーン排出量算定をはじめる方へ」[23]をもとに作成

Scope1の排出量(直接排出)とScope2の排出量(間接排出)は、燃料や電力などの使用にともなう事業者の活動によるGHG排出量のことであり、これらを対象とした報告制度なども後押しとなり、排出量の算定や削減努力は進展してきている。

一方で、事業者が関係する排出量の更なる削減を目指して前述の「Scope3排出量」が注目されるようになってきている。

Scope 3はさらに15のカテゴリーに分類され、原材料や事業者の廃棄物はもとより、社員の通勤や出張に関わるGHG排出量なども考慮される。特に、ガス会社や石油会社など化石燃料の販売を生業としている業界にとっては本編で解説した事業者の再エネへの投資やGHG削減努力以外に、販売した燃料がユーザーで利用されたときに排出されるGHGがカウントされるため、販売している製品を化石燃料からカーボンニュートラル燃料に転換しなければ達成することは困難である。

第2章

カーボンニュートラル燃料の導入と生産技術

第２章　概要

2050年カーボンニュートラルに向けた取り組みとして、運輸部門では電気自動車(EV)、燃料電池車(FCV)と並んで、液体燃料の脱炭素化が進められる。その際に開発を目指すのがカーボンニュートラル燃料である。EVやFCVが現在の多くの自動車の常識である内燃機関、すなわちエンジンをほかの駆動方式に置き換えて脱炭素に貢献しようとするのに対し、液体燃料は広く用いられているエンジンやその技術をそのまま利用して、脱炭素に貢献する技術である。

本章では、カーボンニュートラル燃料の１つとして、すでに世界で広く利用されているバイオ燃料であるバイオエタノールを中心に、その導入環境と生産について解説する。

2.1 CO_2削減に期待できるカーボンニュートラル燃料

1 カーボンニュートラル燃料とは

1 カーボンニュートラル燃料の定義

第1章で解説したように、カーボンニュートラル燃料は燃焼などの利用工程において放出されるCO_2がもともと大気中から吸収したCO_2であり、大気中のCO_2濃度を増加させない燃料のことである。

カーボンニュートラル燃料としては、たとえばバイオ燃料やe-fuelといった燃料が挙げられる[1]。e-fuelとは、CO_2と水素を合成して製造された燃料のことである。e-fuelに用いるCO_2は発電所や工場などから排出されたCO_2を回収するが、将来的には、大気中のCO_2を直接分離・回収する直接空気回収（DAC：Direct Air Capture）技術を使って回収されることが想定されている。

水素についても再生可能エネルギー(再エネ)などでつくった電力を使って、水電解によって得られることが基本となるが、現在主要な水素製造方法は、石油

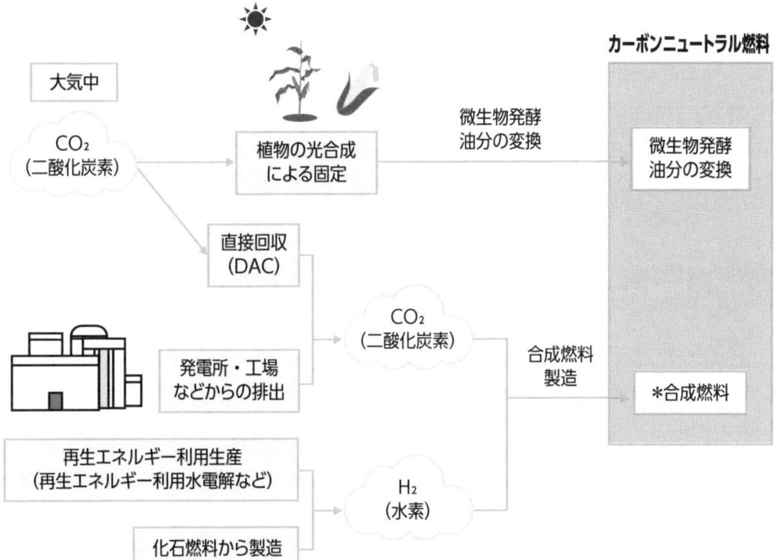

*再生エネルギー由来の水素を用いた合成燃料 e-fuel とも呼ばれる

図2.1 バイオ燃料・合成燃料・カーボンニュートラル燃料の製造フロー
出典：経済産業省・資源エネルギー庁「エンジン車でも脱炭素？グリーンな液体燃料「合成燃料」とは」[1]をもとに作成

や石炭などの化石燃料から水蒸気を使う方法である[1]。カーボンニュートラル燃料の同義語として、日本語では合成燃料という言葉も多く使われる。一方で合成燃料イコールe-fuelであるので、これらの燃料の定義に若干の混乱があるともいえる(4章参照)。

2 カーボンニュートラル燃料の燃料成分

カーボンニュートラル燃料のうち、バイオ燃料には、トウモロコシやサトウキビを微生物によって発酵させて得られるバイオエタノールと、大豆油などの油分を原料にエステル化などによって合成されるバイオディーゼル燃料がある。一方で、e-fuelは、水素とCO_2を原料に化学合成によって得られる種々の化合物を燃料成分とする可能性がある。

表2.1 バイオ燃料・合成燃料・カーボンニュートラル燃料の主な種類と原料

	カーボンニュートラル燃料			
種類	バイオ燃料		合成燃料	
	バイオエタノール	バイオディーゼル	合成燃料	e-fuel（合成燃料の一種）
成分	エタノール（CH_3CH_2OH：酒類に使われる飲料用エチルアルコールと同一の物質）	炭素数12～22個の脂肪酸をメチルエステル化したもの	合成反応によって製造された複数の炭化水素化合物の集合体や、メタン、メタノール	合成反応によって製造された複数の炭化水素化合物の集合体や、メタン、メタノール
原料	トウモロコシやサトウキビなどのデンプン、トウモロコシの茎や葉といった植物体、古紙や都市ごみなどの廃棄物などに含まれる糖類（主にセルロース）	廃食用油や動物油脂、大豆、菜種などから得られる油脂	水素とCO_2	再生可能エネルギー由来の水素とCO_2

出典：経済産業省・資源エネルギー庁「エンジン車でも脱炭素？　グリーンな液体燃料「合成燃料」とは」(2021)[1]／Alternative Fuels Data Center「Fuel Properties Comparison」(2021) Energy Efficiency & Renewable Energy (EERE), Alternative Fuels Data Center「Fuel Properties Comparison」(2021)[2] をもとに作成

2 カーボンニュートラル燃料としてのバイオエタノール

1 カーボンニュートラリティとは

ガソリンをはじめとする運輸部門の燃料の炭素収支をもっとも公平に評価できるのは、油井から車輪走行まで(WtW：Well to Wheel)のライフサイクルアセスメント(LCA：Life Cycle Assessment)である。化石燃料の場合は、文字通り採掘時から燃焼して排気ガスになるまでの炭素の排出について、燃料の一生(ライフ)について評価することである[3]。運輸部門の脱炭素化に貢献するEVや水素を利用するFCVでは、走行時のCO_2排出はゼロであるが、利用する電気や水素の製

造時のCO_2排出を考慮しなくてはならない。そのため、カーボンニュートラリティ[1]は、たとえば発電する際の電源構成に影響される。

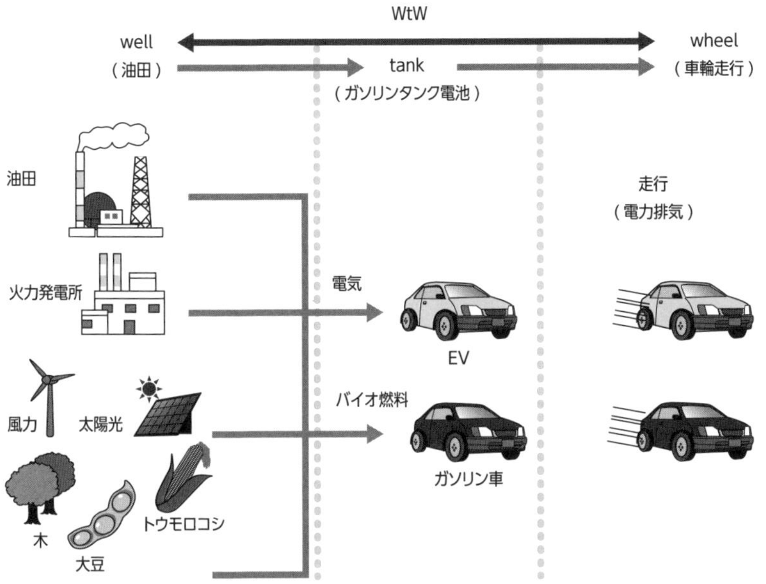

注）well（油田）は、広い意味で発電所、再生可能エネルギー源や植物資源を含む一次エネルギー源

図2.2 ライフサイクルアセスメント（LCA）でのWtWの考え方

出典：ゴールドマン・サックス証券株式会社「グローバル自動車　CO_2規制の新局面：EVは「走り方」だけでなく「作り方」も問われる時代に」(2019)[3]をもとに作成

2 バイオエタノールとカーボンニュートラリティ

バイオエタノールは、大気中のCO_2を光合成で炭素固定して作った植物体を原料とするので、原料として見た植物体中の炭素はカーボンニュートラルである[4]。

ただし、植物を農作物として栽培するのであれば、その栽培で発生するGHG排出量を積み上げていく。たとえば、畑を耕す際、農薬や肥料の散布、収穫から収穫物の運搬といった作業での炭素強度[2]を考慮する。さらに、エタノールへの生物的な変換の際に必要な熱エネルギーや、バイオエタノールの輸送でのCO_2排出も考慮する[4]。

---

1 **カーボンニュートラリティ**　ライフサイクルアセスメント全体で見たときにCO_2排出量と吸収量がプラスマイナスゼロの状態。気候中立性ともいう。

2 **炭素強度**　あるエネルギー源について排出されるCO_2量（場合によってはCO_2以外のGHGも考慮し、CO_2に換算して計算する）をそのエネルギー総供給で割った値で、カーボンニュートラリティが高いほど小さな値になり、カーボンニュートラルの場合はゼロになる。

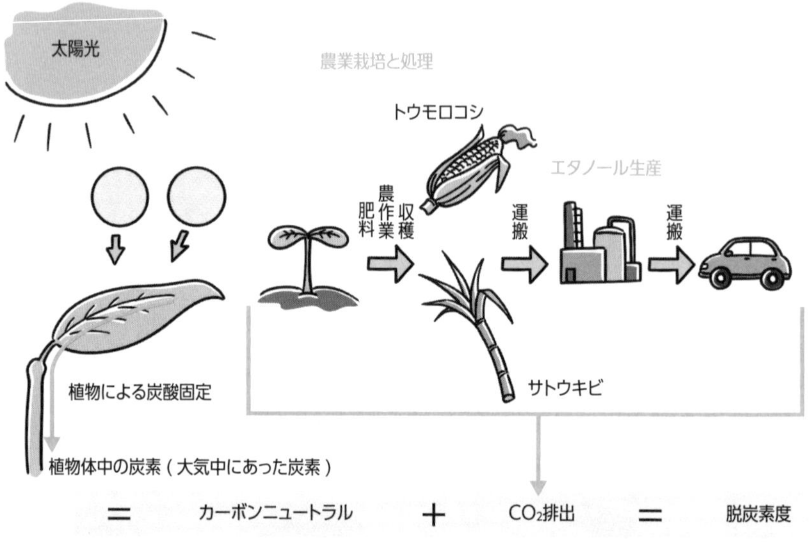

図2.3　バイオエタノールの生産にかかわるCO_2排出の考え方
出典：環境省「バイオ燃料の温室効果ガス削減効果に関するLCAガイドライン　Ver.1.0」(2010)[4]をもとに作成

③バイオエタノールのLCA評価は

バイオエタノールのLCAは、自動車での利用であれば走行時の排出だけでなく、燃料の製造から輸送などを含むライフサイクル全般における評価を行う。LCAで評価されたCO_2排出量（LCA値）の算定は、どの範囲までのLCAを考慮するのか、たとえばWtWなのか、また、燃料を製造する際に生じる副産物の取り扱いをどうするか、土地利用変化[3]をどこまで考慮するかを決めるモデルによって異なってくる。**表2.1**に世界の代表的なLCAモデルとそのモデルでのガソリンベースラインLCA値と原料別のバイオエタノールのLCA値をまとめた。GREETは、アメリカのアルゴンヌ国立研究所によって、GHGeniusはカナダ政府によって開発され、それぞれの国で規制遵守のために使用されている。一方で、BioGraceはヨーロッパがバイオ燃料の規制遵守を評価するために開発した唯一のモデルである。カリフォルニア州大気資源局(CARB：California Air Resource

3　**土地利用変化**　バイオ燃料の原料栽培における土地利用変化とは、森林や草地から農地への転換による変化を示す。直接土地利用変化と間接土地利用変化が存在ある。直接土地利用変化は森林、草地などからバイオ燃料用作物生産のための農地への土地利用変化であり、間接的土地利用変化はバイオ燃料用作物の生産により当該土地で従来生産されていた作物などが別の土地で生産されることにともなう土地転換である。

Board)は低炭素燃料基準への順守にGREETの変更バージョンを用いている。ガソリンのLCA値は、バイオ燃料のGHG排出削減を推定するための基準またはベースラインとして使用されるが、この4モデル間で最大12%異なる(GHGeniusの95.0 g CO_2eq／MJとBioGraceの83.8 g CO_2eq／MJ)。この12%の差は生産、輸送、さまざまな原油や代替源(タールサンドまたはシェールオイル)の精製過程での、化石燃料生産国による炭素強度の違いなどに起因している。

日本では経済産業省資源エネルギー庁がエネルギー供給構造高度化法(高度化法)のもとに、ガソリンとバイオエタノールのLCAにて評価した炭素収支の値であるLCA値を計算している（**表2.2**）。これらの炭素強度から、ガソリンのベースラインと比較して、トウモロコシ原料バイオエタノールでは25～51%、サトウキビ原料バイオエタノールでは54～72%の削減率となっている。

表2.2　燃料種やLCAモデル別のLCA値比較

LCAモデル		BioGrace	GHGenius	GREET	エネルギー高度化
ガソリンベースライン		83.8	95.0	90.2	88.74
バイオエタノール	トウモロコシ	43.6 (48%)	64.2 (32%)	67.8 (25%)	43.15 (51%)
	サトウキビ	24.0 (71%)	43.3 (54%)	25.3 (72%)	33.61 (62%)
	小麦	69.9 (17%)	71.0 (25%)		

単位：gCO_2eq/MJ、燃料1MJ当たりCO_2相当量（各バイオエタノールの対ガソリンGHG排出削減率（%））
出典：CNPEM「Comparison of Biofuel Life Cycle Assessment Tools」(2017)[5]をもとに作成

4 トウモロコシ原料バイオエタノールのCO_2排出量削減の将来

アメリカのバイオエタノール産業では、今後さらにトウモロコシ原料バイオエタノールのGHG排出量が改善されると予測している[6]。アメリカでのGREETを用いた計算では、2019年時点の対ガソリンGHG排出削減率は40～50%であるが、2～5年の間に10%ほど改善され対ガソリン50～60%になるとしている。さらに、今後10年で、主にのちに述べるCO_2回収・貯留(CCS：Carbon dioxide Capture and Storage)の展開や、農業技術の進歩による原料トウモロコシ生産農地での炭素貯留の増大によって、対ガソリン80～90%の削減を達成するとしている。

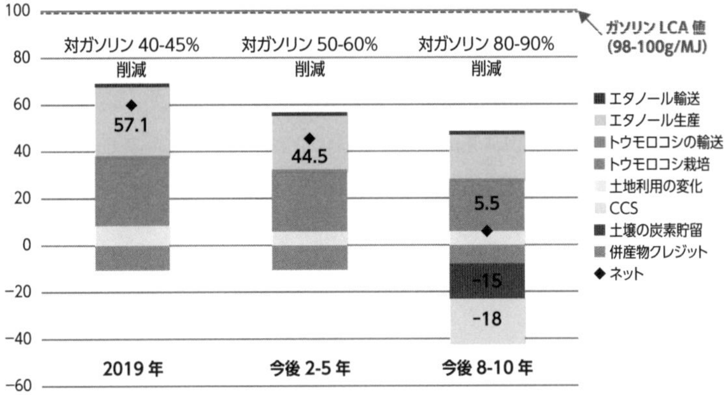

図2.4 トウモロコシ原料バイオエタノールによる将来のGHG排出削減の改善の予測

出典：Edward S. Hubbard「Ethanol Policy Priorities and Outlook Under the Biden Administration」(2021)[6]をもとに作成

2.2 バイオエタノールの導入とエネルギー政策での可能性

1 世界各国のバイオエタノールの導入状況

1 諸外国での導入状況

バイオエタノールは、気候変動対策の1つとして世界各国で導入されている。**図2.5**に各国のバイオエタノールの導入義務量や流通している混合ガソリンの状況を示す。南北アメリカの多くの国々ではE10[4]以上のバイオエタノール混合ガソリンが流通しており、ブラジルがE27.5の導入義務になっている。ヨーロッパはディーゼル車が多いこともあり、バイオエタノール自体に導入義務を課している国は少ないが、バイオ燃料全体の導入義務が課せられている。また、アジアでもE5～E10の導入義務が多く、中国では地域(省)によって導入義務があり、導入量としては多い国であるといえる。

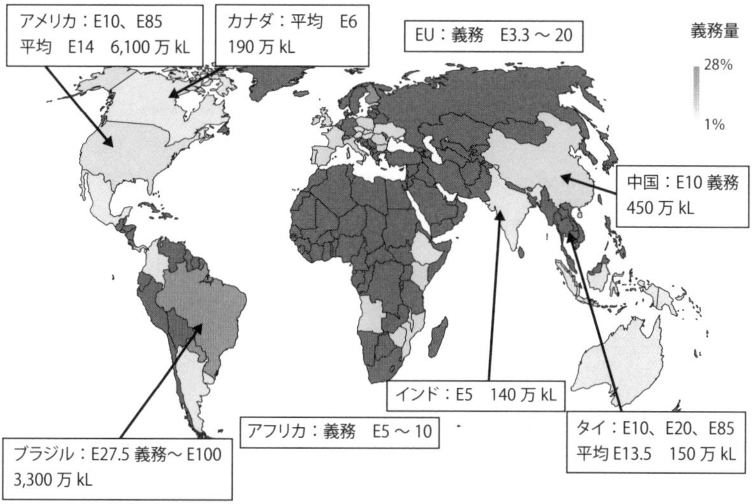

図2.5　世界のバイオエタノール導入義務量および流通している混合ガソリン
出典：森山亮・澤一誠「わが国における運輸部門のCO_2排出削減に対するバイオエタノール導入の効果」(季報エネルギー総合工学43-4号)(2021) [7] をもとに作成

4 **E10**　「E」はエタノール(Ethanol)の頭文字で、「10」は混合比率を表す。E10とは、「ガソリンにエタノールを10%混ぜた燃料」のことを意味する。

❷最大の生産・利用国のアメリカとブラジル

図2.6に示すように、特にアメリカとブラジルでバイオエタノールの世界の生産量の8割以上を占めている[8]。この両国では、バイオエタノールの原料となるトウモロコシとサトウキビを利用できるため、ガソリンと競争できる価格でバイオエタノールを供給することが可能となっている。ガソリン価格はもちろん原料となる原油価格に連動して変動するが、トウモロコシは穀物相場の、サトウキビは粗糖価格の影響を受ける。

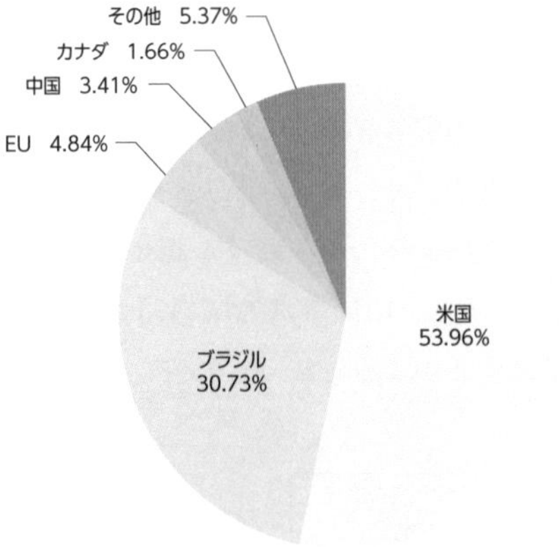

図2.6　世界の国別バイオエタノール生産量
出典：U.S. Energy Information Administration「Renewable & Alternative Fuels」(2020)[8]をもとに作成

アメリカでは、バイオエタノールの価格がガソリンと比較して不利になった場合の利用を担保するために、ガソリン消費量の10%分のバイオエタノールを混合して燃料にする再生可能燃料基準を導入し、供給の安定化を図っている[9]。さらにアメリカではバイオエタノールを85%混合したガソリンも販売されている[10]（**図2.7**参照）。

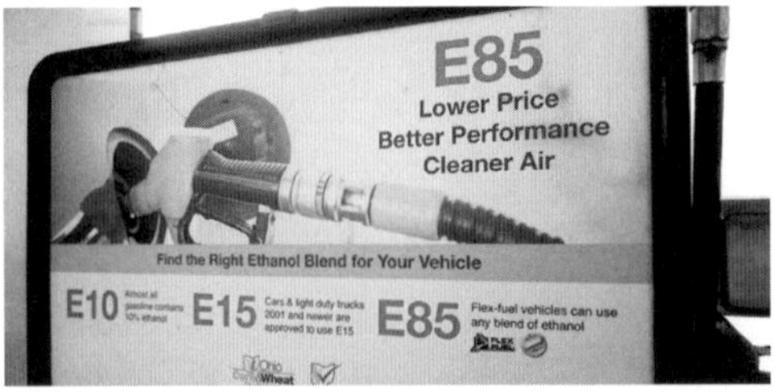

図2.7　アメリカのガソリンスタンドのE85 販売ポンプ(2019年筆者撮影)

一方ブラジルでは、ガソリンとほぼ等量のバイオエタノールが燃料として利用されている。また、砂糖としての利用とバイオエタノールの生産への利用のバランスが粗糖価格によって変動できるよう、バイオエタノールの混合率を100%から27.5%までフレキシブルに選択することができる[11]。

3 日本での導入の経緯

2002年12月に閣議決定された「バイオマス・ニッポン総合戦略」において、バイオエタノールを含むバイオエネルギーに関する技術開発や普及促進が掲げられた[12]。特に2006年3月の改訂によって、バイオエタノールのガソリン混合への道筋が定められ、2010年度までに原油換算50万kLのバイオ燃料の導入に向けての対策が本格化した[13]。**図2.8**に示すように、法的整備も進み、日本でもガソリンへのバイオエタノールの10%混合、すなわちE10導入の態勢が整った[14]。しかし、国産のバイオエタノールについては原料となるテンサイ、サトウキビやコメの供給のコストや供給安定性をはじめとする諸問題が解決できず、2015年度に補助金が打ち切られた[15]。このこともあり、そのあとの生産はほぼなくなった。

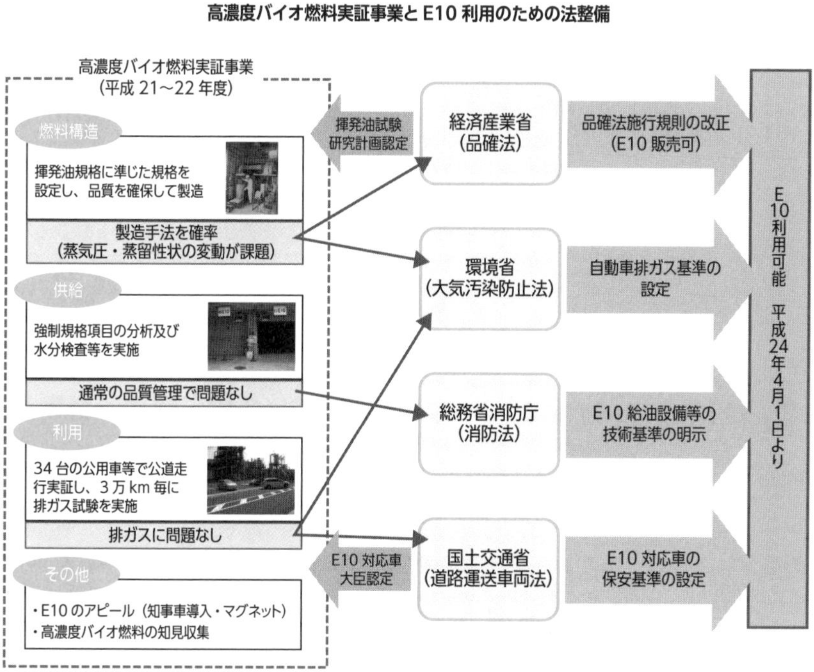

図2.8 E10利用のための法整備状況

出典：大阪府「E10利用のための法整備」(2016)[14]をもとに作成

④エネルギー供給構造高度化法

一方で、2011年度からは高度化法の下でバイオエタノールの導入目標量が設定された。その導入目標量は2011年度の原油換算21万kL(エタノールで約34万kL)から徐々に増加させ、2017年度に原油換算で「バイオマス・ニッポン総合戦略」の目標量と同量の50万kL(エタノールで約82万kL)となった。2018年の高度化法の告示改正では、2018～2022年度の5年間のバイオエタノールの導入目標量を原油換算50万kLとして継続することが定められている[16][17]。

- 「3E」の観点から、我が国にとって、コスト効率的・環境効率的なバイオエタノール（国産・次世代）の本格導入のための体制構築を最優先の政策課題とし、次期告示期間は「移行期」と位置付け。
- 50万kL／年（原油換算）の目標は維持することとし、告示期間については、国際的な需給の見通しや、次世代エタノールの商用生産に向けた研究開発の動向等を考慮し、5年間とする。

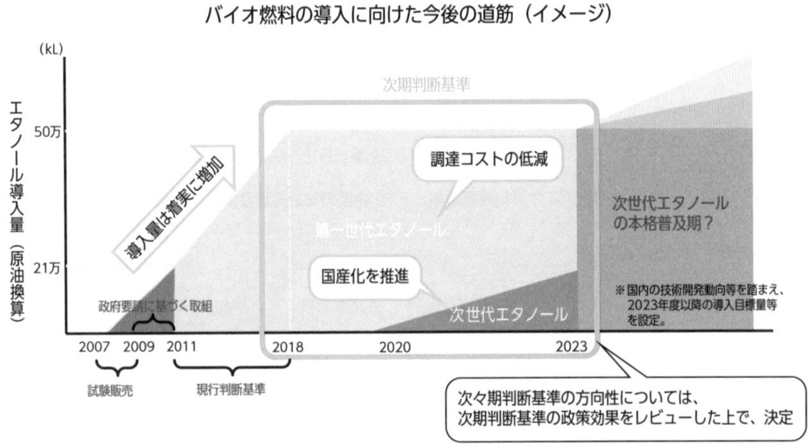

図2.9 エネルギー高度化法の今後の展開
出典：経済産業省・資源エネルギー庁「次期判断基準のあり方に関する考え方」(2018)[17]をもとに作成

2 日本でのバイオエタノールの利用とGHG排出削減への貢献

①日本でのバイオエタノールの利用状況

現在日本で利用されているバイオエタノールは、ブラジルとアメリカにおいて製造されたものである。さらに、輸入されているバイオエタノールは、石油系ガスであるイソブテンと合成することによって得られるエチル・ターシャリー・ブチル・エーテル（ETBE：Ethyl Tert-Butyl Ether）として利用されている。貿易統計によると、2020年実績で186万kLのETBEがアメリカから、54,000kLのETBE転換用バイオエタノールがブラジルから輸入された。輸入されたETBEはアメリカ国内で生産されたバイオエタノールとブラジル産のバイオエタノールをアメリカに輸送したものを、アメリカのETBE製造設備を用いて転換し、さらに日本向けに輸出されたものである[18]。

ETBE製造の化学反応式

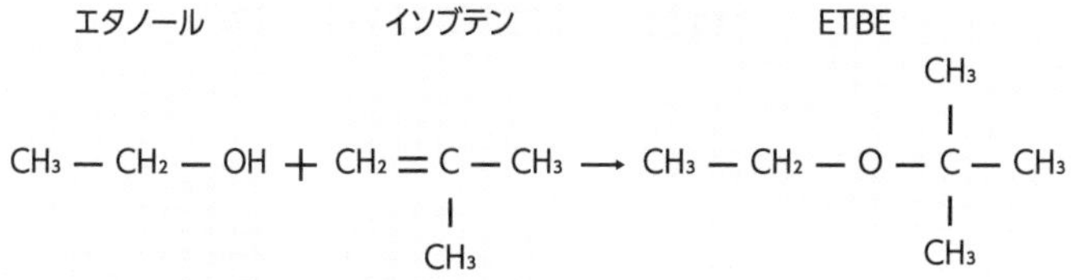

ETBE混合ガソリンの作り方

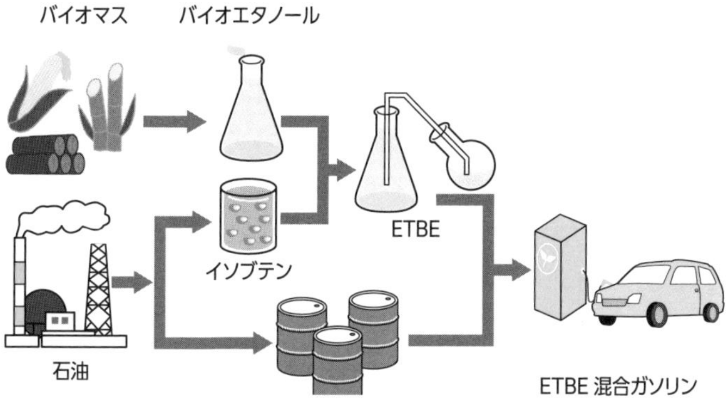

図2.10　バイオエタノールから製造されるETBEとその利用法
出典：株式会社日刊工業新聞社「トコトンやさしいバイオエタノールの本」[19]をもとに作成

② JBSLによるバイオガソリンの供給

現在バイオエタノールのガソリンへの混合は、バイオガソリン[5]（バイオエタノールと石油系ガスのイソブテンから合成された「バイオETBE」を1%以上配合したガソリン）として供給され、すべてバイオマス燃料供給有限責任事業組合（JBSL：Japan Biofuels Supply LLP）により取り扱われている。事業フローを**図2.13**に示す。

5　**バイオガソリン**　バイオガソリンは日本工業規格（JIS）や揮発油等の品質の確保等に関する法律（品確法）に定めるガソリンの規格に合致しており、通常のガソリンとまったく同じ使い方ができる。

2005年4月に閣議決定された「京都議定書目標達成計画」に基づき、輸送用燃料に対して、原油換算で年間50万kLのバイオマス由来燃料を導入する目標量が設定された。石油業界は、政府の要請どおり、2010年度に原油換算21万kLのバイオ燃料の導入を約束、計画通り目標を達成した。

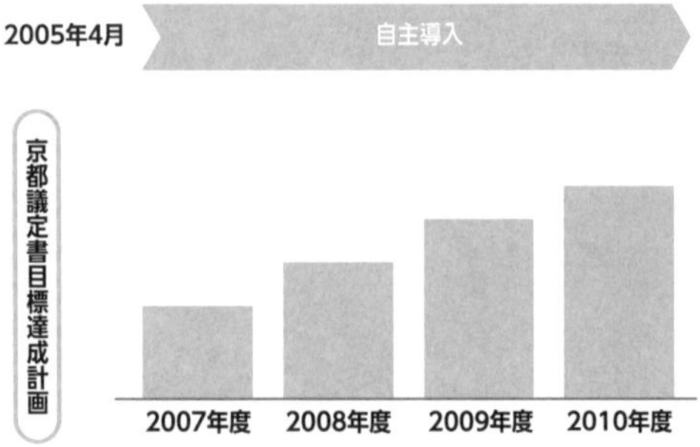

図2.11 自主導入状況
出典：バイオマス燃料供給有限責任事業組合(JBSL)ウェブサイト「導入目標」[20]をもとに作成

2010年11月に高度化法に基づく告示が出され、バイオ燃料の導入が法制化された。導入目標量は、2011年度の原油換算21万kLから段階的に引き上げ、2017年度には原油換算50万kLのバイオ燃料を導入することが定められた。

さらに、2018年4月の告示により2018年度から2022年度の期間は、年間原油換算50万kLのバイオ燃料導入を継続するすることが定められた。

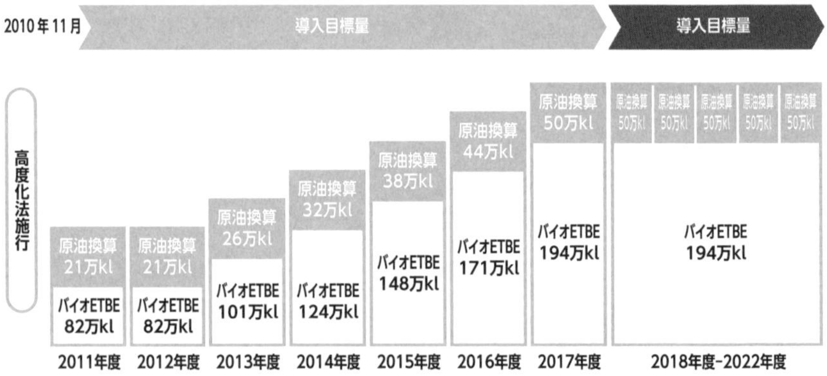

図2.12 告示以降の導入状況
出典：バイオマス燃料供給有限責任事業組合(JBSL)ウェブサイト「事業内容」[21]をもとに作成

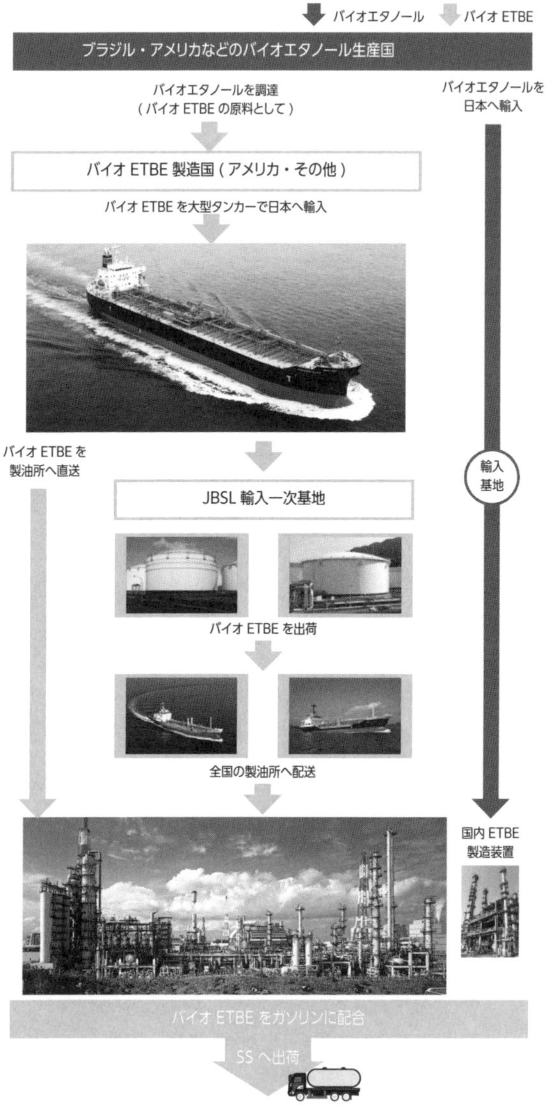

図2.13　JBSLの事業フロー
出典：バイオマス燃料供給有限責任事業組合(JBSL)ウェブサイト「事業内容」[21]をもとに作成

3　ETBEの輸入価格

ガソリン小売価格と原油、ETBE(アメリカ)、バイオエタノール(ブラジル)の輸入価格についてみてみると**図2.14**のようになる。

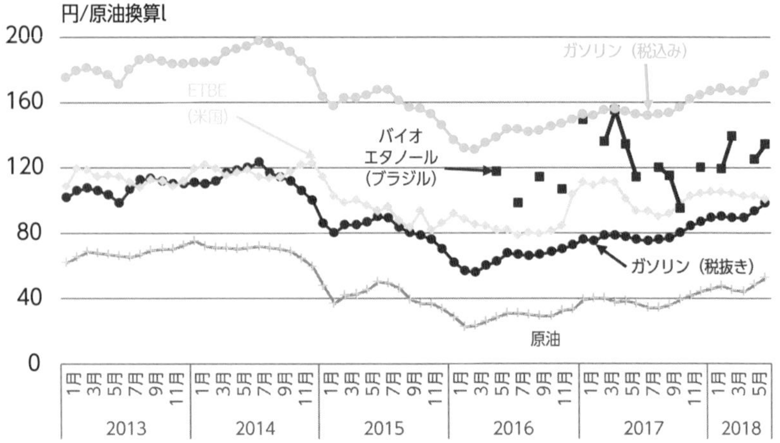

注）2016年1月〜貿易統計においてETBE用バイオエタノールが別掲されるようになった

図2.14　各種輸入価格の推移

出典：財務省「貿易統計」[22]／国際エネルギー機関(IEA)「Oil Market Report」[23]をもとに作成

4　ETBEでの導入増強の可能性

これまでに述べたように、JBSLを主体として、バイオガソリンの供給がなされているが、バイオ燃料の導入が検討された時点での目標設定から導入目標量の増強がなされていない。これらは石油インフラや業界の事情からさまざまな制約があると推測される。以下にその課題を記す。

1 ETBEの製造量を増やすための課題

ETBEの混合に関する課題としては、日本では2基のETBE製造プラントが稼働しているが、ETBEの製造量を増やすためには、さらにETBE製造設備を建設あるいは転用することが必要となる。また、ETBEの原料の1つであるイソブテンは製油所の流動接触分解装置、あるいはスチームクラッカーから副生されるものを使用するが、これらのさらなる調達も必要である。このためETBEの国内生産可能量を見積もったうえで、高度化法で妥当と判断し、その後、高度化法で導入量を定めた経緯がある。

以下に関連情報を整理する。

❷ ETBE製造設備が必要

前述の通り、ETBEの製造量を増やすためには、新たにETBE製造設備が必要となる。なお、既設のメチル・ターシャリー・ブチル・エーテル（MTBE[6]：Methyl Tert-Butyl Ether）製造設備を改造することによってETBE製造設備とすることが可能であり、フランスやスペインにおいてもMTBE製造設備を改造してETBEの生産を行っている。2005年当時の改造内容を**図2.15**に示す。

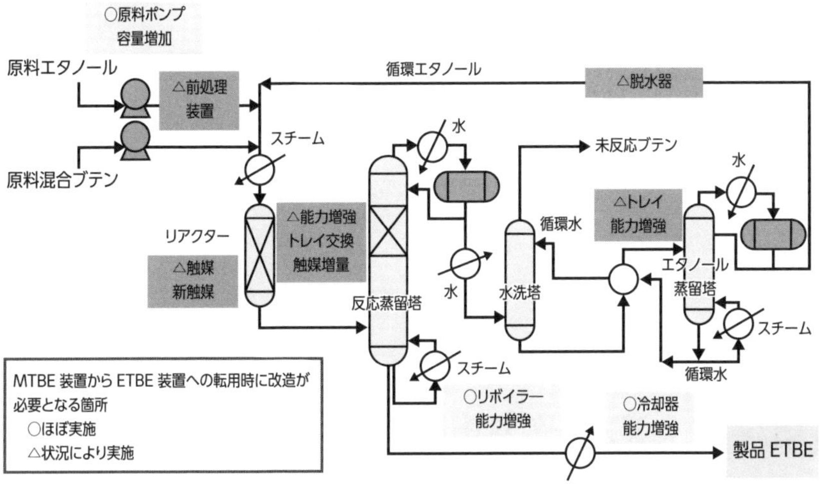

図2.15　MTBE製造設備からETBE製造設備への改造23)
出典：経済産業省 ワーキンググループ資料「ETBEの供給安定性、経済性について」(2005年)[24]をもとに作成

国内の一部の石油精製会社では自社内で生産されるイソブテンを利用してMTBEを生産していた経緯がある。2005年当時のMTBE製造設備は国内4製油所に残っており、それらの設備のMTBE製造能力は年間29万t(約39万kL)であった。仮にそれらを全てETBE製造用に転用する場合、年間約40万kLの生産能力が得られるものとみられていた。改造費用は装置仕様、改造部分により異なり、本体部分で5～20億円となると推定されていた。

MTBE製造設備転用分を超えてETBEを製造するためには、新規ETBE製造設備の導入が必要となる。ETBEの供給量に応じて4通りの設備増強方法が検討されていた（**表2.3**）。

6　**MTBE**　メタノールとイソブチレンから合成される、メチル・ターシャリー・ブチル・エーテルの略。

表2.3 ETBE供給量に応じた設備増強の検討例

		ケース1（経済性が良好な範囲での 副生イソブテン利用）	ケース2（副生イソブテンの全量利用）	ケース3（副生イソブテン全量利用＋不足分の原料輸入によるETBE7％全面混合）	ケース4（ETBE全面輸入によるETBE7％全面混合）
ETBE供給量（エタノール量）		82万kL（エタノール35万kL）	145万kL（エタノール62万kL）	420万kL（エタノール180万kL）	420万kL（エタノール180万kL）
イソブテン供給法		製油所FCCからの副生 物	製油所FCCからの副生 物（全量）	製油所FCCからの副生 物（全量）輸入ブタンの異性化・脱水素	ETBE全量を輸入
設備対応	内訳	ETBE製造設備（10基）エタノール受入設備	ETBE製造設備（25基）エタノール受入設備	ETBE製造設備（19基）異性化・脱水素/ETBE製造装置（6基）エタノール受入設備	ETBE製造設備（米国）ETBE受入設備
	費用	322億円	653億円	1,840億円	1,080億円

出典：経済産業省 ワーキンググループ資料「ETBEの供給安定性、経済性について」(2005年)[24]／江藤 諒・一般財団法人日本エネルギー経済研究所IEEJ「わが国のバイオエタノール導入の状況と課題」,(2018)[25]をもとに作成

しかしながら2017年の高度化法での二次告示検討でも国産次世代エタノールの導入見込みや本格的普及に対する確実な見込みが得られないことから二次告示では現状維持、2022年の三次告示検討で次世代エタノールの対象範囲や優遇措置などをどのようにするか、今後検証に入る段階に来ている（**図2.9**）。

5 E10導入への対応の検討

一方、バイオエタノールの直接混合によるE10導入の可能性について、石油業界の事情とは別に検討が進められたが、実証試験までにとどまり導入には至っていない。直接混合における供給施設からの供給体制やサービスステーションのインフラの整備などの課題もあるものの、これまでに行われた自動車側の課題に対する検討過程を以下に示す。

1 自動車業界の対応策

内閣府における「地球温暖化問題に関する懇談会」にてCO_2削減目標を議論するうえで、ヒアリングなどが実施され、「第4回地球温暖化問題に関する懇談会／中期目標検討委員会」（2009年2月）で「日本の自動車業界のCO_2削減取り組み」の参考資料として「次世代自動車の現状と展望」の中で次のような意思表示がなされた[26]。

エタノールの直接混合においては、**表2.4**に示す従前の課題があったものの、ほぼすべてが解決した報告が「ガソリン車バイオ燃料WG研究報告」（2012年3月）でされている。

表2.4　E10の技術的課題整理

燃料品質	エタノール10%混合による燃料品質への影響	研究項目	調査結果
蒸留性状 50% 留出温度	10℃程度低下	①排出ガス、燃費/CO_2への影響調査 ②運転性能への影響調査 2運転性能への影響調査 ・T50(高温側)の影響の把握 ・T50(低温側)の影響の把握	T50のJIS上限域(110° C)で車によりE10の影響が見られた。 T50下限域を含め、それ以外の範囲ではT50によるE10の影響は見られなかった。
蒸気圧 (RVP)	7kPa程度増加 (高温の蒸発量 増加)	③車両蒸発ガスへの影響調査 ・透過の影響把握(駐停車時) ・高温での蒸発量増加の影響把握(運転時)	本WGで実施した供試車両では、E10の顕著な影響は見られなかった。 (先行研究WGで実施した車両でE10の HSL+DBLへの影響は見られた)
材料適合性 (ゴム)	ゴム材の透過		
保存安定性 (金属、ゴム、樹脂)	金属腐食	④材料による燃料性状への影響調査	ゴム材によりE10の方が燃料中の ガム値増加が見られた。 金属による燃料品質への影響は E0とE10で差は見られなかった。
	ゴム材、樹脂の膨潤		

日本市場にある既販車を用いた試験では、E10の影響が見られた場合があった。 E10導入時には、これらの影響に注意を払う必要がある。

出典：廣瀬敏之・一般財団法人石油エネルギー技術センター(JPEC)「JATOP第2回成果発表会　ガソリン車バイオ燃料WG研究報告」(2012)[27]をもとに作成

❷ バイオ燃料の導入を拡大するために必要な対応は

前述のように、日本の石油業界は、エタノールの混合方法として、バイオETBE方式を採用している。そのおもな理由は、エタノール直接混合方式の場合、少量の水分混入で層分離が生じ、ガソリン層から水層へのエタノールの移動により、水層の量が増大するとともにガソリン層の品質も変化(オクタン価の低下等)して、最終的に自動車運転上の不具合等を引き起こす懸念があるためである。また**表2.4**に示す通り、エタノールの直接混合はガソリン蒸気圧を上昇させるが、これによる蒸発ガス排出量増加の懸念もある。

バイオ燃料は、低濃度であれば、既存の燃料供給インフラ、既存の車両でも使用できる点が利点の1つだが、エタノールの高濃度直接混合は燃料品質的に課題があとして日本においては、品確法、ガソリンJIS 規格(JIS K2202)により、エタノールの混合量は3 vol%以下とされてきた。これは、市販車の一部の燃料系部材がエタノール直接混合3 vol%超(酸素分1.3 質量%超)で著しく劣化し、重大な事故を生じる可能性があるためである。また、ETBE は、酸素分1.3 質量%以下の規定により、実質的に7～8 vol%が上限となっていた。

その後、バイオ燃料導入拡大の観点から、E10 対応ガソリン車の燃料として用いるガソリンについては、エタノールを10 vol%以下、酸素分3.7 質量%とするように、2012年4月に品質確保法強制規格に注記が加えられた。

また、同時期にガソリンJIS規格も、E10対応ガソリン車でのみ使用できるように改定されている。なお、E10対応ガソリン車は、E10ガソリンだけでなく、E3ガソリンも問題なく使用することができる。

3 E10導入への実証の現状

その後、**図2.16**に示す沖縄でのバイオ燃料事業や大阪などでのE10実証が行われ、これらに必要な施策がとられ、2012年4月の省令改正(道路運送車両の保安基準第56条第4項の規定に基づき認定を行うE10対応車の安全の確保および環境の保全に関する技術指針)でエタノール10%までの混合が認められることとなった(E10は対応車のみ給油可能)。これらの背景を整理したものが前述の**図2.8**である。

E3、E10実証は、技術的な成果としてE3は、ほかのレギュラーガソリンと全く同様に、E10も、導入が進んでいるE10対応自動車であれば何ら変わることなく、安全に安心して利用できることが実証できたとしているが、製造コスト問題でほぼすべての実証事業などが終了して終了している(**図2.17**参照)。

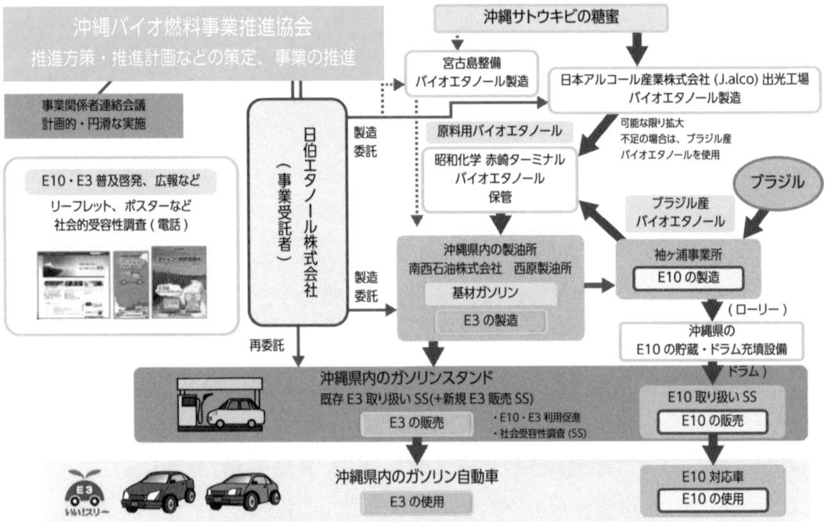

図2.16　環境省委託バイオ燃料利用体制確立促進事業の概要
出典：環境省・沖縄バイオ燃料事業成果等評価委員会「沖縄バイオ燃料事業成果・課題等報告書」(2017)[28]／大阪府「いい!スリーロゴマーク」(2013)[29]をもとに作成

唯一、国立研究開発法人新エネルギー・産業技術総合開発機構(NEDO)における第二世代バイオエタノール技術開発事業も2019年度で終了し、バイオジェット燃料への転換での継続実証が残っているのみである。

生産プロセスや品質管理手法の確立など、一定の成果は得られたものの、コスト面が課題となり、ほぼ全ての事業が継続を断念。(※一部、少量のエタノールを地産地消している事例は継続。)

○沖縄バイオ燃料事業

概要：沖縄県産さとうきび糖蜜由来のバイオエタノールを活用し、バイオ燃料の製造・県内SSへの供給を実施。①E3の本格普及と自立商業ベースによる供給体制の確立、②E10の本格普及と事業継続可能性を検証することを目的とする。

成果：①E3/E10ともに性能・技術面での基準適合を確認し、レギュラーガソリンとしての安全性を実証。
②E3については沖縄県内のガソリン供給量の1割を超えるシェアを獲得(2015年度)し、自立商業化実現のための基盤となり得る一定の流通・供給体制を確立。
③E10についても供給実績を伸ばし、インフラ整備による本格普及の可能性を提示。

課題：バイオエタノールの調達など、コスト面が課題となり、2017年8月に事業終了。

○北海道におけるバイオ燃料生産拠点確立事業(川上郡清水町・苫小牧)

概要：原料生産～製造・販売に至る一貫システムを確立するための課題を解決し、事業化を実現することを目的とする。バイオエタノールは、横浜市根岸製油所に輸送・販売され、ETBE混合ガソリンに加工されて、首都圏等のSSで販売。

成果：①製造量：約3万kLの目標には至らずも、段階的に拡大(21年度1.5万kL⇒23年度2.2万kL)
②製造効率：概ね目標達成
③品質適合度：目標達成(100%)
④製造コスト：目標には至らずも向上
⑤製造技術の確立(第1世代)：多様な原料に対応した製造技術、酵母を複数回使用する発酵技術、季節ごとに異なる酵母の使用技術等

課題：高コスト構造(エタノール販売価格の2~3倍)が課題となり、事業の自立化・事業化が困難と判断されたため、2015年度以降の事業継続を断念。

図2.17 国産バイオエタノールの現状

出典：経済産業省・資源エネルギー庁「バイオエタノールの導入に関するこれまでの取組と最近の動向」(2017)[30]をもとに作成

現時点の日本では、バイオエタノールのガソリン混合利用として、E3相当のETBEを原油換算50万kL／年利用するのみにとどまっている。E10とETBE混合ガソリンのコストを比較した結果、ETBE混合ガソリンよりもE10の方が安価と試算された(**表2.5**および**図2.18**)。今後の業界を含めた再検討が期待される。

表2.5 混合ガソリンのコストとETBE・E10の試算

バイオエタノール混合ガソリンの価格算定の前提条件	
種類	価格
レギュラーガソリン(ETBEの基材ガソリン)	120円／L
サブオクタン(E10の基材ガソリン)	117円／L
輸入エタノール	69.5円／L
輸入ETBE	56.1円／L (原油価格連動)

注)すでにETBE導入のために、混合・貯蔵・輸送・給油に関わるインフラ・サプライチェーンは整備済みのため、追加投資はほとんど必要ない。バイオエタノール直接混合もETBE混合も同様のCO_2削減効果とするため、E10に対してETBE24(バイオエタノール10%混合)を比較対象とした

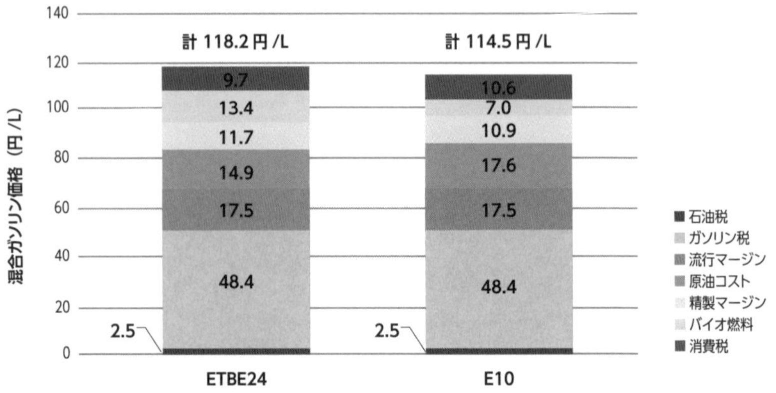

図2.18　E10とETBE混合ガソリンのコスト比較
出典：一般財団法人エネルギー総合工学研究所「バイオエタノールの導入技術比較調査」(2020)[31]をもとに作成

6　バイオエタノールのGHG削減効果

高度化法では、2018年4月17日にアメリカのトウモロコシ原料バイオエタノールとブラジルのサトウキビ原料バイオエタノールについて、LCAの規定値を設定した[32]。このLCA値の計算は、WtWのライフサイクルが考慮され、原料の農場での生産などの上流のライフサイクルデータから、バイオエタノール生産工程で発生する副産物へのGHG排出量の振り分け(按分)などによって行われている。一方、バイオ燃料のGHG排出削減を推定するための基準またはベースラインとして使用されるガソリンのLCA値は、さまざまな原油や代替源(タールサンド[7]またはシェールオイル[8])の生産と精製や輸送などを考慮して、2020年9月10日に現行値が設定されていて、ガソリンベースライン値が84.74 g CO_2eq／MJ、トウモロコシとサトウキビを原料とするバイオエタノールの値が、それぞれ43.15(ガソリン比51%減)と33.61(ガソリン比62%減)である[33]。

7　**タールサンド**　原油を含んだ砂岩が地表に露出したもの。
8　**シェールオイル**　原油が地中深くにある頁岩(シェール)の中に閉じ込められたもの。

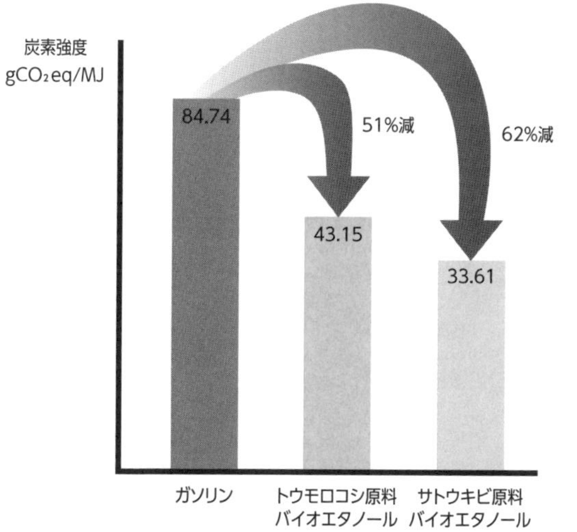

注）高度化法でガソリンの炭素強度とトウモロコシ原料とサトウキビ原料のバイオエタノールのLCA値とGHG排出量削減率を算出した

図2.19 高度化法によるガソリンとバイオエタノールのLCA値とGHG排出量削減率

7 バイオエタノールによるGHG排出削減基準

日本政府のバイオエタノールによるGHG排出削減率の基準としては、2018年(令和元年)度より、小規模な木質バイオマス専焼発電と同水準のGHG排出削減効果[9]であるガソリン比56.5%程度の削減水準が1つの目安となるとして、ガソリン比55%の削減基準が設けられた。また、アメリカ産トウモロコシ原料バイオエタノールとブラジル産サトウキビ原料バイオエタノールの削減率がそれぞれガソリン比51%と62%であるが、調達した各バイオエタノールのGHG排出削減率をバイオエタノールの使用量で加重平均した値がガソリンLCA値の55%を下回るかとの観点から判断することとしている[33]。

9 **GHG排出削減効果** 熱量当たりの削減効果は、47.5 g CO_2eq／MJ。

2.3 バイオエタノール生産プロセスと併産物の利用

1 バイオエタノールの原料と生産状況

① バイオエタノールは糖類が原料

バイオエタノールは植物を原料として製造されたエタノールである。その意味では、人間が飲むアルコール飲料に入っているエタノールはバイオエタノールであるといえる。世界で広く生産・利用されているバイオエタノールに変換されている成分はデンプンやショ糖であり、燃料用あるいは産業用に使われるバイオエタノールの原料は主にトウモロコシ、サトウキビがある。そのほかに小麦やキャッサバなどのデンプンも原料となる。また、これらのデンプンやショ糖を原料とするバイオエタノールを第一世代と定義し、植物体の組織を原料とするバイオエタノールを第二世代バイオエタノールと呼ぶことがある。植物体の組織は、穀物や穀粒とは異なり、複雑な構造をしていてセルロースやヘミセルロースといった、水に溶けにくく私たちの身の回りにある微生物の力では分解や糖化しにくい成分

図2.20 第1世代と第2世代のバイオエタノール
出典：株式会社日刊工業新聞社「トコトンやさしいバイオエタノールの本」[34]をもとに作成

からできている。そのため、前処理などの工程が必要となり、コストが高いことが問題である。

2 バイオエタノールの製造方法

バイオエタノールの主要な原料であるトウモロコシとサトウキビからの製造法と木材や草などの植物体を原料とする製造法について、**図2.21**に示す[35]。サトウキビはショ糖を多く含むため、そのショ糖を搾った搾り汁を酵母によってアルコール発酵させる。ここで用いる酵母は、日本酒、ビール、パンなどを製造する酵母と同じ種類である。トウモロコシの場合は、含まれているデンプンをまず糖に変換する。その変換は酵素によって行われて、生産された糖を酵母に発酵させ

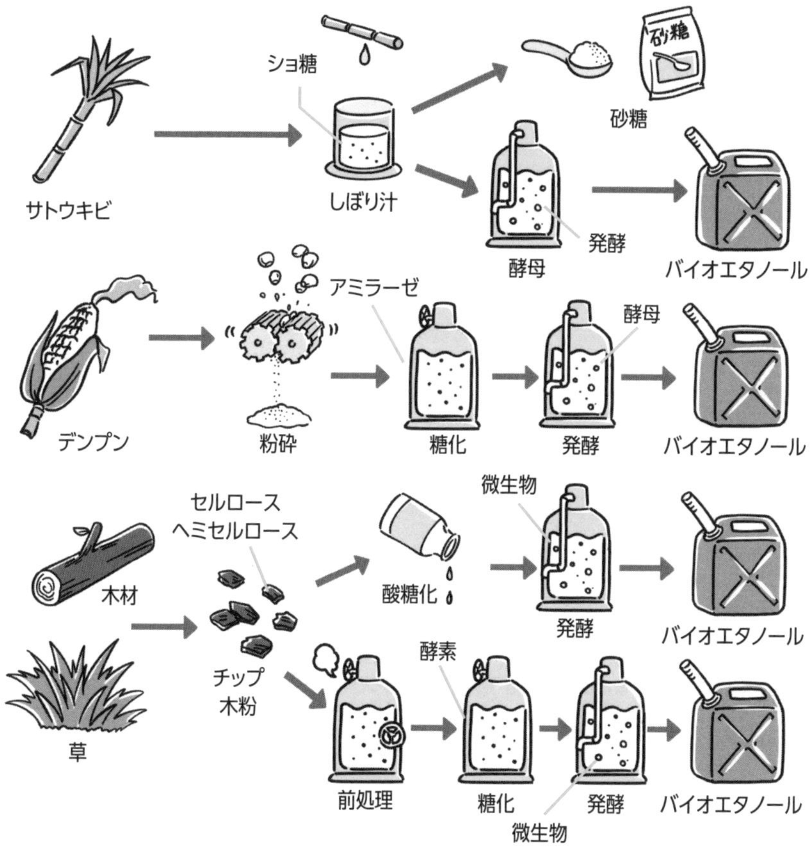

図2.21　原料によるバイオエタノールの製造法の違い
出典：株式会社日刊工業新聞社「トコトンやさしいバイオエタノールの本」[35]をもとに作成

る。木材や草のセルロースやヘミセルロースは、水に溶けず、分解しづらいため、酸を使った可溶化などの前処理をして、酵素や酵母が働きやすいようにして、糖化や発酵を行わせる。

③原料としてのトウモロコシとサトウキビの特徴

サトウキビからバイオエタノールを作る場合には、サトウキビを搾ったケーン・ジュースを発酵させる[36]。しかし、保存性が悪いため、搾汁後はすぐに使用しなくてはならない。これは、保存性の良くないケーン・ジュースを原料とするバイオエタノール生産は、冬から春にかけての数か月間の限られた収穫時期しかできないことを示している。

また、原料の保存性をよくするため、ケーン・ジュースを濃縮して作る糖蜜を原料とすることもできる[37]。糖蜜は糖濃度が高く、塩濃度も高いため保存性がよく年間を通じて利用可能である。一方で、糖蜜は発酵しない糖類が含まれているため、発酵性の糖で構成されるトウモロコシなどのデンプン原料より、歩留まりが悪い。

トウモロコシを原料とする場合は、デンプン以外の栄養分にも富んでいる子実(粒)を原料とするため、付加価値のある製品が同時に生産される。また、穀粒は適切な保管条件で長期にわたり貯蔵が可能で、年間を通じてバイオエタノールを生産することができる。

2 バイオエタノール生産プロセス

①サトウキビのバイオエタノール生産プロセス

サトウキビからバイオエタノールを作る場合には、サトウキビの搾り汁の中にあるショ糖を分解する工程のみが必要である。したがって、工程としてはシンプルで、GHG排出量は低い。

②トウモロコシのバイオエタノール生産プロセス

トウモロコシからのバイオエタノール生産法[35][38]には湿式製法(ウェットミリング)と乾式製法(ドライミリング)の2種類があり、これら2種類の主な違いは穀物の前処理にある。乾式製法でエタノールを生産する場合、トウモロコシの全粒またはほかのデンプン穀物を粉に加工(「ミリング」とも呼ばれる)する。この粉を水と混ぜ、「もろみ液」を得る。もろみ液に酵素を加え、デンプンをブドウ糖に変換させる。もろみ液は冷却後発酵タンクに移され、酵母を加えて糖分がエタノールとCO_2に変換される。一方、湿式ミリングではトウモロコシ粒を水または希釈した亜硫酸溶液に24～48時間浸漬し、一連のミリング処理を行う。デンプンやもろみ液はバイオエタノールの発酵過程に供される。エタノールの発酵プロセスは前述の乾式ミリングとほぼ同じである。

③トウモロコシのエタノール蒸留方法

トウモロコシからエタノールを蒸留する方法[38]は、次のような工程になる。もろみ液からのエタノール発酵期間は、通常40～50時間かかる。この期間中、絶えずもろみ液を撹拌し、冷却を維持して酵母の活性を維持させる。発酵後得た「ビール」を蒸留塔に移し、エタノールを併産物から分離させる。通常の蒸留法でエタノールを190プルーフ(約95%)に濃縮したあと、分子篩設備で約200プルーフ(約100%)に脱水する。アメリカではこの無水エタノールに約1%の変性剤(ガソリンなど)を加えて、飲料用にできなくなして、アルコール飲料税の納付を回避し、ガソリンスタンドまたは小売企業に搬送される。

3 バイオエタノールの生産の併産物

①トウモロコシ原料バイオエタノールの製造と併産物の発生

搾り汁がほぼ純粋にショ糖であるサトウキビの場合と異なり、穀粒を原料とするトウモロコシ原料バイオエタノールの場合は、デンプン以外のたんぱく質や油分、灰分が利用されずに残る。**図2.22**に示すように、トウモロコシの穀粒の約3分の2がデンプンであり、残りの3分の1がそれらの栄養成分である。それらの栄養成分は、エタノール発酵後に回収されて、ジスチラーズ・グレイン(Distiller's Grains)という家畜飼料原料となって利用される。また、デンプンからは、エタノールと同じ量のCO_2が生産される。これらのジスチラーズ・グレインとCO_2は、エタノールと同様に価値のある産物として、副産物ではなく併産物と呼ばれている[39]。

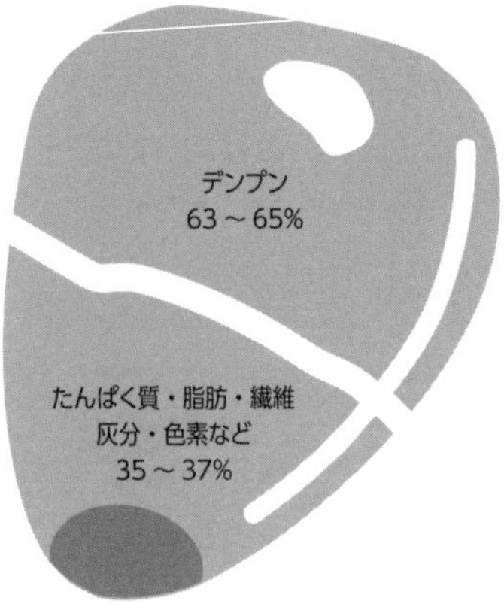

図2.22　トウモロコシ子実（粒）の栄養成分の比率

②トウモロコシを原料としたバイオエタノール生産からできる併産物

トウモロコシからバイオエタノールを発酵によって生産させた「ビール」からエタノールを蒸留で分離させて発生するスチレージ(エタノール発酵液からエタノールを蒸留した残りの蒸留廃液)と呼ばれる画分は遠心分離機によって固形分の多いジスチラーズ・グレインと上澄み部分のシンスチレージに分離される。この段階のジスチラーズ・グレインは水分含量が80%ほどと高く、ウェットジスチラーズ･グレインと呼ばれ、エタノール工場の近隣に畜産農家がある場合には、そのまま出荷される。

シンスチレージは、ときによりバイオディーゼルの原料にもなるコーン油（ジスチラーズコーンオイル）を分離したあと、蒸発により可溶物を含水量30%の固体に濃縮し、ジスチラーズソリュブル(シロップ)にする。そして、ジスチラーズ・グレインとシロップを合わせて乾燥させることによって、ドライド・ジスチラーズ・グレイン(DDGS：Distiller's Dried Grains with. Solubles)が生産される。DDGSは高品質で栄養が豊富な家畜飼料となる。また、発酵期間中に排出したCO_2はそれを回収して炭酸飲料や飲料、ドライアイス用として販売することができる[10][36]。

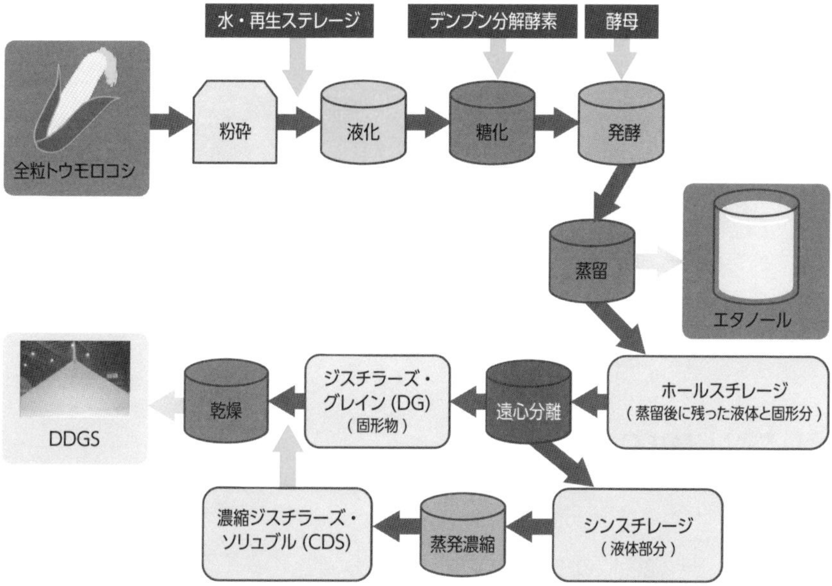

図2.23 トウモロコシからのバイオエタノール製造工程と発生する併産物
出典：浜本 哲郎（アメリカ穀物協会日本事務所）「トウモロコシ原料バイオエタノールの国際状況と今後の展望」(2020)[39]をもとに作成

③ 併産物としてのジスチラーズ・グレイン

ジスチラーズ・グレインはバイオエタノールの併産物ではあるが、たんぱく質や油分に富む付加価値の高い家畜飼料原料であり、エタノール生産者の大きな収入源にもなっている。乾燥をしないジスチラーズ・グレイン[40]（ウェットジスチラーズ・グレイン、水分70%）と、若干乾燥させたジスチラーズ・グレイン（水分40～50%、モディファイドジスチラーズグレイン）は工場近隣の主に肉牛農場に運ばれ利用される。また、さらに乾燥させたDDGSは輸出を含む世界中の畜産現場で飼料原料として用いられている。日本にも年間30万トンから50万トン輸入されて、主に産卵鶏の飼料として利用されている。以下、DDGS、ウェットジスチラーズグレイン、モディファイドジスチラーズグレインを総称してジスチラーズ・グレインと呼ぶ。

図2.24　バイオエタノール工場の倉庫に保管されるDDGS(2017年：著者撮影)

4 併産物としてのCO_2[41]

糖からバイオエタノールを製造する化学反応は、次の式であらわされる。

$$C_6H_{12}O_6 = 2C_2H_5OH + 2CO_2$$

すなわち、エタノールと等モル(同数の分子)のCO_2が生成する。

これを重量に直すと、平均的なエタノール工場でのバイオエタノール生産の際には、1トンのトウモロコシから440リットルのエタノールと350kgのCO_2が生成することになる。また、同時に糖以外のたんぱく質や油分から、DDGS（水分10%）として300kg相当のジスチラーズ・グレインと16kgのジスチラーズコーンオイルが生産される[40][42]。このCO_2を大気中に放出するのではなく、利用することは、エタノール生産の付加価値化を進めるだけでなく、バイオエタノールのGHG排出削減への貢献度を高めることになる。

5 CO_2のさまざまな利用方法

バイオエタノール生産にともなって発生するCO_2は、エタノール発酵で発生するおもな気体がCO_2だけであることから、純度の高いCO_2としてその利用に有利である。そのため、アメリカのエタノール工場では、発生するCO_2を炭酸飲料の炭酸として、またドライアイスの原料として利用している。さらに、高深度の地下の地層からのシェールオイルの回収のために地中に吹き込む原油増進回収(EOR：Enhanced Oil Recovery)のガスとしての利用や、大気中から地中に炭素を貯留してしまうCCS技術により、地中に吹き込むことも、CO_2を積極的に環境中から取り除くネガティブ・エミッション技術(第1章　Column1参照)の1つであるBECCSとして将来の実用化を目指して試験が進められている[43]。

図2.25　トウモロコシ原料バイオエタノール工場にあるドライアイス用に出荷されるCO_2を貯蔵するタンク
(2017年：著者撮影)

図2.26　アメリカのグリーンプレーンズ社のバイオエタノール工場から発生するCO_2を地中に貯留するCCS施設
出典：Green Plainsウェブサイト「Carbon Capture and Sequestration」[44]

2.4 燃料生産での食料との競合の可能性は？

1 原料トウモロコシの供給

① 世界のトウモロコシ供給とバイオエタノール生産への利用

「人間の食料」である「穀物」を「燃料」の原料に利用することは、食料供給を困難にして飢餓を増長し、食料価格の高騰を招く、好ましくない傾向であるという意見がある。**図2.27**は1960年から昨年までの世界でのトウモロコシの生産量の推移を表しているが、1960年には約2億トンであった生産量は、近年は11億トンに上り、特に2000年代に入ってからの伸びが著しい[45]。また、その伸びは主にアメリカ外の生産国で起こっていることから、世界中でトウモロコシの増産が進んでいることがわかる。また、用途別の利用量を見てみると、家畜飼料原料としての利用が全体の半分以上を占めている。燃料エタノールすなわちバイオエタノールの原料としての利用は世界の利用全体の12%に過ぎない[45]（**図2.28**参照）。さらにバイオエタノールの原料となるトウモロコシの子実(粒)の約3分の1は、デンプン以外の栄養分であるタンパク質や油分などが占める。これらの栄養分は回収されてジスチラーズ・グレインと呼ばれる家畜飼料として利用されている。すなわち、バイオエタノール生産に利用されるトウモロコシの3分の1は家畜飼料として、従来の市場に戻って利用されていると言える[40]。

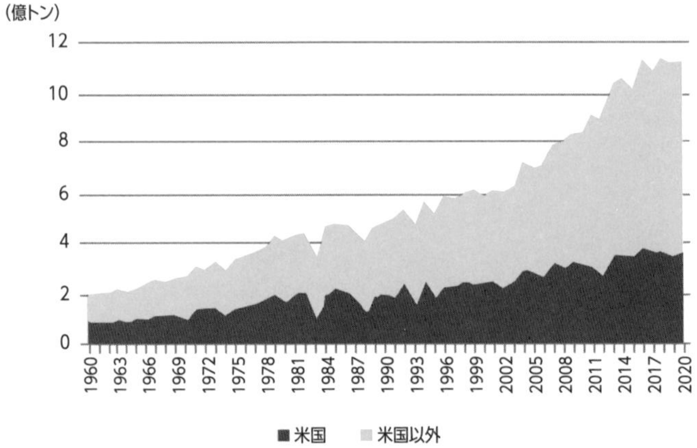

図2.27　世界のトウモロコシ生産量(1960～2020年)
出典：U.S. Department of Agriculture・Economic Research Service「Feed Grains Database」[45]をもとに作成

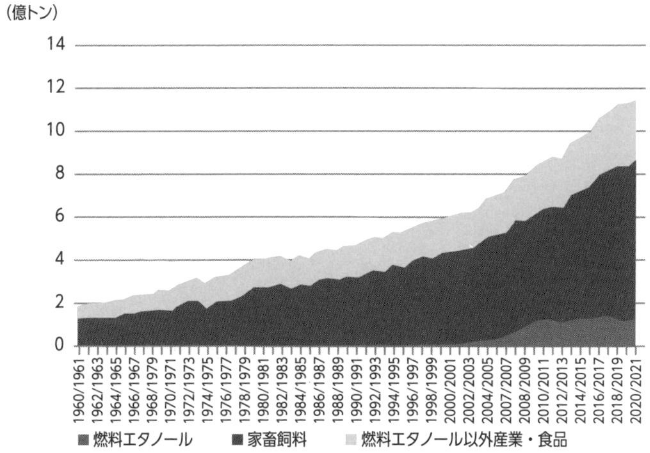

図2.28　世界のトウモロコシ用途別利用量(1960～2020年)

出典：U.S. Department of Agriculture・Economic Research Service「Feed Grains Database」[45]をもとに作成

2 バイオエタノール利用によるトウモロコシの供給の増大

家畜飼料への利用量は、1975年の1億トンから昨年は7億トン以上に増加していて、その増加はやはりアメリカ以外の国で起こっていることがわかる[45]（**図2.29**）。また、その利用量の伸びは、特に2011年以降に加速している。すなわちこれらの生産量と家畜飼料原料としての利用量の伸びは、バイオエタノールの原料として利用されるようになった2010年代から、かえって加速していることになる。トウモロコシのバイオエタノール原料への利用が、トウモロコシの需給や利用をひっ迫させているのであれば、バイオエタノール以外の食料や飼料への利用が伸びていないはずである。このことから逆に、バイオエタノール原料としての利用が進んだために、トウモロコシの新たな市場の出現によりその需要が広がり、供給が盛んになったと解釈できる。

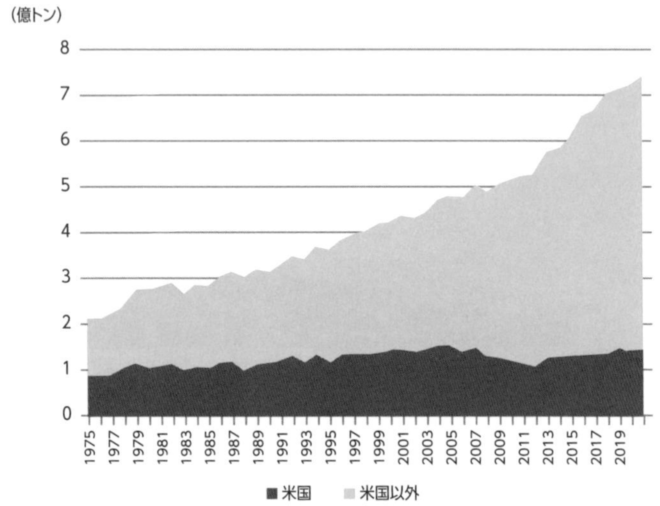

図2.29 世界のトウモロコシの飼料利用量(1975～2020)
出典：U.S. Department of Agriculture・Economic Research Service「Feed Grains Database」[45]をもとに作成

3 世界人口へのトウモロコシ供給の実際

世界の総人口は増え続けており、確かにトウモロコシの生産量と飼料向け利用量は伸びているが、それでも増える食料・飼料需要に追い付いていないのではないかという懸念もある。そこで、**図2.30**で示すように、このトウモロコシ利用量の伸びを世界の総人口の伸びと比較したところ[45][46]、その伸びが世界の総人口の伸びよりも大きいことがわかる。実際に人口一人当たりのトウモロコシ供給量は1960年から2020年までの40年間に約2倍に増えていて、特に2000年代に入ってからの上昇率が高い(**図2.31**)。人口一人当たりのトウモロコシの家畜飼料原料としての利用量も増え続けていて、これもバイオエタノールの原料として利用され始めた2010年代に入ってからの伸びが大きい(**図2.32**)。近年の人口一人当たりのトウモロコシ供給量と飼料向け利用量の増加が大きくなった理由は、中流階級人口の増加による食肉需要の増大によるものだと考えられるが、その増大する需要を満たした上で、トウモロコシのバイオエタノール原料としての利用の増加に見合った生産量の増大が図られてきたのである。

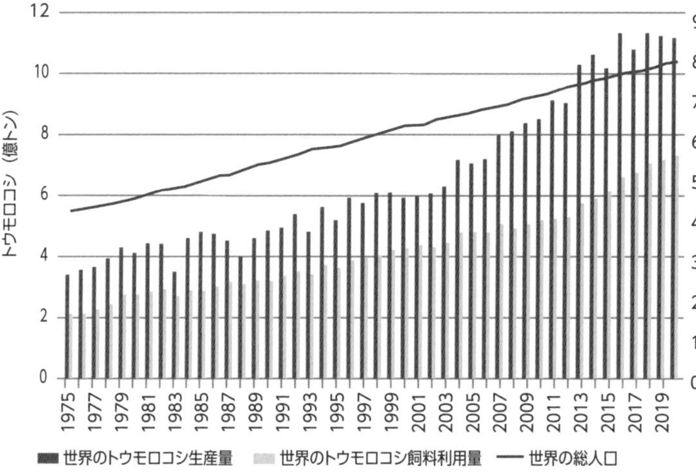

図2.30　世界の総人口とトウモロコシ生産量・飼料利用量の推移(1975～2020年)
出典：United Nations「World Population Prospects 2019」[46]／アメリカ穀物協会「オンラインバイオカフェ　バイオエタノール私たちのくらし-vol.2」(2021)[47]をもとに作成

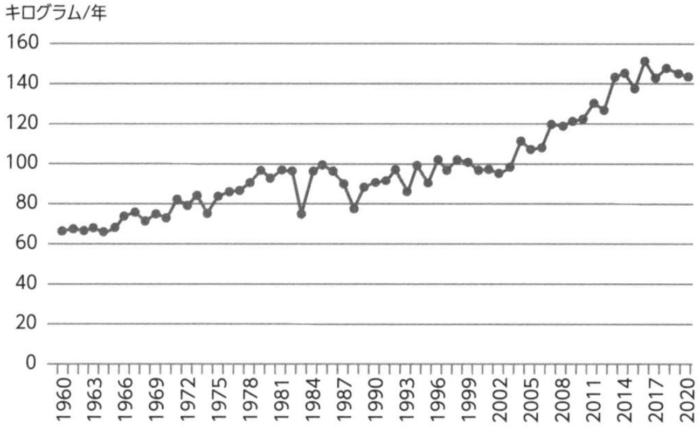

図2.31　世界の総人口一人当たりのトウモロコシ供給量の推移(1960～2020年)
出典：United Nations「World Population Prospects 2019」[46]／アメリカ穀物協会「オンラインバイオカフェ　バイオエタノール私たちのくらし-vol.2」(2021)[47]をもとに作成

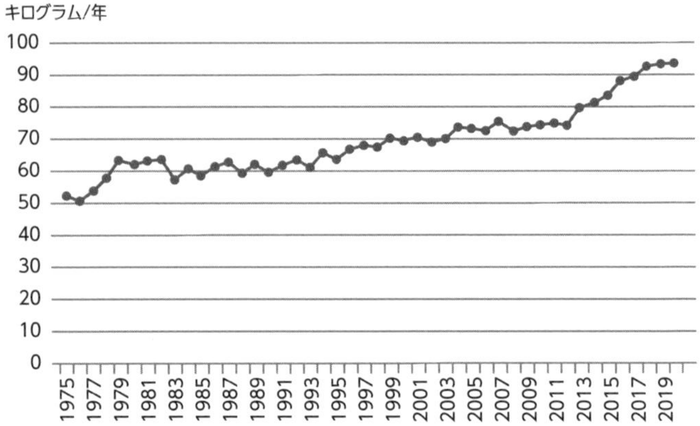

図2.32　世界の総人口一人当たりのトウモロコシの飼料向け利用量の推移(1975～2020年)
出典：U.S. Department of Agriculture「Feed Grains Database」[45]／United Nations「World Population Prospects 2019」[46]をもとに作成

2　原料トウモロコシの価格

①バイオエタノール生産とトウモロコシ価格の推移

アメリカでトウモロコシからバイオエタノールが生産され始めた当初の2000年代前半には、バイオエタノールの生産量が増えるのと比例して穀物価格、商品価格が高騰し、2008年にはほかの穀物の不作などと重なって穀物価格全般が高騰した。しかし、**図2.33**で示すように2008年のリーマンショック後もバイオ燃料の生産量は増え続けたが、穀物価格は下った[47]。また、トウモロコシをはじめとする穀物価格は総商品価格に連動していることがわかる。このことから、トウモロコシをはじめとする穀物の価格上昇は、バイオ燃料の原料として穀物を利用したからではなく、商品価格全般が上がったのに連動して起こったことがわかる。当初食料価格の高騰の「犯人」とされたトウモロコシからのバイオ燃料生産の増加は因果関係が薄いものであったことがわかり、バイオ燃料の生産が直接食料不足に結びつくことはないと考えられるのである。**図2.34**では、より長期に現時点までのコメ、大豆、小麦、トウモロコシの価格変動を示している。バイオエタノール原料へのトウモロコシの利用がそれらの価格の決定因子になっていないことがより鮮明にあらわされている。[45][48]。

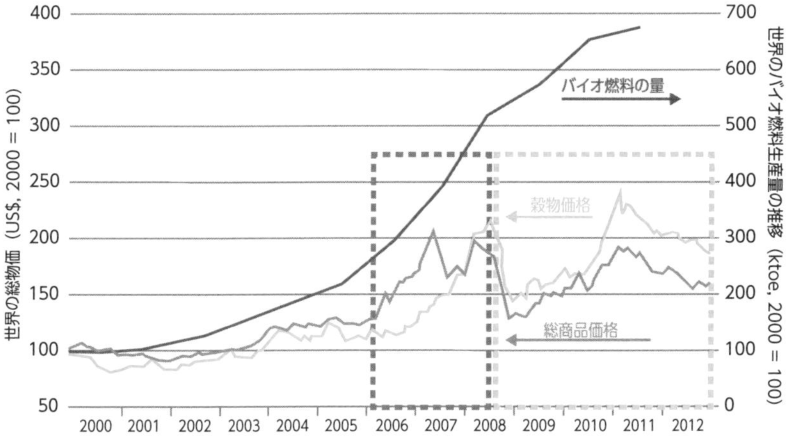

図2.33　2000～2012年の穀物価格・総商品価格とバイオ燃料生産量の推移
出典：アメリカ穀物協会「オンラインバイオカフェ　バイオエタノール私たちのくらし-vol.2」(2021)[47]をもとに作成

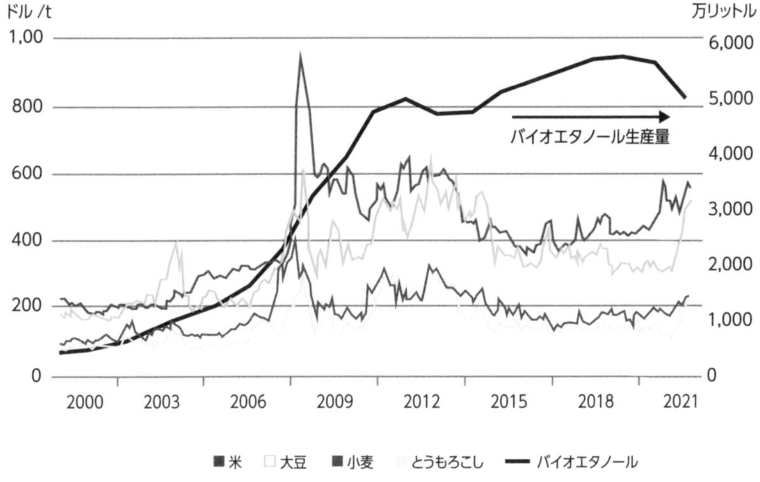

図2.34　穀物の価格とバイオエタノール生産量の推移(2000～2020年)
出典：農林水産省「令和２年度食料・農業・農村白書」[48]をもとに作成

2 原油価格とトウモロコシ価格の推移

図2.35にバイオエタノール向けトウモロコシの利用量とトウモロコシの原油相対価格の推移を示す。トウモロコシのバイオエタノールの原料としての利用量が急激に増加した1990年代後半から2000年代(**図2.35**の緑枠で囲った期間)は、ちょうど原油価格[49]が高騰し、相対的にトウモロコシ価格[45]が下がっていた。この原油価格の高騰が、相対的に安価なエネルギー原料としてのトウモロコシの

意義を増大させ、エネルギー安全保障の観点からのアメリカ政府のバイオエタノール導入へのインセンティブの1つになった。そしてその後は、トウモロコシのバイオエタノールの原料向け需要が飛躍的に増えたにもかかわらず、トウモロコシの増産は飼料向けの供給も維持しつつ増大し、対原油価格も低位で維持している。すなわち、原油価格高騰がトウモロコシのバイオエタノール向け需要の増加を引き起こし、その増えた需要がトウモロコシの増産を促したのである。そしてこの増産が、飼料向け供給を含めたトウモロコシ市場全体の安定とさらなる増大につながる市場の需給に好循環をもたらしたといえる。

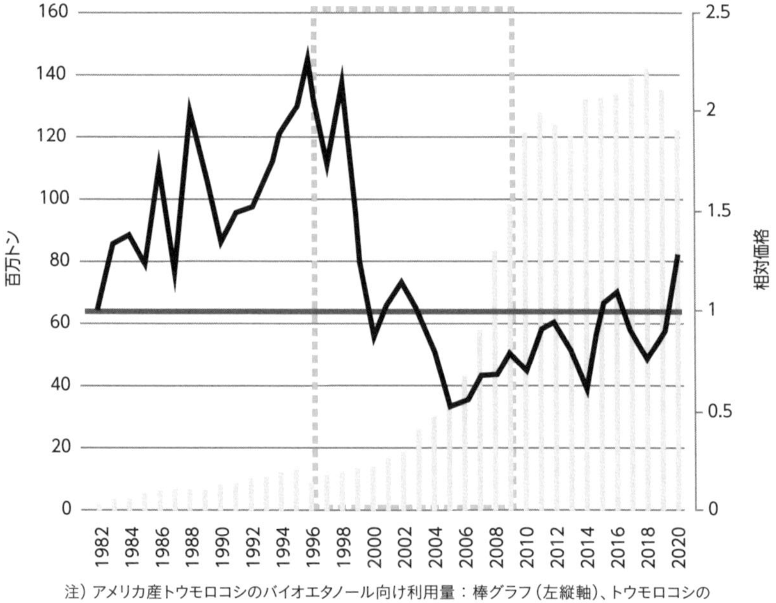

注）アメリカ産トウモロコシのバイオエタノール向け利用量：棒グラフ（左縦軸）、トウモロコシの原油相対価格：折れ線グラフ（右縦軸）。点線カッコの1990年代後半から2000年代の間に、トウモロコシ価格が原油価格と比較して下がったことがわかる

図2.35　アメリカ産トウモロコシのバイオエタノール向け利用量とトウモロコシの原油相対価格の推移(1982～2020年)
出典：U.S. Department of Agriculture「Feed Grains Database」[45]／農林水産省「令和２年度食料・農業・農村白書」[48]をもとに作成

❸原油価格対トウモロコシ価格

1990年代後半から2000年代まで(**図2.35**の青枠の期間)のトウモロコシのバイオエタノール向け利用量と原油相対トウモロコシ価格の自然対数を取って比較をすると、明瞭な相関関係があることが示された(**図2.36**)[45][49]。この現象は、これらの間に因果関係があるというわけではなく、ちょうどその当時に起こった

中東の政情不安とアメリカでのシェールオイルの発見と掘削開始に負うところが大きいと考えられる。

さらに**図2.37**は、**図2.36**で示している相対価格変化が起こった1990年代後半から2000年代の前後を含め、1982年から2020年までの推移を表したものである。この図から、トウモロコシのエタノール生産への利用量が少なかった1980～1990年代（**図2.37**右下の点線で囲った部分）ではトウモロコシの原油相対価格は高く、逆にエタノール生産への利用量が増加した2010年代以降（左上の点線で囲った部分）ではトウモロコシの価格は原油価格と比較して低いままにとどまっていることがわかる。このように、トウモロコシのバイオエタノール向けの利用量が増加した後で、その原油相対価格が長期に安定して低価格にとどまっていることは、トウモロコシのバイオエタノール向け利用がトウモロコシ(穀物)価格の高騰を招いたという説が誤解であることを明確に支持している。

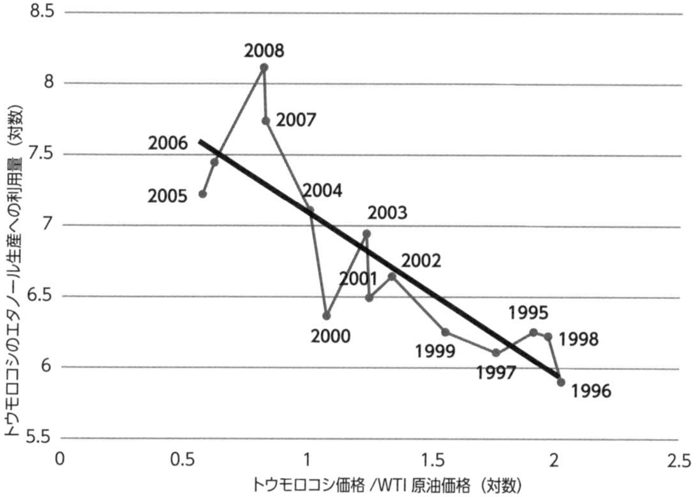

注）黒線は相対価格の変化の傾向を表す

図2.36　アメリカ産トウモロコシのバイオエタノール向け利用量と原油相対トウモロコシ価格(1995～2008年)
出典：U.S. Department of Agriculture「Feed Grains Database」[45]／
U.S. Energy Information Administration (eia)「Petroleum and Other Liquids」[49]をもとに作成

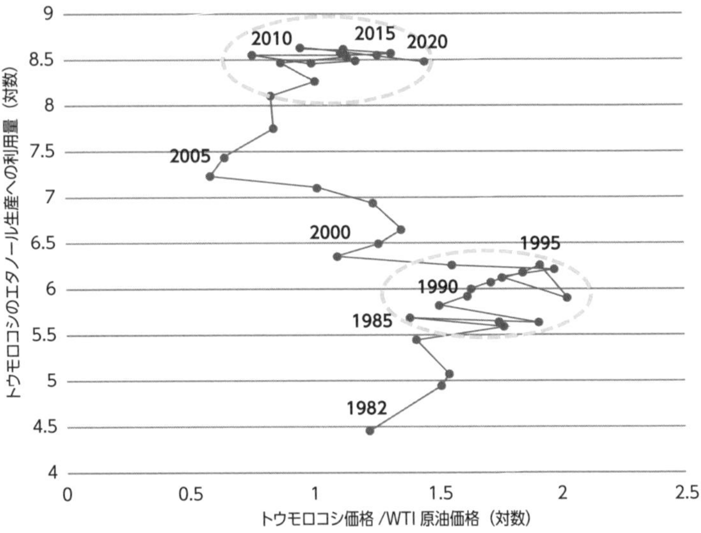

図2.37 アメリカ産トウモロコシのバイオエタノール向け利用量と原油相対トウモロコシ価格（1982～2020年）
出典：U.S. Department of Agriculture「Feed Grains Database」[45]／
U.S. Energy Information Administration (eia)「Petroleum and Other Liquids」[49]をもとに作成

3 「食料対燃料」の誤解

バイオエタノール生産へのトウモロコシの利用が、食料供給に悪影響を及ぼしたという議論は、供給面と価格面から否定されることがわかった。供給面では、トウモロコシ生産の拡大はアメリカやそのほかの産地でバイオエタノール生産への消費量をはるかに上回るペースで起こっている。また、2008年に起こったバイオエタノール生産の急進期に起きたトウモロコシ価格の高騰が、実は原油価格の上昇と穀物価格全般の上昇、すなわち、物価全般の上昇の一端として起こったものであり、あとから振り返れば、トウモロコシ価格は原油価格に対して、この過渡期を経て割安になっている。このように、トウモロコシの生産は「食料か燃料か」ではなく、「食料と燃料と」の供給を満たしているのである。

2. 5 バイオエタノール生産にかかわる土地利用の変化と持続可能性

1 バイオエタノール原料の生産性の変化

❶ トウモロコシとサトウキビの作付面積の変化

アメリカでは1961年以降の60年間トウモロコシの作付面積は1.5倍に増えているのに対し、単位面積当たりの収穫量である単収は3倍に増加している。一方、ブラジルのサトウキビでは同じ期間に作付面積は7倍にも増加したのに対し、単収は2倍しか増加していない。このように、トウモロコシ生産は目覚ましい効率化を達成している。

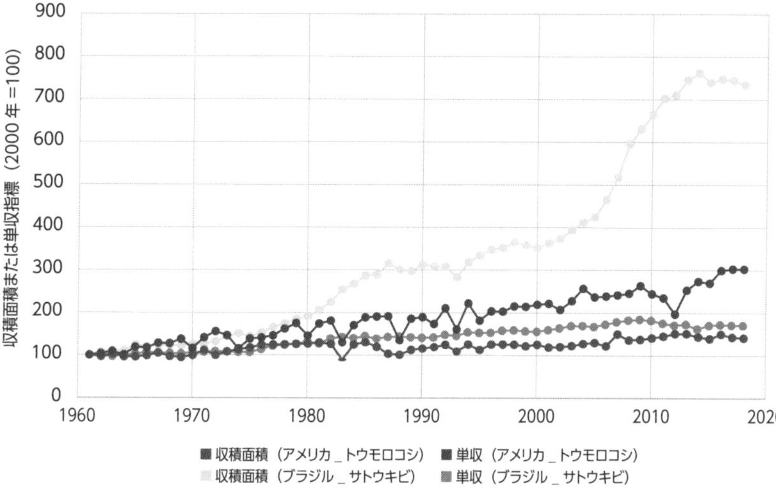

注）1961年を100として正規化

図2.38 アメリカのトウモロコシとブラジルのサトウキビ生産における作付面積と単位面積当たりの収量の推移
出典：一般財団法人エネルギー工学研究所「バイオエタノールの導入技術比較調査」(2020)[50]をもとに作成

❷ トウモロコシ生産の効率向上

バイオエタノール生産が盛んになっても、トウモロコシの供給量はすべての需要を満たして増大し続けてきた。❶で示した通り、その増大は、主に単位面積当たりの収量の増加によるものである。単収は1960年からの現在までの60年で3.2倍に増えているのに対し、収穫面積はほとんど増えていない。これは、主にドローンやGPSなどのITの利用、大型機械の導入や、ハイブリッド育種や遺伝子組み換え技術をはじめとする種子の品種改良などの農業技術の進歩によるものである。

このように、トウモロコシの増産により、作付面積が大きく増えていないということは、森林伐採などの土地利用変化による環境影響はほとんど生じていないということがいえる。この農業技術の進歩はまずアメリカやヨーロッパなどの先進国で起こり、持続可能(サステナブル)な農業として実践され広がっている。同様の持続型農業の進歩は、今後は発展途上国などにも広がり、農業生産性の向上[51]による安定した食料供給や環境負荷の少ない農業生産に寄与すると考えられる。

2　バイオエタノール原料生産の持続可能性

①より少ないインプットでより多いアウトプットを

過去数十年間にわたって、トウモロコシ生産と関連産業は、環境、経済、社会のそれぞれの側面から持続可能性を進化させてきている(**図2.39**)。特に何十年にもわたる技術の蓄積によって、より少ないインプットでより多いアウトプットを生む(Grow more with less)ようになっている。この「インプット」には、肥料や農薬、水資源や労力など、トウモロコシ生産への投入資源が含まれ、「アウトプット」は端的には収穫される農産物であるトウモロコシの穀粒ということになる。

②土壌と水資源の保全

健全な土壌は、すべての農業生産の基礎であり、健全な農地を将来に残すためには、耕すことによる表層土壌の流亡を防ぎ、不耕起や保全耕起といった手段による土壌保全戦略を採用することが重要である。水資源についても、農業生産、地域社会そして地球環境保全に水が果たす貴重な役割を守るため、可能な限り少量の水資源利用が実践されている。

③生態系の保全

農地はさまざまな地域のユニークな生態系の環境に存在している。そこで、これらの生態系の健全性を支えるためには、それぞれの生態系に合った化学農薬の適正かつ最小限の利用や、種々の技術を統合した害虫管理技術を使用した害虫防除による野生動物の生息地の保護が行われている。

❹エネルギー効率の改善

播種、肥料・農薬散布、収穫をはじめとする農作業でのエネルギー効率は、農業機械の省エネルギー化や大型化が進んできたことにより向上してきた。また、コンピューター制御によって、土壌状態をモニターし、同じ農地の中でも局所的に肥料や散水を細かくコントロールすることにより、これらの投入資源の節約が図られている。これらの効率化によって、トウモロコシ生産におけるGHG排出量削減が進められている。

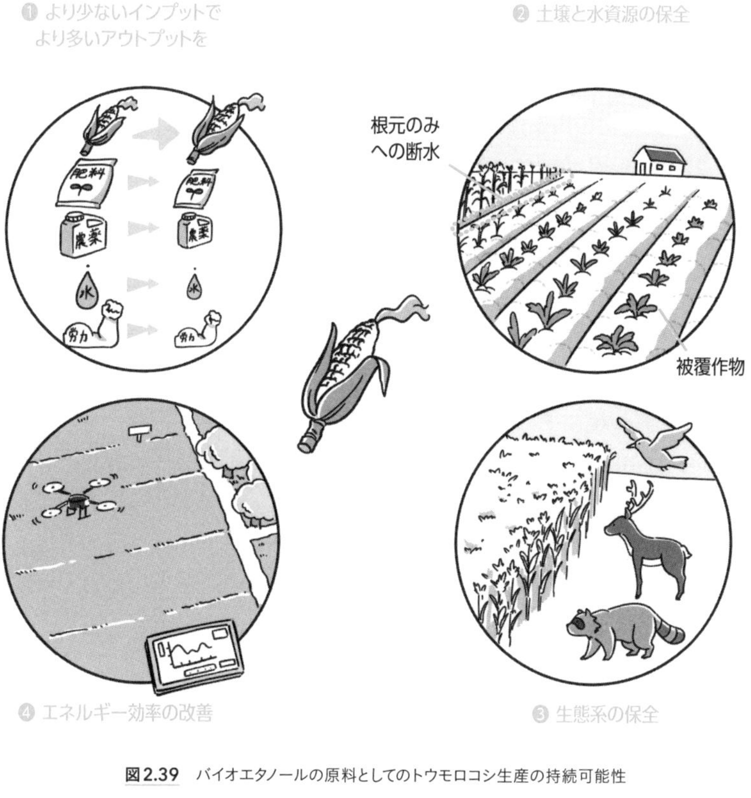

図2.39 バイオエタノールの原料としてのトウモロコシ生産の持続可能性

2.6 バイオエタノールの供給ポテンシャル

1 原料トウモロコシ供給の将来展望

①世界で広がるトウモロコシのバイオエタノール生産への利用

単収の向上、多産地化(栽培の拡大)、供給元の多様化(輸出の拡大)が進み、世界のトウモロコシ生産量は増えている。アメリカ以外にも、ブラジル、中国でもトウモロコシからのバイオエタノール生産が始められていて、中国はE10を目指している。

②トウモロコシの供給ポテンシャル

このようなトウモロコシの生産効率化は、需要の存在と品種改良の結果とみることができる。トウモロコシに限らず、農産物の生産量を増やすには需要の存在、拡大が重要である。すなわち、利用先が確保、拡大できれば価格が安定する。生産者価格の安定は、生産者にとっての栽培・生産の、種子の販売者にはさらなる品種改良の動機付けになる。トウモロコシでの上述の生産量増加と生産の効率化は、まさにそれが起こった結果である。将来のトウモロコシ市場について、アメリカの場合、E10からE15に利用が増大すればバイオエタノール用トウモロコシの需要が1.5倍に増えるが、これまでの生産量の増大を将来に外挿する「トレンドライン」から、この需要の増加をインセンティブとして生産量の増大によって満たすことができることがわかる(**図2.40**)。このように、食料・飼料・燃料を問わず、需要の拡大がトウモロコシの生産量増加に重要で、トウモロコシの生産量増加は食料や家畜飼料としての供給量増加も意味している。

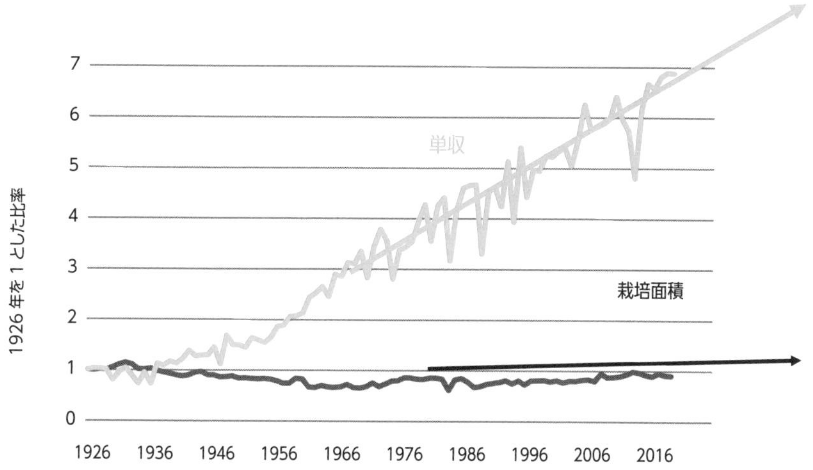

図2.40 アメリカでの単位面積当たりの終了(単収)と栽培面積の推移(1926～2020年)と将来へのトレンドライン
出典：Economic Research Service(U.S. Department of Agriculture)「Feed Grains at a Glance」[52]をもとに作成

2 バイオエタノールの生産ポテンシャル

トウモロコシの生産・供給のポテンシャルが将来のバイオエタノール供給を問題なく満たすと同時に、第二世代のセルロース系原料のバイオエタノールの生産も技術的ブレークスルーが生まれるなどにより、可能になると考えられる。地球上に広く存在する植物資源に固定されたCO_2を利用することによる脱炭素化は、自然のサイクルを巧みに利用した、有用なツールであると考えられる。トウモロコシやサトウキビを原料とするバイオエタノールの利用を進めつつ、技術的発展を同時進行で行うことによって、将来のバイオエタノールの生産ポテンシャルは非常に大きいものとなるであろう。

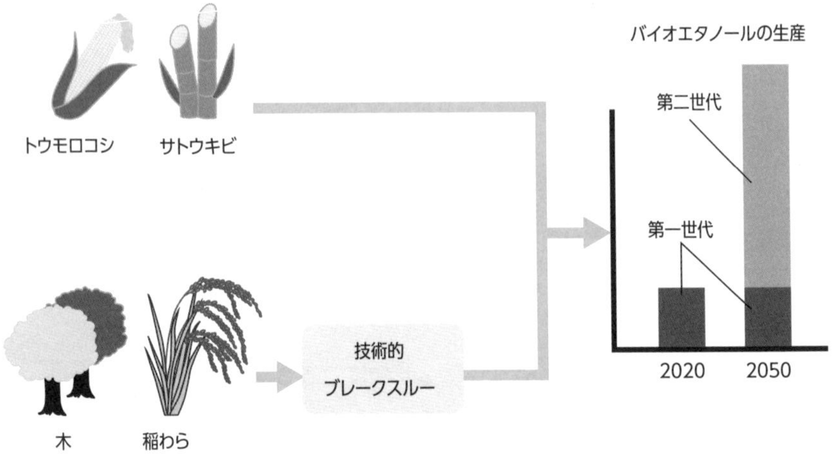

図 2.41　バイオエタノールの原料と生産の将来像

3　国内でのバイオエタノール生産の可能性

❶ 国内でのバイオエタノール生産のコスト

日本でのバイオエタノール生産については、たとえば、以前に実施された農林水産省の実証プラントは年産1.5万kLで、その製造コストは200円／Lであった。一方、年産20万kLのプラントでのコストは70〜80円／Lとなる[53]。この違いは、原料を国内産のみに限らず輸入トウモロコシを利用することによって原料コストを下げること、製造規模拡大によって人件費と運転経費を下げること、トウモロコシを原料にすることによってジスチラーズグレインなどの併産物の販売を行うことが可能になり生じている。このL当たり70円という価格は、現在のバイオエタノール輸入価格とも競争力のあるものである。消費税、ガソリン税、およびマージンを入れたレギュラーレギュラーガソリン価格は120〜160円であり、現行のガソリン税、石油税の免除が維持されれば、70円のエタノールを使ったE10の価格上昇はほぼなくなり、ガソリン価格次第ではレギュラーガソリンより安くなる可能性もある。

② 国内生産エタノールのメリット

バイオエタノールの利用は、運輸部門でのGHG排出削減の1つのツールとして世界各地で進んでいる。日本においても、既存のガソリン自動車の燃料としての環境面の観点のみならず、90%を中東に依存する原油由来の液体燃料の代替によるエネルギー安全保障、国産エタノール生産による過疎地対策の一環として、バイオエタノールのさらなる利用を進めていくことが重要であると考えられる。

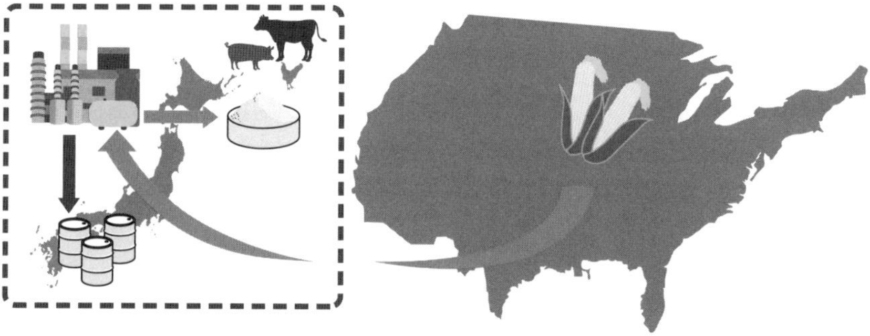

図2.42 アメリカ産のトウモロコシを輸入して日本でバイオエタノールを生産する概念図

Column
3

MTBEの利用状況について

MTBEは無鉛化ガソリンの普及にともなうオクタン価向上のための添加剤として、欧米などでガソリンに混合して使用された。特にアメリカでは大気浄化法の規制により、ハイドロカーボン類の排出を削減する必要から需要が急増した。ガソリンスタンドの地下貯蔵タンクから漏れて水道水源の地下水を汚染する問題が起きたことから、2005年には13州が使用禁止を表明し、2005年エネルギー政策法により、連邦単位でも事実上MTBEの使用が不可能になった。

一方、ヨーロッパにおいてはMTBEが特に問題なく現在でも使用されており、ETBEについても問題とされていない。この違いはガソリンスタンドからの漏洩対策の違いによるものと考えられる。

環境省は、一部のハイオクガソリンにオクタン価向上剤として添加され、人への発ガン性が懸念されているMTBEの地下水中での状況を把握するため、2000年度に全国のガソリンスタンド周辺の井戸の概況調査を実施した。

調査の結果、196の調査地点のうち、36地点から0.01〜1.5μg／Lの範囲でMTBEが検出された。ただし、この数値はアメリカの飲料水中の勧告濃度(20〜40μg／L)からも大きく下回っており、大きな汚染の存在は確認されなかった。MTBEについては、2001年度末までに日本国内における生産がすべて中止された。

また、MTBEの分析とあわせて、ガソリン中に含まれるベンゼン、トルエン、キシレン、エチルベンゼンの4物質についても同時に分析したところ、その検出率は10〜14%で、それぞれの濃度は環境基準値や環境省が監視の目安として定めている指針値等と比較して大きく下回っていた。

第 3 章

自動車業界での CO_2 削減対策の動向

第3章　概要

自動車業界は100年に一度という大変革の時代に突入したといわれている。この大変革を牽引する4つのキーワードは、コネクテッド(C)、自動化／自動運転(A)、シェアリング(S)、電動化(E)であり、これらの頭文字を取ってCASEと呼ばれている。

CASEのうち、本書執筆陣の最大の関心事である地球温暖化対策にもっとも関連が深いキーワードが「電動化（E)」であり、本章では電動化をはじめとする運輸部門や自動車業界でのCO_2削減対策の動向を中心に、その他の3つのキーワード(C・A・S)についても補足的に解説する。

3.1 運輸部門でのCO_2削減対策・取り組み

ここでは、自動車を含む運輸部門全体(自動車、船舶、航空機、鉄道)から排出されるCO_2排出量の推移や削減目標、各部門での削減対策について解説する。

1 自動車業界の温暖化対策

自動車業界は100年に一度という大変革の時代に突入したといわれている。トヨタ自動車株式会社の豊田章男社長は、「約100年前にアメリカに1,500万頭いたとされる馬は、現在では1,500万台の自動車に置き変わりました。いまはそのときと同じか、それ以上のパラダイムチェンジを迎えているのではないでしょうか」[1]と述べている。

これらの大変革を牽引する4つのキーワードは、コネクテッド(Connected)、自動化／自動運転(Autonomous)、シェアリング(Shared & Services)、電動化(Electric)であり、これらの頭文字を取って、CASEと呼ばれている。

CASEのうち、本書執筆陣の最大の関心事である地球温暖化対策にもっとも関連が深いキーワードが「電動化」であり、本章では電動化(CASEのE)をはじめとする運輸部門および自動車業界でのCO_2削減対策の動向を中心に、その他の3つのキーワード(CAS)についても補足的に説明を行う。

自動車の電動化の流れが重要であることはいうまでもないが、必ずしも電動化イコールEV(電気自動車)のみではなく、HV(ハイブリッド自動車)、PHV(プラグインハイブリッド自動車)、FCV(燃料電池自動車)も、地球温暖化対策に大きく貢献する電動化技術である。

これらの電動車のうち、特にエンジン(内燃機関)を搭載するHVとPHVは、本書の主題であるカーボンニュートラル燃料であるバイオ燃料や合成燃料を導入することにより、一層の地球温暖化対策に寄与するという点で、特筆すべきと考えられる。

●電動車の表記について

本章では電動車について、4節の冒頭の「用語の定義」や既存の文書・図表などに記述されている場合を除き、原則として次の略語を用いる。
なお既存の文書・図表などを直接引用する場合は、オリジナルの略語を尊重することとする。

ハイブリッド自動車 (HV)	HEVとする場合もあるが、本章ではHVとする
プラグインハイブリッド自動車 (PHV)	PHEVとする場合もあるが、本章ではPHVとする
電気自動車 (EV)	BEVとする場合もあるが、本章ではEVとする
燃料電池自動車 (FCV)	FCEVとする場合もあるが、本章ではFCVとする

2 運輸部門から排出されるCO_2排出量の推移

日本の部門別CO_2排出量(電気・熱配分後[1])の推移を**表3.1**と**図3.1**に示す。

2020年度のCO_2排出量の部門別構成比は、産業部門(工場など)が33.8%ともっとも多く、ついで運輸部門(自動車など)と業務その他部門(商業・サービス・事業所など)がそれぞれ17.7%、家庭部門が16.0%、エネルギー転換部門(発電所・製油所など)が7.4%、非エネルギー起源(工業プロセスや廃棄物焼却において排出されるもの)が7.3%の順となっている。

運輸部門の2020年度のCO_2排出量は1億8,500万トン(速報値)であり、2013年度(日本政府の2030年度に向けた排出削減目標の比較年度)に比べ3,940万トン(17.6%)、2019年度に比べ2,100万トン(10.2%)減少した。

CO_2排出量の2013年度からの減少率を部門別に比較すると、運輸部門の減少率(17.6%)は、全部門合計(エネルギー起源:21.7%)、産業部門(23.7%)、業務・その他部門(22.4%)、家庭部門(19.3%)、エネルギー転換部門(22.4%)に比べて低い。すなわち、すべての部門に比べてCO_2排出量の減少率が低くなっている(**図3.1**)。

1 **電気・熱配分後の排出量** 発電や熱の生産にともなう排出量を、その電力や熱の消費者からの排出として計算したものである。それらの排出量は、電力や熱消費量に応じて最終需要部門(電力や熱の使用者)に配分される。たとえば、運輸部門で電気を使用した場合、それにともなう排出量は運輸部門の「電気・熱配分前」排出量には含まれないが、「電気・熱配分後」排出量には含まれる。なおエネルギー基本計画や地球温暖化対策計画(いずれも閣議決定)では、「電気・熱配分後」排出量が使用されている。

表3.1　CO_2の排出量(電気・熱配分後)

	1990年度 排出量 〔シェア〕	2005年度 排出量 〔シェア〕	2013年度 排出量 〔シェア〕	2019年度 排出量 〔シェア〕	2020年度(速報値) 排出量 〔シェア〕	変化量《変化率》 2005年度比	 2013年度比	 2019年度比
合計	1,164 〔100%〕	1,294 〔100%〕	1,318 〔100%〕	1,108 〔100%〕	1,044 〔100%〕	-249.6 《-19.3%》	-273.6 《-20.8%》	-63.7 《-5.8%》
エネルギー起源	1,068 〔91.8%〕	1,201 〔92.8%〕	1,235 〔93.8%〕	1,029 〔92.9%〕	967 〔92.7%〕	-233.1 《-19.4%》	-268.0 《-21.7%》	-61.5 《-6.0%》
産業部門 (工場等)	503 〔43.3%〕	467 〔36.1%〕	463 〔35.1%〕	385 〔34.8%〕	353 〔33.8%〕	-114.1 《-24.4%》	-109.9 《-23.7%》	-32.0 《-8.3%》
運輸部門 (自動車等)	208 〔17.9%〕	244 〔18.9%〕	224 〔17.0%〕	206 〔18.6%〕	185 〔17.7%〕	-59.6 《-24.4%》	-39.4 《-17.6%》	-21.0 《-10.2%》
業務その他部門 (商業・サービス・事業所等)	131 〔11.2%〕	220 〔17.0%〕	238 〔18.0%〕	192 〔17.4%〕	184 〔17.7%〕	-35.9 《-16.3%》	-53.3 《-22.4%》	-8.0 《-4.1%》
家庭部門	129 〔11.1%〕	171 〔13.2%〕	208 〔15.8%〕	160 〔14.4%〕	167 〔16.0%〕	-3.1 《-1.8%》	-40.2 《-19.3%》	+7.9 《+4.9%》
エネルギー転換部門	96.2 〔8.3%〕	98.0 〔7.6%〕	103 〔7.8%〕	86.0 〔7.8%〕	〔4.1%〕 〔7.4%〕	-	-	-
発電所・ 製油所等	96.2 〔8.3%〕	102 〔7.9%〕	106 〔8.1%〕	89.7 〔8.1%〕	82.4 〔7.9%〕	-20.0 《-19.5%》	-23.8 《-22.4%》	-7.3 《-8.1%》
電気熱配分統計誤差	-0.007 〔-0.0006%〕	-4.4 〔-0.3%〕	-3.5 〔-0.3%〕	-3.7 〔-0.3%〕	-4.9 〔-0.5%〕	-	-	-
非エネルギー起源	96.0 〔8.2%〕	93.1 〔7.2%〕	82.3 〔6.2%〕	78.9 〔7.1%〕	76.6 〔7.3%〕	-16.5 《-17.7%》	-5.6 《-6.9%》	-2.2 《-2.8%》
工業プロセス 及び製品の使用	65.6 〔5.6%〕	56.5 〔4.4%〕	48.8 〔3.7%〕	45.0 〔4.1%〕	42.7 〔4.1%〕	-13.8 《-24.4%》	-6.0 《-12.4%》	-2.3 《-5.0%》
廃棄物 (焼却等)	23.6 〔2.0%〕	32.0 〔2.5%〕	29.9 〔2.3%〕	30.8 〔2.8%〕	31.0 〔3.0%〕	-1.0 《-3.3%》	+1.0 《+3.5%》	+0.11 《+0.3%》
その他 (間接CO_2等)	6.7 〔0.6%〕	4.6 〔0.4%〕	3.6 〔0.3%〕	3.0 〔0.3%〕	2.9 〔0.3%〕	-1.7 《-36.3%》	-0.64 《-17.9%》	-0.09 《-2.9%》

(単位：百万トン)

出典：環境省・国立環境研究所「2020年度(令和2年度)の温室効果ガス排出量(速報値)について」(2021)[2]をもとに作成

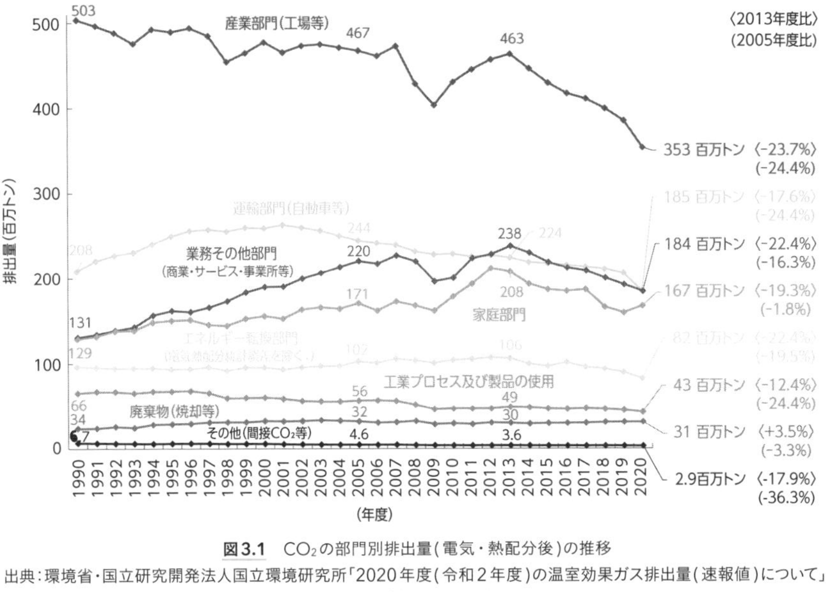

図3.1　CO_2の部門別排出量(電気・熱配分後)の推移

出典：環境省・国立研究開発法人国立環境研究所「2020年度(令和2年度)の温室効果ガス排出量(速報値)について」(2021)[2]をもとに作成

このように、運輸部門におけるCO_2排出量の削減率が、家庭部門と並んで低い理由として、永田豊氏らは次の点を挙げている[3]。

- 運輸部門と家庭部門で用いられているエネルギー消費技術は、自動車エンジンや暖房器具などに代表され、きわめて多様な技術が用いられている産業部門に比べ種類が少ない。また、技術効率の改善は、耐久消費財(機器、建物)という性質上、短期的には進みにくい。

このような特徴を反映して、運輸部門のCO_2排出量が全体(エネルギー起源+非エネルギー起源)に占める割合は、2013年度の17.0%から17.7%に拡大している(**表3.1**)。逆にいえば、日本のCO_2排出削減にとって、運輸部門が果たす役割はますます大きくなっている。

3 運輸部門のCO_2排出量の内訳

運輸部門のCO_2排出量について、輸送機関別の内訳(2019年度)を**図3.2**に示す。

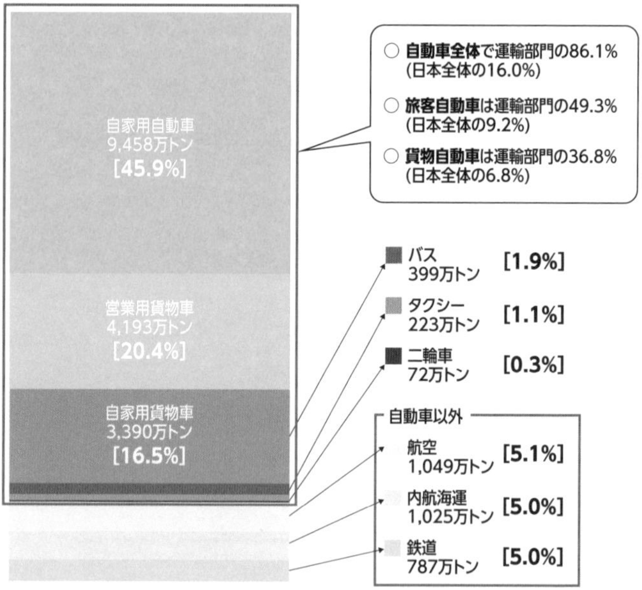

注)2020年度の輸送機関別のCO_2排出量の内訳は、執筆時点ではまだ公表されていないため、ここでは2019年度の値を示している

図3.2 運輸部門の輸送機関別のCO_2排出量(2019年度)

出典:国土交通省「運輸部門における二酸化炭素排出量」(2021)[4]をもとに作成

自動車が運輸部門全体の86.1％を占めており、そのうち旅客自動車(自家用乗用車：45.9％、バス：1.9％、タクシー：1.1％、二輪車：0.3％)が49.3％、貨物自動車(営業用貨物車：20.4％、自家用貨物車：16.5％)が36.8％を占めている。

自動車以外では、航空が運輸部門全体の5.1％、内航海運(船舶)が5.0％、鉄道が3.8％を占めている。

輸送機関別のCO_2排出量の推移(～2019年度)を**図3.3**に示す。

1990年度から1996年度までの間に、運輸部門全体のCO_2排出量は22.7％増加したが、その後、1997年度から2001年度にかけてほぼ横ばいとなり、2001年度以降は減少傾向に転じている。

その内訳を見ると、排出量がもっとも大きい自家用乗用車は、運輸部門全体とほぼ同様の傾向を辿り、貨物自動車とその他輸送機関(バス、タクシー、鉄道、船舶、航空、二輪車)は1996年度から一貫して減少している。

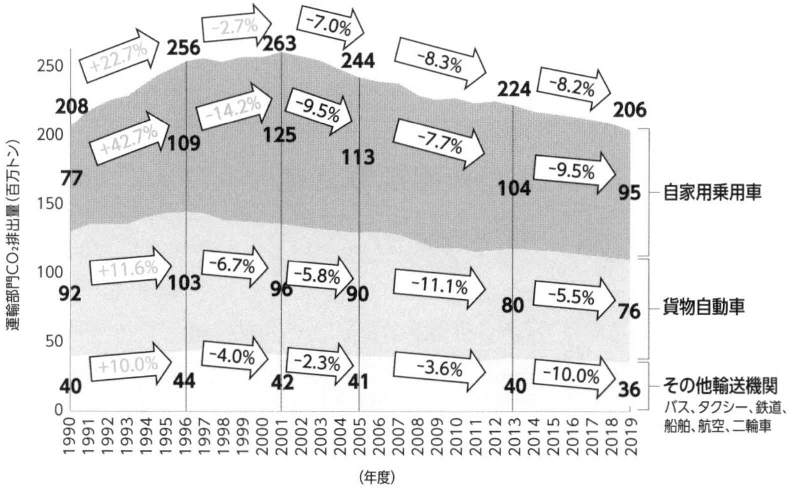

注)2020年度の輸送機関別のCO_2排出量の内訳は、執筆時点ではまだ公表されていないため、ここでは2019年度の値を示している

図3.3　運輸部門の輸送機関別のCO_2排出量の推移(～2019年度)

出典：国土交通省「運輸部門における二酸化炭素排出量」(2021)[4]をもとに作成

図3.4で示す輸送機関別の輸送量[2]あたりのCO_2排出原単位[3]を見ると、旅客部門では自家用乗用車と航空の原単位が大きく、貨物部門では自家用貨物車の原単位が大きくなっており、今後に向けては、これらの原単位を削減したり、モーダルシフト[4]を図ることが重要と考えられる。

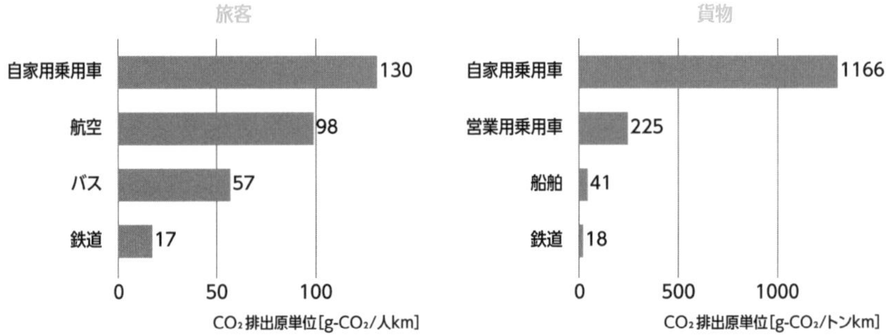

注）2020年度の輸送機関別のCO_2排出量の内訳は、執筆時点ではまだ公表されていないため、ここでは2019年度の値を示している

図3.4　輸送機関別の輸送量あたりCO_2排出原単位(2019年度)

出典：国土交通省「運輸部門における二酸化炭素排出量」(2021)[4]をもとに作成

4　運輸部門のCO_2排出削減目標

「地球温暖化対策計画」(2021年10月22日閣議決定)[5]におけるCO_2排出削減目標を**表3.2**に示す。

政府は2030年度に向けてGHG排出量全体を2013年度に比べて46%削減することを目標としており、うち運輸部門のエネルギー起源CO_2については、2013年度の224百万t-CO_2／年から2030年度の146百万t-CO_2／年へと、約80百万t-CO_2／年(2013年度比35%)削減することを目標にしている。

2　**輸送機関別の輸送量**　旅客：人キロ＝輸送人数×輸送距離、貨物：トンキロ＝輸送重量×輸送距離。

3　**CO_2排出原単位**　一定量のエネルギー消費や輸送等を行ったときに排出するCO_2の量

4　**モーダルシフト**　旅客や貨物の輸送手段の転換を図ること。旅客では自家用乗用車から公共交通機関(鉄道、バス)や自転車への転換、貨物では貨物車(トラック)から鉄道や船舶への転換がこれに該当する。

表3.2　2030年度に向けた日本のCO_2排出削減目標

	2013年度実績	2019年度実績（2013年度比）	2030年度目標・目安（2013年度比）
温室効果ガス排出量・吸収量	1,408	1,166（▲17%）	760（▲46%）
エネルギー起源二酸化炭素	1,235	1,029（▲17%）	677（▲45%）
産業部門	463	384（▲17%）	289（▲38%）
業務その他部門	238	193（▲19%）	116（▲51%）
家庭部門	208	159（▲23%）	70（▲66%）
運輸部門	224	206（▲8%）	146（▲35%）
エネルギー転換部門	106	89.3（▲16%）	56（▲47%）
非エネルギー起源二酸化炭素	82.3	79.2（▲4%）	70.0（▲15%）
メタン（CH4）	30.0	28.4（▲5%）	26.7（▲11%）
一酸化二窒素（N2O）	21.4	19.8（▲8%）	17.8（▲17%）
代替フロン等ガス	39.1	55.4（+42%）	21.8（▲44%）
ハイドロフルオロカーボン（HFCs）	32.1	49.7（+55%）	14.5（▲55%）
パーフルオロカーボン（PFCs）	3.3	3.4（+4%）	4.2（+26%）
六ふっ化硫黄（SF6）	2.1	2.0（▲4%）	2.7（+27%）
三ふっ化硫黄（SF3）	1.6	0.26（▲84%）	0.5（▲70%）
温室効果ガス吸収源	-	▲45.9	▲47.7
二国間クレジット制度（JCM）	民間連携で2030年度までの累積で、1億t-CO_2程度の国際的な排出削減・吸収量を目指す。我が国として獲得したクレジットを我が国のNDC達成のために適切にカウントする。		

出典：環境省「地球温暖化対策計画」(2021)[5]をもとに作成

5　運輸部門のCO_2排出削減対策

地球温暖化対策計画においては、運輸部門のCO_2排出削減対策として、**図3.5**に示す各種の取り組みがかかげられている。

自動車単体での対策としては「次世代自動車の普及、燃費改善等」が挙げられており、その他2030年度までのCO_2排出削減見込量が多い対策としては「トラック輸送の効率化、共同輸配送の推進(トラック輸送の効率化)」を含む「脱炭素物流」が挙げられている。また自動車以外では、「鉄道、船舶、航空分野での脱炭素化」が挙げられている。

運輸部門の取組

◆産業界における自主的取組の推進
- ○低炭素社会実行計画の着実な実施と評価・検証

◆自動車単体対策
- ○次世代自動車の普及、燃料改善等

◆道路交流流対策
- ○道路交通流対策（道路交通流対策等の推進）
- ○道路交通流対策（LED道路証明の整備推進）
- ○道路交通流対策（高度道路交通システム（ITS）の推進（信号機の集中制御化））
- ○道路交通流対策（交通安全施設の整備）（信号機の改良・プロファイル（ハイブリッド）化）
- ○道路交通流対策（交通安全施設の整備（信号灯器のLED化の推進））
- ○道路交通流対策（自動走行の推進）

◆脱炭素型ライフスタイルへの転換
- ○脱炭素型ライフスタイルへの転換

◆環境に配慮した自動車使用等の促進による自動車運送事業等のグリーン化
- ○環境に配慮した自動車使用等の促進による自動車運送事業等のグリーン化

◆公共交通機関及び自転車の利用推進
- ○公共交通機関及び自転車の利用推進（故郷交通機関の利用促進）
- ○公共交通機関及び自転車の利用推進（自転車の利用促進）

◆鉄道、船舶、航空機の対策
- ○鉄道分野の脱炭素化
- ○船舶分野の脱炭素化
- ○航空

◆脱炭素物流の推進
- ○トラック輸送の効率化、共同輸配送の推進（トラック輸送の効率化）
- ○トラック輸送の効率化、共同輸配送の推進（共同輸配送の推進）
- ○海上輸送及び鉄道貨物輸送へのモーダルシフトの推進（海上輸送へのモーダルシフトの推進）
- ○物流施設の脱炭素化の推進
- ○港湾における取組（港湾の最適な選択による貨物の陸上輸送距離の削減）
- ○港湾における取組（港湾における総合的な脱炭素化学）

◆その他対策・施策
- ○地球温暖化対策に関する構造改革特区制度の活用

◆電気・熱・移動のセクターカップリングの促進

図3.5 地球温暖化対策計画における運輸部門のCO_2排出削減対策
出典：環境省「地球温暖化対策計画」(2021) [5] をもとに作成

地球温暖化対策計画の「別表」にかかげられた運輸部門のCO_2排出削減対策と排出削減見込量を**図3.6**に示す。

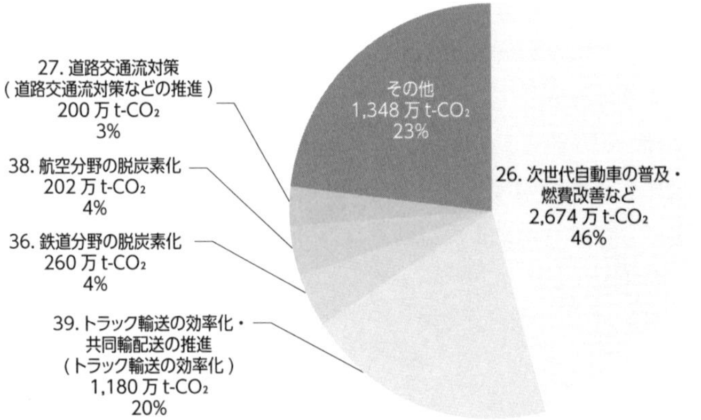

注1) 図中の構成比(%)の分母は、地球温暖化対策計画の「別表」に掲げられた運輸部門のCO_2排出削減対策の排出削減見込量の合計値であり、運輸部門全体のCO_2排出削減見込量ではない
注2)「26.」等の番号はCO_2排出削減対策の施策番号

図3.6 地球温暖化対策計画の「別表」における運輸部門のCO_2排出削減対策と排出削減見込量
出典：環境省「地球温暖化対策計画」(2021) [5] をもとに作成

図3.6によれば、量的にみて「26.次世代自動車の普及、燃費改善等」(2,674万t-CO_2)と「39.トラック輸送の効率化、共同輸配送の推進(トラック輸送の効率化)」(1,180万t-CO_2)が中心になっている。

これら2つの取り組みに関する地球温暖化対策計画の別表の内容を**表3.3**と**表3.4**に示す。

表3.3 次世代自動車の普及・燃費改善等

<table>
<tr><th rowspan="2">具体的な対策</th><th rowspan="2">各主体ごとの対策</th><th rowspan="2">各主体ごとの対策</th><th rowspan="2">地方公共団体が実施することが期待される施策例</th><th colspan="7">対策評価指標及び対策効果</th></tr>
<tr><th colspan="2">対策評価指標</th><th colspan="2">省エネ見込量</th><th colspan="2">排出削減見込量</th><th>省エネ見込量及び排出削減見込量の積算時に見込んだ前提</th></tr>
<tr><td rowspan="8">次世代自動車の普及、燃費改善</td><td rowspan="8">・製造事業者、輸入事業者等：燃費の優れた自動車の開発、生産、販売、輸入</td><td rowspan="8">・次世代自動車の率先導入・導入支援
・燃費の優れたディーゼル貨物車等の導入支援
・インフラ整備支援
・税制上の優遇措置
・トップランナー基準による自動車の燃料改善
・自動車の燃費性能に係る評価・公表制度及び車体表示を通じた消費者への燃料情報の提供等
・次世代自動車の性能向上に係る技術開発・実用化支援
・財政投融資制度上の優遇措置</td><td rowspan="8">・普及啓発
・次世代自動車の率先導入・導入支援
・インフラ整備</td><td colspan="2">新車販売台数に占める次世代自動車の割合(%)</td><td colspan="2" rowspan="2">(万tL)</td><td colspan="2" rowspan="2">(万t-CO_2)</td><td rowspan="8">・対策評価指標(新車販売台数に占める次世代自動車の割合)：2030年度の数値は「「日本再興戦略」改訂2015－未来への投資・生産性革命－」(平成7年6月30日閣議決定)に基づくもの
・省エネ量は、対策を講じた場合の平均保有燃費値に基づくエネルギー消費量と対策を行わなかった場合の平均保有燃料値に基づくエネルギー消費量の差から算出
・自動車単体対策の省エネ量は、2012年度からの対策の進捗による省エネ量であり、排出削減量は当該省エネ量に基づいて計算</td></tr>
<tr><td>2013年度</td><td>23.2</td></tr>
<tr><td>2025年度</td><td>－</td><td rowspan="2">2013年度</td><td rowspan="2">19.9</td><td rowspan="2">2013年度</td><td rowspan="2">53.3</td></tr>
<tr><td>2030年度</td><td>50～70</td></tr>
<tr><td colspan="2">平均保有燃費(km/L)</td><td rowspan="2">2025年度</td><td rowspan="2">－</td><td rowspan="2">2025年度</td><td rowspan="2">－</td></tr>
<tr><td>2013年度</td><td>14.7</td></tr>
<tr><td>2025年度</td><td>－</td><td rowspan="2">2030年度</td><td rowspan="2">990</td><td rowspan="2">2030年度</td><td rowspan="2">2,674</td></tr>
<tr><td>2030年度</td><td>24.8</td></tr>
</table>

出典：環境省「地球温暖化対策計画」(2021)[5]をもとに作成

表3.3で示したとおり、「次世代自動車の普及・燃費改善等」については、2030年度までに2,674万t-CO_2のCO_2排出削減が見込まれており、その具体的な方法、目標として次が挙げられている。

次世代自動車の普及	新車販売台数に占める次世代自動車の割合を、2013年度の23.2%から2030年度の50～70%に増加させる。
自動車の燃費改善	自動車の平均保有燃費を、2013年度の14.7km／Lから2030年度の24.8km／Lに向上させる。

表3.4　トラック輸送の効率化

<table>
<tr><th rowspan="2">具体的な対策</th><th rowspan="2">各主体ごとの対策</th><th rowspan="2">国の施策</th><th rowspan="2">地方公共団体が実施することが期待される施策例</th><th colspan="7">対策評価指標及び対策効果</th></tr>
<tr><th colspan="2">対策評価指標</th><th colspan="2">省エネ見込量</th><th colspan="2">排出削減見込量</th><th>省エネ見込量及び排出削減見込量の積算時に見込んだ前提</th></tr>
<tr><td rowspan="12">トラック輸送の効率化</td><td rowspan="12">運送事業者：車両の大型化、トレーラー化、トラック輸送の効率化の推進、省エネ法に基づく計画の作成及び実施</td><td rowspan="12">・車両の大型化、トレーラー化の推進
・省エネ法の荷主及びトラック運送事業者等への適用
・「グリーン物流パートナーシップ会議」を通じた取組の促進
・エネルギー使用合理化事業者支援事業の実施
・ダブル連結トラックの普及促進
・地域内輸配送の電動化、長距離輸送における燃料電池トラックの開発・普及など、電動車活用の取組を推進</td><td rowspan="12">・普及啓発
・車両の大型化に対応した道路整備</td><td colspan="2">車両総重量24t超25t以下の車両の保有台数（台）</td><td colspan="2" rowspan="3">（万tL）</td><td colspan="2" rowspan="3">（万t-CO_2）</td><td rowspan="12">・25t車導入に伴う燃料削減効果：約9,000L／台
・営業用貨物自動車の対自家用貨物自動車比原単位：約15%
・燃料（軽油）の排出係数：2.7t-CO_2/kL（エネルギー源別総発熱量当炭素排出係数一覧表（資源エネルギー庁）に基づき作成
・近年の動向や新しい施策に鑑み、2020年度以降の指標値を再設定</td></tr>
<tr><td>2013年度</td><td>182,274</td></tr>
<tr><td>2025年度</td><td>297,686</td></tr>
<tr><td>2030年度</td><td>352,522</td><td rowspan="3">2013年度</td><td rowspan="3">—</td><td rowspan="3">2013年度</td><td rowspan="3">—</td></tr>
<tr><td colspan="2">トレーラーの保有台数（台）</td></tr>
<tr><td>2013年度</td><td>98,720</td></tr>
<tr><td>2025年度</td><td>160,223</td><td rowspan="3">2025年度</td><td rowspan="3">—</td><td rowspan="3">2025年度</td><td rowspan="3">858</td></tr>
<tr><td>2030年度</td><td>189,371</td></tr>
<tr><td colspan="2">営自率（%）</td></tr>
<tr><td>2030年度</td><td>86.3</td><td rowspan="3">2030年度</td><td rowspan="3">2,674</td><td rowspan="3">2030年度</td><td rowspan="3">1,180</td></tr>
<tr><td>2025年度</td><td>87.2</td></tr>
<tr><td>2030年度</td><td>87.2</td></tr>
</table>

出典：環境省「地球温暖化対策計画」(2021)[5]をもとに作成

表3.4で示したとおり、「トラック輸送の効率化・共同輸配送の推進(トラック輸送の効率化)」については、2030年度までに1,180万t-CO_2のCO_2排出削減が見込まれており、その具体的な方法と目標としては次のように挙げられている。

車両の大型化による輸送用エネルギー効率の向上	25トン車(車両総重量24トン超～25トン以下)の保有台数を、2013年度の約18万台から2030年度の約35万台に増加させる。
トラックのトレーラー化による輸送用エネルギー効率の向上	トレーラーの保有台数を、2013年度の約9.9万台から2030年度の約19万台／年に増加させる。
営自率(自動車貨物輸送量のうち営業用車両の割合)の向上	自家用貨物自動車に対して輸送量(トン・km)あたりのエネルギー消費原単位が15%と低い営業用貨物自動車の輸送量に占める割合を、2013年度の86.3%から2030年度の87.2%に向上させる。

これらの対策のうち「次世代自動車の普及、燃費改善等」については、地球温暖化対策計画の本文において、**図3.7**に示す具体的な施策が示されている。

ここでは、次世代自動車の普及や燃費改善といった取り組みだけでなく、カーボンニュートラルな燃料であるバイオ燃料の取り組み促進や、EV充電施設、水素ステーションといったインフラ関連の整備・支援策も挙げられている。

次世代自動車の普及、燃費改善等

◆エネルギー効率に優れる次世代自動車(EV、FCV、PHEV、ハイブリッド自動車(HV)等)の普及拡大を推進する。

○現時点では導入初期段階にありコストが高いなどの課題を抱えているものについては、補助制度や税制上の優遇等の支援措置等を行うなど、電動車インフラの導入拡大、池等の電動車関連技術・サプライチェーン・バリューチェーンの強化等の包括的な措置を ずる。こうした取組により、2030年までに乗用車新車販売に占める次世代自動車の割合を5割～7割にすること、2035年までに乗用車新車販売に占める電動車(EV、FCV、PHEV、HV)の割合を100%にすることを目指す。

◆EV充電施設の道路内配置の検討や走行中給電技術の研究支援を進めるほか、EV充電施設が少ない地域の幹線道 路等において、案内サインの整備を促進するとともに、電動車に対して高速道路利用時のインセンティブを付与すること により、一般道路から高速道路への交通転換による排出ガスの削減や電動車の普及促進を図る。

◆FCVの更なる導入拡大に向けて、水素ステーションの戦略的整備や大規模充填能力を有するステーションの開発・導入 に関する支援などを行う。また、ステーション関連コストの低減に向けた技術開発とともに、燃料電池車に関する規制の 一元化などをはじめとした規制の合理化を進める。

◆自動車の燃費規制については、トップランナー制度に基づく燃費基準の下、これまで大幅な燃費の向上が図られており、2020年3月にはWell to Wheel評価でEV、PHEVも対象とした、2030年度を目標年度とする乗用車の新たな次世 準を定めた。

○今後、カーボンニュートラルを目指していく中で、引き続き規制的手法とインセンティブ措置を両輪として取り組んでいく必要があり、技術中立的な燃費規制を活用し、あらゆる技術を組み合わせて、効果的に二酸化炭素排出削減を進めていく。

◆自動車の製造事業者等に対し、新たな燃費基準の達成を通じた新車の燃費向上を促していく。その際、勧告・公表の 運用を見直すことにより、燃費基準の遵守に向けた執行強化を検討する。 税制上の措害等については、必要な見直しを 行いつつ、より一層の燃費改善を進める。また、自動車部駅の経理化による燃費改善が期待できるセルロースナノファイ バー、改質リグニン等の技術開発・社会実装等を進める。

◆バイオ燃料は、植物や廃棄物等を原料とするカーボンニュートラルな燃料であり、引き続き、適切な供給に向けた取組 を促進していく。

図3.7　地球温暖化対策計画での「次世代自動車の普及、燃費改善等」の具体的な内容
出典：環境省「地球温暖化対策計画」(2021) [5] をもとに作成

3.2 〉未来を見据えた自動車業界のCASEへの対応

本章の冒頭で述べたように、自動車業界を巡る100年に一度といわれる大変革を牽引するキーワードはCASE、すなわちコネクテッド(Connected)、自動化／自動運転(Autonomous)、シェアリング(Shared&Services)、電動化(Electric)である(**図3.8**)。

CASEは自動車が誕生して以来の大変革であり、完成車メーカーや部品メーカーだけでなく、異業種を含めたさまざまなプレーヤがこの大きな潮流に向けて前進している。

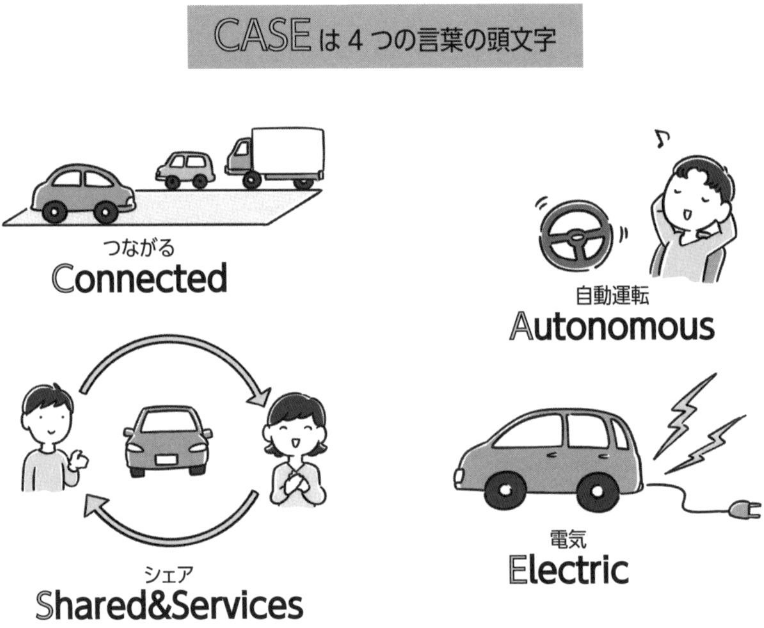

図3.8　CASEは4つの言葉の頭文字
出典：株式会社日本経済新聞「CASEとは　つながる・自動運転…車産業の新潮流」(2021)[6]をもとに作成

デロイト・トーマツは、CASEの市場動向について、**表3.5**のようにまとめている。

表3.5　CASEの市場動向

①コネクテッド(C)	自動車のソフトウェア技術の重要性が増し、車内外のデータ連携と利活用が加速し顧客へのサービス価値を増大させることで、コネクテッドカーは2035年には2016年比で5.3倍となる1億1010万台規模に成長することが見込まれている。
②自動化(A)	各国で自動運転車の実証実験が実施され、国内では2021年3月4日に世界で初めて自動運転レベル3の型式指定がなされた新型車両が登場した。市場規模もレベル3以上の自動運転車は2040年には4412万台規模に成長することが見込まれている。
③シェアリング(S)	観光MaaSやオンデマンドバスなどの実証実験、事業化が行われており、ライドシェアは2018年の7兆円から2025年には3倍となる20兆円以上に成長し、MaaS(Mobility as a Service)は2017年の2兆7000億円から2025年には25兆円規模に成長することが見込まれている。
④電動化(E)	CO_2排出による環境への影響が懸念されており、世界各国で環境規制が厳しくなっている。特に自動車の排出ガスは、環境への影響が大きいと問題視され、排ガス規制が厳しく設定され、これに対応する脱炭素社会に向けた動きとしてEVの開発などが加速している。EVの市場規模は、2017年の442万台から2035年には6000万台規模に成長することが見込まれている。

出典：デロイトトーマツコンサルティング合同会社
「自動車業界の大変革「CASE」の技術開発動向と知財上の課題」[7]をもとに作成

次ではCASEの4つのキーワードについて解説する。

1　コネクテッド(C)

5G[5]などの通信技術が進展し、車自体も電動化が進むことで、通信と連動した各種の技術対応が可能になるとともに、個車単独では困難であった事故防止や円滑な走行が可能になることが期待されている。こうした中、コネクテッドカー(**図3.9**)といわれるICT端末[6]としての機能を有する自動車の技術開発・普及拡大が進められている。コネクテッドカーでは、車両の状態や周囲の道路状況などのさまざまなデータをセンサにより取得し、ネットワークを介して集積・分析することが可能となる。

具体的には、車と車、クルマとインフラ、車と人、車とネットワークというように、ヒト・モノ・データを有機的に結合することで、遠隔からの車両操作や管理、解錠、施錠、エンジン始動を可能とすることが期待される。また、車両の走行情報に基づく交通状況を把握することが可能となるほか、車両間の通信により、急激な速度変化のない円滑な交通流を生み出すことで、交通渋滞の緩和や、迅速で時間に正確な輸送を可能とする交通環境をもたらす効果も期待されている[8]。

5　**5G**　第5世代移動通信システム(5th Generation Mobile Communication System)。国際電気通信連合(ITU)が定める1G・2G・3G・4Gに続く規定「IMT-2020」を満足する無線通信システムであり、「高速大容量」「高信頼・低遅延通信」「多数同時接続」という3つの大きな特徴を有する。

6　**ICT端末**　スマートフォン、タブレット、パソコンなど情報通信技術(Information and Communication Technology)を利用できる端末。

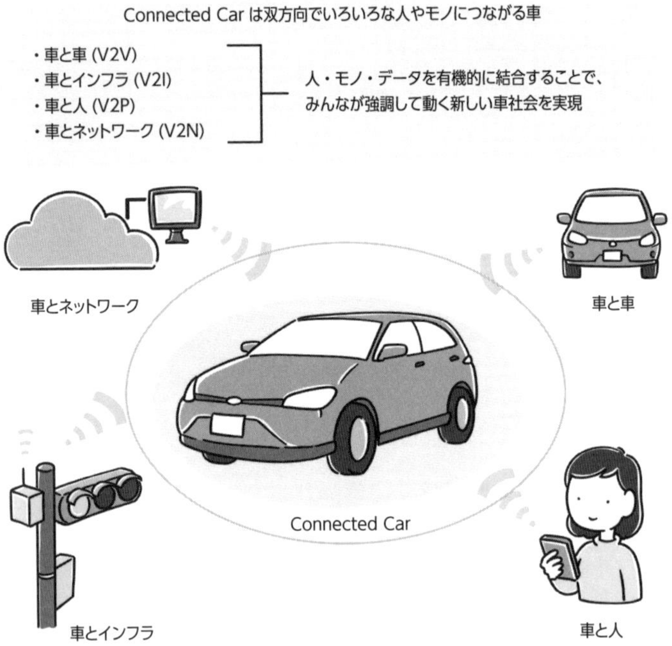

図3.9　コネクテッドカー
出典：国土交通省「令和元年版交通政策白書」[8]をもとに作成

1 コネクテッドに関する自動車関連業界の動向[9]

トヨタ自動車株式会社が2018年6月の新車発売を機にコネクテッドサービス「T - Connect」を本格スタートしており、今後国内で発売するほぼすべての乗用車にDCM(車載通信機)を搭載してコネクテッド化を加速させる方針である。

日産自動車株式会社は、米マイクロソフトとの提携のもと「NissanConnect」サービスを展開している。スマートフォンとの連動機能などが特徴である。スバルは、コネクトサービス「STARLINK(スターリンク)」について、日本や北米などの主要市場で2022年までに8割以上の新車をコネクテッドカーにする目標を据えている。

マツダは、「安心・安全」「ドライビングインテリジェンス」「アミューズメント」をコンセプトに据えたコネクテッドサービス「G-BOOK ALPHA」を提供しており、トヨタ自動車とのアライアンスを最大限活用していく方針を発表している。本田技研工業株式会社は、ソフトバンクとの提携のもと研究開発強化を図っており、コネクテッドサービスの展開に向けた体制の構築をはじめとする部署の新設や再編を行うと報じられている。

通信事業者では、ソフトバンクのほか、通信プラットフォームの構築をはじめとした技術開発や標準化に向け、NTTやKDDIもトヨタ自動車と協業を進めており、NTTドコモは部品サプライヤーの仏ヴァレオグループとコネクテッドカービジネスのサービス開発や展開において協業することを発表している。

このほか、GMOクラウドが車種を問わずに車両を「つながるクルマ」化することを目指して技術開発を進めるといった動きや、ルネサスエレクトロニクスがコネクテッドカー用のソフトウェア開発ツール(SDK)の提供を開始するなどの動きもある。

海外でも、ドイツのBMWとダイムラー、アウディの3社が、通信機器メーカーや半導体メーカーなどと5Gを使ったコネクテッドカー関連サービスの開発で提携するなど、さまざまな動きを見せている。

2 自動化(A)

自動運転時代が幕を開け、あちこちで自動運転を体感することも珍しくない時代が到来するといわれている。自動運転のレベルとレベル毎の開発状況については、次に述べる[10]。

自動運転のレベルは0～5までの6段階に分けて定義されており、各レベルに応じて運転タスクの主体や走行領域が設定されている。アメリカSAE(自動車技術会)が基準を示しており、日本ではJSAE(公益社団法人自動車技術会)が日本語訳を発行し、もっとも主流な自動運転レベルの定義として扱われている(**表3.6**)。

表3.6 自動運転のレベル

レベル	名称	運転主体	走行領域
0	運転自動化なし	人	適用外
1	運転支援	人	限定的
2	部分運転自動化	人	限定的
3	条件付運転自動化	システム	限定的
4	高度運転自動化	システム	限定的
5	完全運転自動化	システム	限定なし

出典：株式会社マクニカ「自動運転のレベル分けとは？　レベル0～5までを一挙解説」(2020)[10]をもとに作成

自動運転のレベル分けでは、レベル2とレベル3が大きな分かれ目となり、運行の主体が「人」と「システム」に分かれる。運行の主体がシステムになると、人は運転以外のことができるようになる。運転以外のことを行うことは「セカンドタスク」と呼ばれており、セカンドタスクができることで車内の過ごし方が劇的に変化するといわれている。

レベル0～5のそれぞれについての定義と開発状況は、次のとおりである。

① 自動運転レベル0（運転自動化なし）～1（運転支援）：旧来の自動車

レベル0は「運転自動化なし」で、ドライバーがすべての動的運転タスクを担う。ADAS（先進運転支援システム）を搭載していない旧来の自動車がこれにあたる。

レベル1は「運転支援」で、システムが縦方向または横方向のいずれかの車両運動制御のサブタスクを限定領域において実行する。たとえば、前走車に追従可能なアダプティブクルーズコントロールや、車線内走行を維持するレーンキープコントロールなど、加減速または操舵をアシストするどちらか一方の機能を搭載しているタイプがこれにあたる。

② 自動運転レベル2（部分運転自動化）：ハンズオフが可能に

レベル2は「部分運転自動化」で、システムが縦方向と横方向両方の車両運動制御のサブタスクを限定領域において実行する。前述したアダプティブクルーズコントロールやレーンキープコントロールの両方を備え、加減速と操舵の両方をアシストするタイプがこれにあたる。特定条件下で車線を維持しながら前走車に追随して走行できる機能である。

レベル2が高度化すると、ハンズオフ運転が可能なシステムにたどり着く。平時同様周囲の状況を常に監視し続けなければならないが、高速道路走行時など条件を満たした際はハンドルから手を離すことができる。

ハンズオフ機能は、国内では日産自動車がいち早く「プロパイロット2.0」として2019年に実用化したほか、トヨタ・レクサスが同機能を盛り込んだ「Lexus Teammate」、スバルも「アイサイトX」をそれぞれ発表している。このハンズオフを含めたレベル2が今後の量産車における主戦場で、新型車へのレベル2搭載とともにハンズオフ機能の作動条件拡大などが進められていく可能性が高い。

③ 自動運転レベル3（条件付運転自動化）：アイズオフが可能に

レベル3は「条件付運転自動化」を指し、限定条件下でシステムがすべての動的運転タスクを実行する。なお、作動継続が困難な場合は、システムの介入要求に対しドライバーは迅速に応答しなければならない。限定条件下ではあるものの、このレベル3から自動運転がスタートする。

日本国内では、2020年4月に「改正道路交通法」と「改正道路運送車両法」が施行され、法律上「自動運行装置」が正式に定義づけられ、レベル3の走行が可能となった。自動運転システム作動時、ドライバーは車両周辺の監視を行う義務を免れる。ただし、システムから運転の要請があった際はただちに運転操作に戻れることが条件となる。

2020年に各国の法整備や国際基準が成立し、各メーカーの動きが顕著になってきた。国内では、本田技研工業が2020年11月にレベル3の自動運転機能を搭載した新型車「レジェンド」で世界初の認可を受け、年度内の発売を発表した。

海外メーカーでは、2021年中に独BMWがレベル搭載車両を量産開始とするほか、ダイムラーもオプションシステム「DRIVE PILOT」によってレベル3機能を追加する。中国勢では、吉利汽車がレベル3相当の量産モデルを2021年に中国内で発売すると発表しているほか、長安汽車も早ければ2020年内にレベル3の量産体制を進めると報じられている。EVスタートアップのHuman Horizonsも2020年末に生産を開始する車種にレベル3を搭載する方針である。基本的に各社ともレベル3はフラッグシップモデルへの搭載を想定している。

④自動運転レベル4(高度運転自動化):ブレインオフの水準に

レベル4は「高度運転自動化」を指し、限定領域においてシステムがすべての動的運転タスクを担うとともに、作動継続が困難な場合への応答も実行する。ドライバー不在の運転を可能にするシステムとなり、移動サービス用途を中心に開発が進められている。

レベル4は自動運転車が走行可能な各種条件を表すODD(運行設計領域)の設定次第でハードルを下げることができる。たとえば、自動運転車専用道路における走行や、一定の敷地内を低速で走行する場合などである。導入しやすい状況から実用実証を重ね、ODDを徐々に拡大していく方針が採られるものと考えられる。

レベル4の自動運転タクシーはアメリカのウェイモが2018年にアリゾナ州でサービスを開始し、セーフティドライバーなしの運行も実現している。アメリカではこのほか配車サービス大手のリフトがアプティブと実証を重ねるほか、中国Pony.aiも韓国ヒュンダイとともに実証に着手している。中国では、Ponyのほか Baidu(百度)やAutoX、WeRide、Didi Chuxingらが実証を進めており、国を挙げてアメリカを猛追している。

日本政府が策定した「官民ITS構想・ロードマップ2020」によれば、一般乗用車ではレベル3の実現を踏まえた上で、高速道路の入口から出口まで自動運転が可能なレベル4の市場化について2025年を目途とし、限定地域における遠隔監視のみの無人自動運転移動サービスを2022年までに実現する目標をかかげている。

5 自動運転レベル5(完全運転自動化)：完全自動運転へ

レベル5は「完全運転自動化」を指し、ODD(運行設計領域)の設定なしにシステムがすべての動的運転タスクを担う。原則として、いかなる場所、いかなる状況下においても自動運転システムがすべてのタスクを担う完全自動運転である。

レベル5は、現状の技術では実現困難といわれているが、各種センサやAIの進化、そして新たな手法の開発により、実現する日がいつか訪れる可能性は否定できない。

なお国土交通省からもアメリカSAE(自動車技術会)が定義した上記の基準をもとに自動運転のレベル分けが発表されている。

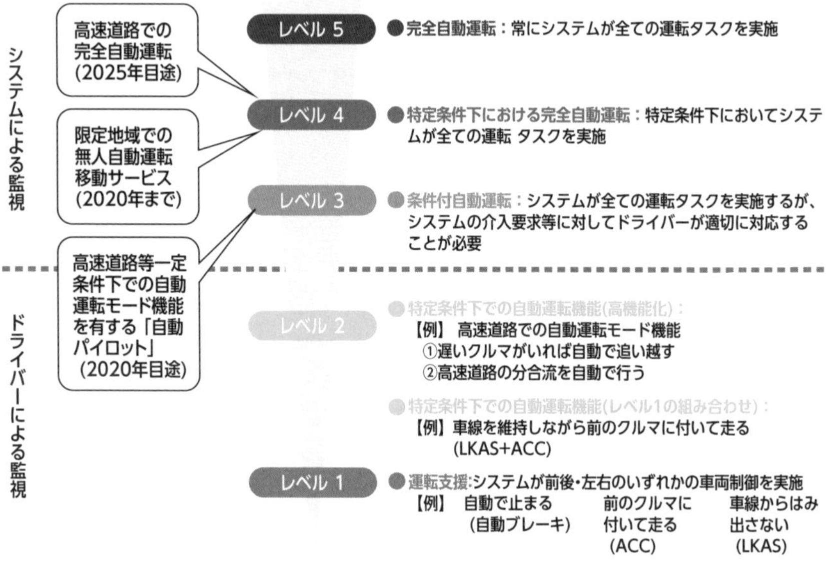

ACC： Adaptive Cruise Control, LKAS: Lane Keep Assist System

図3.10 国土交通省による自動運転のレベル分け
出典：国土交通省「自動運転のレベル分けについて」[11]をもとに作成

3 シェアリング(S)・電動化(E)

シェアリングについては、次節で述べる「モビリティサービス」やMaaSと密接に関連しており、ここでは詳細を省略する。電動化については、4節で詳述する。

3.3 モビリティサービスを活用した交通・物流の効率化

1 交通や輸送を円滑にするモビリティサービス

「モビリティサービス」とは、自動車を移動・輸送の用途に利用するサービスの手段と位置付け、これを円滑に提供するための一連のサービスを意味している。これまでは自動車を個人・法人が所有する財として見る側面が強かったが、これを移動のためのサービスとして捉え直す流れが出てきている。

サービスの具体的な内容としては、カーシェアリング[7]やライドシェア[8](Uberなど)など、インターネット(クラウド)を利用した新たな交通サービス、およびその統合的な運用を指す用語として用いられている。

自動車だけでなく、公共交通機関などを含む交通サービス全般に関するクラウドを活用した移動手段の統合的なサービス化は、MaaS(マース：モビリティー・アズ・ア・サービス：Mobility as a Service)と呼ばれる。MaaSは、公共交通機関のほか、タクシーやライドシェア、超小型の移動手段であるコンパクト・モビリティ[9]、バイクシェアなども含めて統一されたプラットフォーム上で扱えるようにすることを目標にしている(**図3.11**)。

7 **カーシェアリング**　登録を行った会員が自動車を共同利用するサービスまたはシステム。自動車を借りるという点ではレンタカーに似ているが、一般的にはレンタカーより短時間の利用が想定されており、利用者にとってはレンタカーより便利で安価になるように設定されている場合が多い。

8 **ライドシェア**　「相乗り」を支援するサービス。カーシェアリングが車の共同利用または賃貸借を目的にドライバーと車をつなぐのに対して、ライドシェアではアプリなどでドライバーと「同じ目的地に移動したい人」をつなぎ、相乗りでのドライブを支援する。このため「相乗りマッチングサービス」とも呼ばれる。

9 **コンパクト・モビリティ**　「超小型モビリティ」(または小型モビリティ)とも呼ばれ、普通自動車(小型自動車)よりコンパクトで小回りが利き、環境性能に優れ、地域の手軽な移動の足となる1人～2人乗り程度の車両を指す。

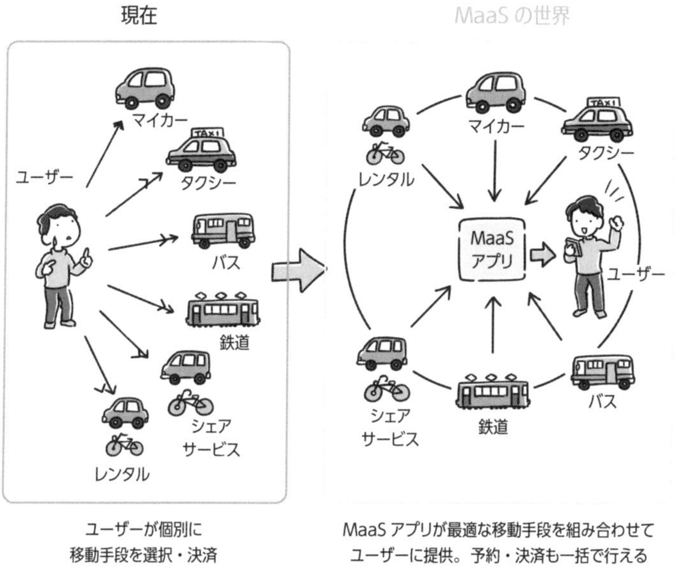

図3.11　自動車産業の未来の姿「MaaS」とは?
出典：株式会社ダイヤモンド社「自動車業界研究！100年に一度の変革期に必要な人材像とは?」(2021)[12]をもとに作成

2 MaaSの実現に向けた実証実験

自動車の自動運転や、GPSによる位置情報の取得、AI[10]の進歩、インターネットの普及、IoT[11]を活用したビッグデータの収集・処理、およびこれらを連携させて運用することが実現しつつあることから、モビリティサービスやMaaSに対する注目が高まっている。

自動車メーカーやIT企業などは、モビリティサービスやMaaSに強い関心を示し、相次いで参入を表明している。特に、自動車メーカーが着目するのは、この実現において自動運転が核心技術になると考えられることである。

一方で、自動車メーカーはモビリティサービスの進展により、自動車が消費財としての位置を失って交通サービスの移動手段に過ぎなくなると考えられること

---

10 **AI**　Artificial Intelligence(人工知能)の略語で、計算機能や問題解決などの知的行動を人間にかわってコンピュータが行う。想定される多用な条件をプログラミングすることで、より精度の高い判断を引き出せることもあり、近年活用の幅が広がっている。

11 **IoT**　Internet of Things(モノのインターネット)の略語で、パソコンやスマートフォンなどの情報通信端末だけでなく、世の中に存在するありとあらゆるもの(例：ドア・机・椅子などの家具・備品、工場の機械、植物・農作物など)を、センサや通信経路を通じてインターネットにつなげること。

や、これまで蓄積してきた内燃機関の技術を要しないEVが将来主流になると予想されることなどから、強い危機感を抱いている。

トヨタ自動車株式会社は、「自動車メーカーが将来もモビリティ社会の主役を張れる保証はない。『勝つか負けるか』ではなく、『死ぬか生きるか』という瀬戸際の戦いが始まっている」として、製造業からの脱却・発展を表明し、自動車と通信プラットフォーム、ビッグデータを蓄積するデータセンタなどを組み合わせた「モビリティーサービスプラットフォーム」を構築し、プラットフォーマーへの転換を図るとしている。2018年10月には、トヨタ自動車とソフトバンクが新しいモビリティサービスの構築に向けて戦略的提携に合意し、MONET Technologies株式会社(MONET)を設立した[13]。

総務省は、メールマガジン「M－ICTナウ」において、MaaSを導入することで予想される社会・個人への影響(**表3.7**)を整理しており、このうち環境への影響については、GHGの排出抑制に寄与するとしている[14]。

表3.7　MaaSにより予想される社会・個人への影響の一例

都市・地域の持続可能性の向上	①都市部での渋滞の解消	公共交通機関やコンパクト・、モビリティなどの新しいクルマなどによる効率的な移動が可能になることで、自家用車による移動が減少し都市の交通渋滞が減少する。
	②環境への影響	自動車による排気ガスの減少により、都市の大気汚染、温室効果ガス排出が抑制される。また自家用車保有台数が減少することで駐車場面積を減らすことができ、緑地などへの転用が可能になる。
	③地方での交通手段の維持	サービスカーとしての自動運転車が導入されたり、データの活用によって最適なバスなどの運用が実現すれば、交通手段が少ない地域に住む人々による駅や停留所と目的地の間のラストワンマイルの移動が可能になる。
交通機関の効率化	④公共交通機関の収入増加	ヘルシンキの実証実験段階で見られたように公共交通機関の利用が増加すれば、運賃収入が増加し、税金による公的資金の投入が低く抑えられる可能性がある。
	⑤公共交通機関の運営効率の向上	鉄道を維持することが難しい地域で路線を廃止し、その分の運用・維持資金をオンデマンドバスや自動運転車に投資することで、より効率的な運営が可能になる。
個人の利便性向上	⑥検索・予約・乗車・決済のワンストップ化	複数の交通機関を乗り継いだ移動において、移動経路の検索、予約、乗車、決済までが1つのサービスで完結する。
	⑦家計への影響	高額の自家用車の維持費の負担がなくなることで、その他の支出に充当する余裕が生まれる。
	⑧交通費精算の簡易化	企業が従業員に支払う通勤手当の一律支給が可能になり、また既定の通勤経路以外の交通経路の把握なども容易になるため、企業・従業員双方にとって経費清算手続きが簡略化される。

出典：総務省「次世代の交通　MaaS」(2018)[14]をもとに作成

また国土交通省は、フィンランドで開発されたMaaSアプリ「Whim」を用いた実証実験の結果として、次のような効果を紹介している(**図3.12**)。

①公共交通機関の利用シェアの増加(ヘルシンキでのWhimユーザー：48％→74％)

②都市部における渋滞の削減や環境負荷の低減

③公共交通機関の運行効率化、生産性向上

自動車から人kmあたりCO_2排出原単位が低い公共交通機関へのモーダルシフトの結果として、運輸部門におけるCO_2排出量の削減が期待される。

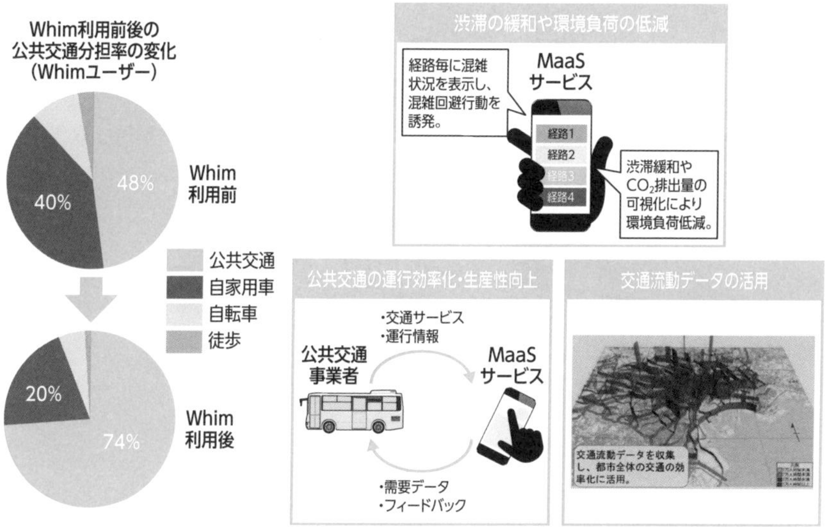

図3.12　MaaSの効果・ヘルシンキの事例

出典：国土交通省・総合政策局公共交通政策部「新たなモビリティサービスの推進について」(2019)[15]をもとに作成

国土交通省は、「日本版MaaS」を推進している。その一環として、2018年10月から「都市と地方の新たなモビリティサービス懇談会」を開催し、2019年3月に中間とりまとめを発表した。

本懇談会は、MaaSなどの新たなモビリティサービスの活用により、都市・地方が抱える交通サービスの諸課題を解決することを目指し、日本版MaaSの将来像や、今後の取組の方向性などを検討することを目的としており、同省はこの中間とりまとめに沿って、日本版MaaSの実現に向けた各種施策を推進している[16]。

同省は、取り組みの一例として、MaaSのモデル形成に向けて、「日本版MaaS推進・支援事業」を推進している。これは上記懇談会の議論も踏まえ、事業の熟度が高く、全国の牽引役となる先駆的な取組を行う「先行モデル事業」を令和元年度において19事業、令和2年度において地域特性に応じたMaaSの実証実験を行う36事業を選定・支援している。令和3年度においても、新型コロナウイルス感染症(COVID-19)の感染拡大を踏まえた新たなニーズに対応した事業を推進している。

同省では、このほか日本版MaaSの実現に向けた「基盤整備の推進事業」、「データ連携への支援事業」などを行っている。

また国土交通省と経済産業省においては、将来の自動運転社会の実現を見据え、新たなモビリティサービスの社会実装を通じた移動課題の解決および地域活性化を目指し、地域と企業の協働による意欲的な挑戦を促す新プロジェクト「スマートモビリティチャレンジ」を2019年4月に開始した。地方公共団体や企業などが幅広く参加するスマートモビリティチャレンジ推進協議会を立ち上げ、具体的なニーズやソリューションに関する情報共有を促すとともに、先進的な取組を進める地域において事業性分析などを実施し、ベストプラクティスの抽出や横断的課題の整理などを行っている[17]。

3.4 〉日本の電動車の導入状況

1 次世代自動車と電動車の違い

「次世代自動車」と類似した用語として「電動車」がある。これらの用語について、日本政府の公式文書などでは、次の**表3.8**のように定義されている。

表3.8 日本での次世代自動車・電動車の定義

①地球温暖化対策計画(2021年10月閣議決定)	
次世代自動車	EV、FCV、PHEV、ハイブリッド自動車(HV)など
電動車	EV、FCV、PHEV、HV
②第6次エネルギー基本計画(2021年10月閣議決定)	
次世代自動車	記述なし
電動車	電気自動車、燃料電池自動車、プラグインハイブリッド自動車およびハイブリッド自動車
③経済産業省「自動車産業戦略2014」(2014.11)	
次世代自動車	ハイブリッド自動車(HV)、電気自動車(EV)、プラグインハイブリッド自動車(PHV／PHEV)、燃料電池自動車(FCV／FCEV)、クリーンディーゼル自動車(CDV)、圧縮天然ガス自動車(CNGV)など
電動車	ハイブリッド自動車、プラグインハイブリッド自動車、電気自動車、燃料電池自動車を指し、超小型モビリティも含める。ただし、システム戦略では、まずはプラグインハイブリッド自動車、電気自動車、燃料電池自動車を中心に検討を進める。
④菅義偉前総理大臣「通常国会での施政方針演説」(2021.1.18)	
電動車	ハイブリッド車(HV)、電気自動車(EV)、プラグインハイブリッド車(PHV)、燃料電池車(FCV)
	2035年までに新車販売で電動車100%を実現する。
	2035年からは内燃機関(ガソリンエンジン、ディーゼルエンジン)のみによる車両の販売はできなくなる。また小型のバッテリーとモータによるマイルドHVも電動車からは除外される見通し。政府は今後、電動車の定義付けを進める。

出典：環境省「地球温暖化対策計画」[5]／経済産業省「第6次エネルギー基本計画」[18]／経済産業省「自動車産業戦略2014」[19]／株式会社イード「新車全て電動車の実現は2035年に…菅首相がより明確に提示」[20]をもとに作成

表3.8より、「次世代自動車」という用語の定義は、計画・戦略により異なり、基本的にはクリーンディーゼル自動車(CDV)、圧縮天然ガス自動車(CNGV)などを含むため、ここでは紛れの少ない「電動車」を基本的に用い、記述の対象の車種はHV、PHV、EV、FCVの4種類とする。

ただし、次に示す政府の2030年の目標では「次世代自動車」が用いられているため、そこではこの用語を用いる。

2 政府の目標

次節の「日本の電動車の普及状況」では、電動車の現状と次世代自動車に関する2030年の政府目標を比較して述べているため、先に2030年に向けた政府目標について解説する。

1 販売台数に関する目標

経済産業省の「自動車産業戦略2014」(2014年11月)[19]では、「次世代自動車戦略2010」(2010年4月)[21]を引用して、2020～2030年の乗用車の車種別普及目標(新車販売台数に占める割合)を**表3.9**のとおりとしている。

表3.9 2020～2030年の乗用車車種別普及目標
(新車販売台数に占める割合／政府目標)

<table>
<tr><th colspan="2">車種</th><th>2020年</th><th>2030年</th></tr>
<tr><td colspan="2">従来車</td><td>50～80%</td><td>30～50%</td></tr>
<tr><td colspan="2">次世代自動車</td><td>20～50%</td><td>50～70%</td></tr>
<tr><td rowspan="5"></td><td>ハイブリッド自動車</td><td>20～30%</td><td>30～40%</td></tr>
<tr><td>電気自動車</td><td rowspan="2">15～20%</td><td rowspan="2">20～30%</td></tr>
<tr><td>プラグイン・ハイブリッド自動車</td></tr>
<tr><td>燃料電池自動車</td><td>～1%</td><td>1～3%</td></tr>
<tr><td>クリーンディーゼル自動車</td><td>～5%</td><td>15～10%</td></tr>
</table>

出典：経済産業省「自動車産業戦略2014」(2014)[19]をもとに作成

その後、公表された政府の公式文書では、いずれも一貫してこの値(特に次世代自動車の合計値)が使用されており、上表の目標値は現在も有効と考えられる。

たとえば、政府の「日本再興戦略　改訂2015」(2015年6月30日閣議決定)[22]、経済産業省・自動車新時代戦略会議の「中間整理」(2018年8月)[23]、地球温暖化対策計画(2021年10月閣議決定)[5]、および同計画の次世代自動車に関する別表などにおいて、2030年度の新車販売台数に占める次世代自動車の割合を50～70%とする目標が示されている。

なお「第6次エネルギー基本計画」(2021年10月閣議決定)[18]においては、2030年までの上記目標については特に触れておらず、後述のとおり、2035年までの電動車の目標について記している。

2 保有台数に関する目標

2015年7月に策定された「長期エネルギー需給見通し」における2030年度の車種別保有台数シェアの見通しを**図3.13**に示す。本図は国土交通省・経済産業省の「乗用車燃費規制の現状と論点について」(2018年3月)より引用したものであるが、同じ資料に**表3.9**に示した販売台数シェアの目標値が示されており、これらの図表は整合しており、現在も有効と考えられる。

本見通しでは、次世代自動車の保有台数に占める割合をHV：29％、EV・PHV：16％、FCV：1％などとしている。

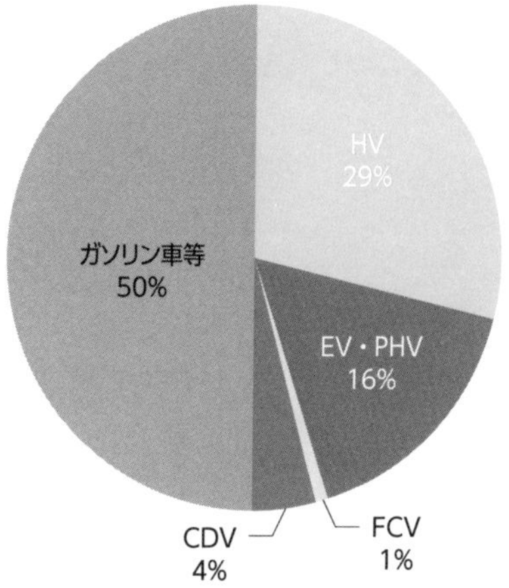

図3.13　長期エネルギー需給見通し(2015年7月)における2030年度の車種別保有台数シェアの見通し
出典：国土交通省・経済産業省「乗用車燃費規制の現状と論点について」(2018)[24]をもとに作成

3.5 〉日本の電動車の普及状況

世界や日本の自動車メーカーや政府は、自動車の電動化、とりわけEVの普及拡大に向けて、大きく舵をきっている。ここでは、電動車の現状、見通し、関連政策、インフラの状況、および今後の課題について解説する。

1 電動車の普及状況

電動車の販売台数と保有台数の推移をそれぞれ**図3.14**と**図3.15**に示す。

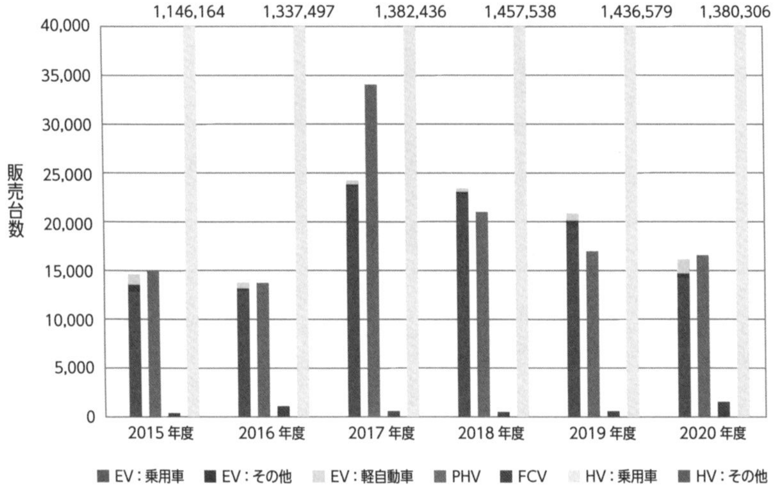

注）HVの乗用車には、軽自動車を含む。EV・HVの「貨物車・乗合車等」は、2017年度集計時以降「その他」に計上されている

図3.14 電動車の販売台数の推移

出典：一般社団法人次世代自動車振興センター「EV等販売台数統計」[25]のデータをもとに作成

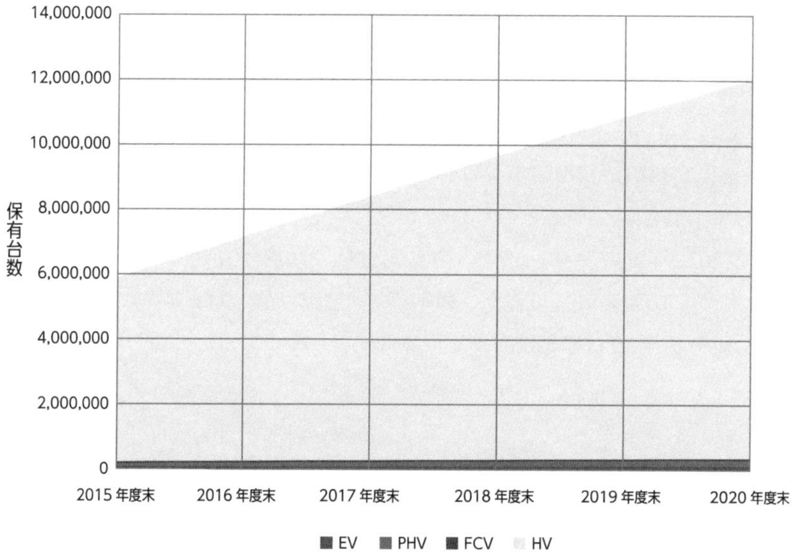

図3.15　電動車の保有台数の推移
出典：一般社団法人次世代自動車新興センター「EV等保有台数統計」[26]をもとに作成

❶ HV

図3.14によれば、2020年度のHV(軽自動車を含む「乗用車」)の販売台数は約138万台であり、乗用車全体(普通車＋小型車＋軽乗用車)の販売台数約381万台[27][28]のすでに35.8%を占めている。

HVの2030年の新車販売台数に占める割合は、政府目標(**表3.9**参照)では30～40%とされており、現状の35.8%という値は、2030年の政府目標の低い方の値(30%)をすでに超えている。このように、HVの販売台数は堅調に伸びている。

次にストックベースの保有台数を見ると、2020年度末(2021年3月末)のHV(「その他」を除く乗用車＋軽自動車)の保有台数は約1,161万台であり、乗用車全体の保有台数約6,192万台[29]の18.7%に相当する。

HVの2030年度の保有台数に占める割合は、政府の見通し（**図3.13**）では29%となっており、**図3.15**で示した現状の18.7%とはなお乖離があるが、現状のHVの保有台数の伸びを考えると、達成できない数字ではないと考えられる。

❷ PHV

図3.14によれば、2020年度のPHV(乗用車)の販売台数は16,695台であり、乗用車全体(普通車＋小型車＋軽乗用車)の販売台数約381万台の0.44%に過ぎない。

PHVとEVの2030年の新車販売台数に占める割合は、政府目標(**表3.9**参照)では合計で20〜30%とされており、現状のPHVの0.44%という値は、2030年の政府目標の低い方の値(20%)に比べても、乖離が大きい。

次にストックベースの保有台数を見ると、2020年度末(2021年3月末)のPHV(乗用車)の保有台数は151,241台であり、乗用車全体の保有台数約6,192万台の0.24%に過ぎない。

PHVの2030年度の保有台数に占める割合は、政府の見通し（**図3.13**）ではEVと合わせて16%となっており、**図3.15**に示した現状のPHVの0.24%とは大きな乖離があり、政府目標を達成するためにはさらなる努力が必要と考えられる。

③ EV

図3.14によれば、2020年度のEV(乗用車＋軽自動車)の販売台数は15,843台であり、乗用車全体(普通車＋小型車＋軽乗用車)の販売台数約381万台の0.42%に過ぎない。

EVとPHVの2030年の新車販売台数に占める割合は、政府目標(**表3.9**参照)では合計で20〜30%とされており、現状のEVの0.42%という値は、2030年の政府目標の低い方の値(20%)に比べても、乖離が大きい。

次にストックベースの保有台数を見ると、2020年度末(2021年3月末)のEV(乗用車＋軽自動車)の保有台数は128,238台であり、乗用車全体の保有台数約6,192万台の0.21%に過ぎない。

EVの2030年度の保有台数に占める割合は、政府の見通し（**図3.13**）ではPHVと合わせて16%となっており、**図3.15**で示した現状のEVの0.21%とは大きな乖離があり、政府目標を達成するためには、車両価格の低減や充電スポットの増加を含め、さらなる努力が必要と考えられる。

④ FCV

図3.14によれば、2020年度のFCV(乗用車)の販売台数は1,545台であり、乗用車全体(普通車＋小型車＋軽乗用車)の販売台数約381万台の0.04%に過ぎない。

FCVの2030年の新車販売台数に占める割合は、政府目標(**表3.9**参照)では最大3%とされており、現状の0.04%とは大きな乖離がある。

次にストックベースの保有台数を見ると、2020年度末(2021年3月末)のFCV(乗用車)の保有台数は5,170台であり、乗用車全体の保有台数約6,192万台の0.01%に過ぎない。

FCVの2030年の保有台数に占める割合は、政府の見通し（**図3.13**）では1％となっており、**図3.15**に示した現状の0.01％とは大きな乖離があり、政府目標を達成するためには、車両価格の低減や水素ステーションの増加を含め、さらなる努力が必要と考えられる。

2 価格の状況

1 HV

経済産業省「生産動態統計年報：機械統計編」の「製品年表」[30]によれば、HV(軽自動車を除く乗用車[12])の平均国内生産価格(＝生産者販売金額÷生産数量)は、2015年に約239万円／台、2019年に約246万円／台となっている。

次で述べるとおり、生産価格は実際の販売価格より低いため、次で算定した従来車の販売価格／生産価格比＝約1.33(下記備考参照)を上記の生産価格に掛けて、HVの平均販売価格は、約246万円／台×約1.33＝約328万円／台程度と推定される。

◇生産価格と販売価格の比、および従来車の価格について

経済産業省「生産動態統計年報：機械統計編」の「製品年表」によれば、HVと軽自動車を除く乗用車の平均国内生産価格(＝生産者販売金額÷生産数量)は、2015年に約228万円／台、2019年に約224万円／台となっている。

生産価格は、メーカーがディーラーなどに販売する価格(＝出荷価格)から積込料、運賃、保険料およびその他諸掛りを差し引いた価格であり、ディーラーが諸経費と利益を含めて最終消費者(自動車ユーザー)に販売する価格とは乖離がある。

乗用車(従来車)の現状の平均販売価格については、総務省の小売物価統計調査をベースに分析された資料より、約298万円／台とする[31]。

その結果、従来車の「販売価格と生産価格の比」は、約298万円／台(販売価格)÷約224万円／台(生産価格)＝約1.33と算定される。

---

12 **軽自動車を除くHV車**　機械統計のHVの販売台数・金額には、軽自動車分が含まれておらず、秘匿扱いとなっている。これは、軽ハイブリッド車のメーカーが、スズキ株式会社や同社からOEM供給を受けるマツダ株式会社のみ限られているため、企業の秘密情報保護の観点から秘匿扱いになっているものと考えられる。

② PHV

経済産業省「生産動態統計年報：機械統計編」や総務省「小売物価統計調査」にはPHVの価格(または生産／出荷／販売金額)は掲載されていない。

したがって、価格.comのデータ[32][33]より、国産PHV(新車)の実販売価格を調査した。

現在販売されている国産PHV(新車)の実販売価格の平均値を算定したところ、平均価格は約442万円／台である。

PHVはHVと同様にエンジンとモータを搭載するほか、蓄電池の容量がHVより大きいため、排気量や車両重量の大きな車の割合が比較的多く、また蓄電池のコストの分だけHVより割高になっている。

③ EV

2020年のEV販売台数(12,590台)の大部分(87％、11,286台)を日産リーフが占めている。

リーフの新車販売価格は、価格.com[34]のデータによれば、332～499万円／台である。これは日産自動車のウェブサイトにおける定価[35]ともほぼ整合している。この最小値と最大値の平均を計算すると、416万円／台となる。

ちなみに、MINICAB-MiEVの新車販売価格は243.1～245.3万円／台、Honda eのそれは451～495万円／台である。

表3.10　EVの車種別販売台数(2020年)

メーカー	車種	販売台数(台)	構成比
日産自動車	リーフ	11,286	87.0%
三菱自動車	MINICAB-MiEV	1,185	9.1%
三菱自動車	i-MiEV普通車	77	0.6%
本田技研工業	Honda e	427	3.3%
合計		12,590	12,975

注)本表の数値(台数の合計値)は、前出の一般社団法人次世代自動車振興センターの数値と若干異なっている。

出典：House to House「電気自動車販売台数」(2021)[36]をもとに作成

④ FCV

現在市販車として売られているFCVの車種は、トヨタ自動車のMIRAI、本田技研工業のクラリティ・フューエルセル、およびヒュンダイのNEXOの3車種である。このうち本田技研工業については、2021年6月にFCVの生産を2021年内に中止することを発表しており、BMWが2022年に新車を販売する見込である。

このうち国産車の１つであるMIRAIの新車販売価格は、トヨタ自動車のウェブサイト[37]より、税抜約674万円／台である。

もう１つの国産車であるクラリティ・フューエルセルの新車販売価格(最終ユーザーに対してはリース専用のため、販売会社向けの販売価格)は、本田技研工業のウェブサイト[38]より、税抜712万円／台である。補助金を勘案しないで計算すると、これら２車種の販売価格の平均値は、税抜693万円／台と算定される。

5 販売価格：まとめ

従来車の価格298万円／台に比べ、次のようになっている。

表3.11　電気自動車の販売価格

車種	価格	車種	価格
HV	328万円／台程度	EV	416万円／台程度
PHV	442万円／台程度	FCV	693万円／台程度

HV以外の電動車の新車販売価格は、補助金を除くと、従来車に比べてかなり割高になっており、これが日本においてHVを除く電動車の普及が思うように進まない原因の１つと考えられる。

3.6 〉世界の電動車の普及状況

1 世界で見たEVとPHVの普及率

世界の地域別および車両種別のEVとPHV保有台数の2010～2020年の推移を**図3.16**に示す。

世界全体で2020年末時点で1,100万台強のEVとPHVが普及している。

左のグラフの地域別を見ると、中国の保有台数がもっとも多く、ヨーロッパ、アメリカがこれに続いており、この3地域で世界全体の保有台数の大部分を占めている。日本を含めその他の地域の割合は非常に少ない。

右のグラフの車両種別を見ると、乗用車(PLDVs：passenger light-duty vehicles[13])が大部分を占めており、その他バスと小型商用車(LCVs：light-commercial vehicles[14])が若干普及している。トラックの普及台数は極めて少ない。

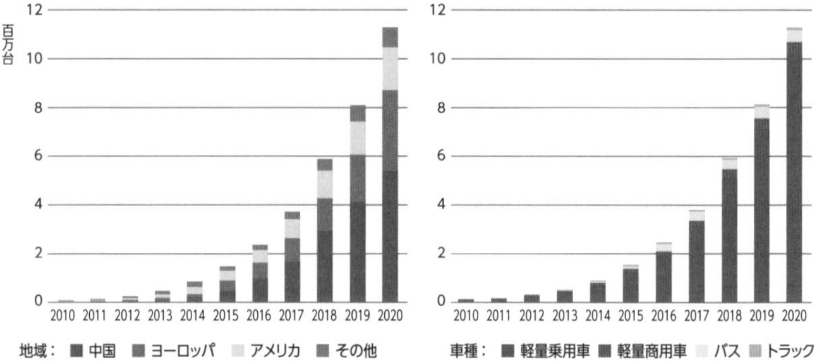

図3.16 世界の地域別(左)および車両種別(右)のEV＋PHVの保有台数(2010～2020年)
出典：国際エネルギー機関(IEA)「Global EV Outlook 2021」(2021)[39]をもとに作成

13 **light-duty vehicles** 軽量自動車。12人乗り以下の車で、日本の小型車や軽自動車を含め、普通乗用車、バン、スポーツ用多目的車(SUV)などに相当する。

14 **light-commercial vehicles** ライトトラック・ピックアップトラック・小型トラックやライトバンなどの比較的小型の商用車を指す。

2 国と地域別のEVとPHVの普及率

国・地域別とEV・PHV別に見ると、中国とアメリカではEVの割合が高く、ヨーロッパではEVよりわずかに少ないものの、PHVがEVとほぼ並ぶように普及している(**図3.17**)。

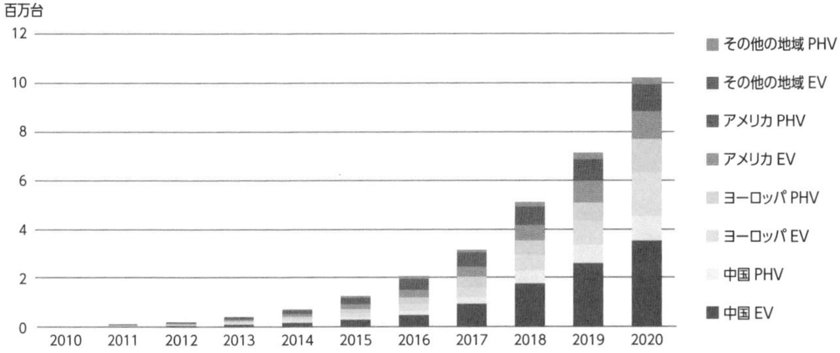

図3.17 世界の国・地域別×EV・PHV別の保有台数(2010～2020年)
出典：国際エネルギー機関(IEA)「Global EV Outlook 2021」(2021)[39]をもとに作成

図3.18で示すように、国別の新車販売台数に占めるEV + PHVの割合を見ると、次のことがわかる。

ヨーロッパでのEVとPHVの割合は、約10%に達している。中国は約6%、アメリカとその他の国々は約2%である。

新車販売台数に占めるEVとPHVの割合を、より細かい国別に見ると、ノルウェーが73%と突出しており、スウェーデンが37%、オランダが29%、ドイツが14%弱、フランスとイギリスが11.5%、カナダが4%、韓国が3%、日本が1%弱となっている。

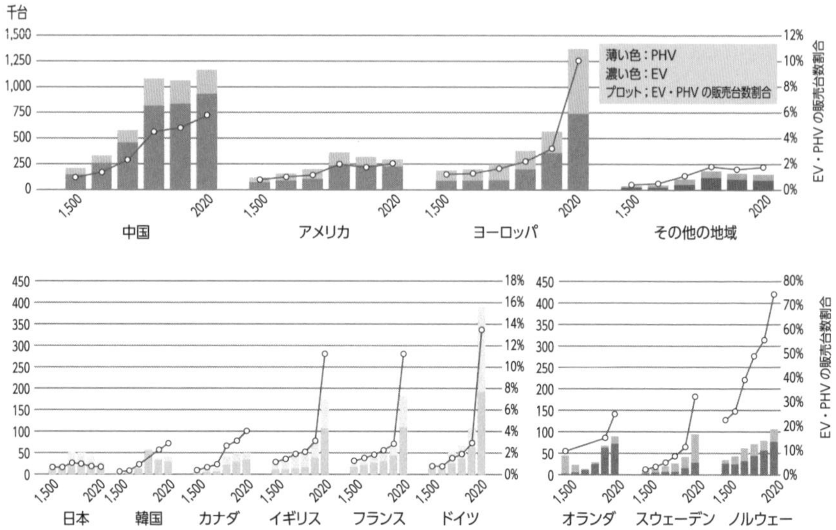

図3.18　EV＋PHVの保有台数と新車販売に占めるEV＋PHVの割合（主要国別／2015～2020年）
出典：国際エネルギー機関(IEA)「Global EV Outlook 2021」(2021)[39]をもとに作成

3　世界のFCV保有率

図3.19のFCVの保有台数の世界シェア(左の外側の円グラフ)を見ると、韓国が29%ともっとも多く、次いでアメリカ(27%)、中国(24%)、日本(12%)、ドイツ(3%)の順となっている。世界全体のFCVの保有台数は34,800台であり、EVやPHVに比べると、その数は圧倒的に少ない。

世界のFCVの保有台数を車種別に見ると、軽量乗用車(PLDVs)が大部分を占めており、その他、中国ではバスやトラックにもFCVが採用されている。

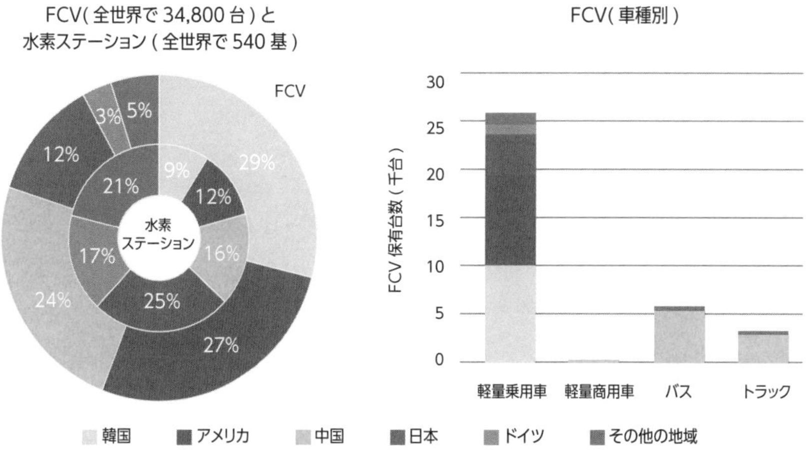

図3.19 FCV保有台数と水素ステーション数の世界シェア・車両種別のFCV保有台数(2020年)
出典:国際エネルギー機関(IEA)「Global EV Outlook 2021」(2021)[39]をもとに作成

3.7 自動車メーカーのカーボンニュートラルに向けた戦略

電動車に関する主な日本メーカーの戦略を次に示す。トヨタ自動車、日産自動車、および本田技研工業は、会社ごとに若干の違いはあるものの、2050年カーボンニュートラルに向けて、電動車の販売台数と販売台数に占める割合(電動車比率)を積極的に高める戦略を打ち出している。

1 トヨタ自動車の戦略

トヨタ自動車は、2021年5月12日の決算発表時に、カーボンニュートラルに向けて電動車への取り組みを加速すること、中でもEVとFCVの比率を、各国規制や市場特性を考慮しながら高めていくことを明らかにした。決算に先立つ2021年4月19日には、2025年までに専用プラットフォームを用いる7車種を含むEV15車種を全世界に導入することを発表した。

この動きに対して、ブルームバーグ・インテリジェンスは次のように評価している。

評価1	中国、ヨーロッパ、およびアメリカ・カリフォルニア州の規制適用地域ではEVの導入を急ぐ必要があるが、EVには電池コスト、航続距離、充電インフラ、中古車価格など諸課題が残っている。損失の少ない高効率なパワー半導体は、EVの電費改善につながることから、航続距離の延長や搭載する電池量の適正化によるコスト低減のために、トヨタ自動車をはじめ自動車メーカー各社は採用を拡大するとみられる。
評価2	トヨタ自動車は電動車の販売台数を、2020年の196万台(うちEVとFCV合計約5,000台)から、2030年には800万台に引き上げ、そのうち200万台をEVとFCVにする計画を立てている。なお地域ごとの電動車比率の見通しは、**図3.20**に示すとおり、規制や再生可能エネルギーの普及に応じて各様となっている。

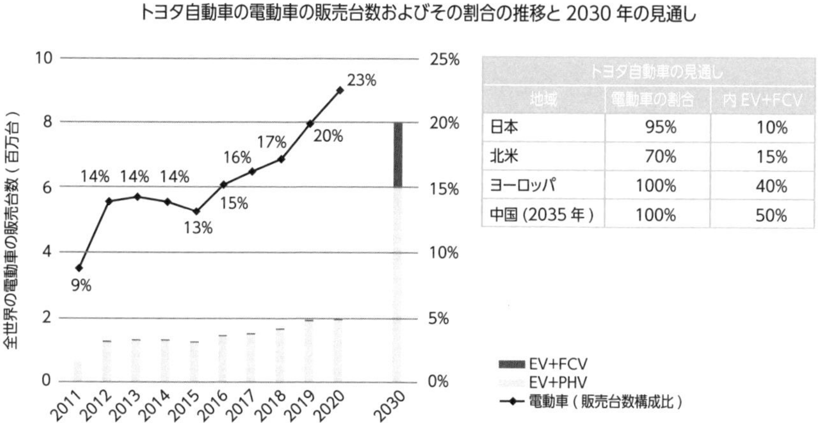

トヨタ自動車の見通し		
地域	電動車の割合	内 EV+FCV
日本	95%	10%
北米	70%	15%
ヨーロッパ	100%	40%
中国(2035年)	100%	50%

図3.20 トヨタ自動車の電動化見通し(ブルームバーグ・インテリジェンスによる評価)
注) xEV＝電動車(HV、PHV、EV、FCV)
出典:ブルームバーグ・インテリジェンス「ESG特集 2021 Vol. I: 脱炭素社会へ向けて加速する産業界」(2021)[40]をもとに作成

その後トヨタ自動車は、2012年12月14日のMEGA WEB(江東区青海に立地するトヨタ自動車の展示ショールーム)において、「バッテリーEV戦略に関する説明会」を開催した[41]。その要点を次に示す。

表3.12 トヨタ自動車の事業戦略要旨

EV販売台数	2030年に350万台の販売を目指す新たな目標を公表。
EVとFCVの拡充	これまでは同年にEVとFCVを合わせて200万台としていたが、大幅に拡充する方針。
EV車種の拡充	2030年までに30車種のEVを展開し、グローバルに乗用、商用各セグメントにおいてフルラインで揃える。
	会場には2022年に登場するEV専用モデルの第1弾である「bZ4X」をはじめ、bZシリーズ計5車種を展示。またレクサスの最初のEV専用モデルであるSUVの「RZ」などを含め、トヨタ自動車とレクサスのスポーツカーや、ピックアップトラック、ワンボックス車、オフロード車など11車種も一斉に展示。
	2030年に目指す350万台の内訳も示し、トヨタブランドで250万台、レクサスブランドで100万台とした。
	レクサスについては、2030年までにすべてのカテゴリーでEVのラインナップを実現し、ヨーロッパ、北米、中国ではEVの販売を100%とする。レクサスでのEVの強化について、レクサスインターナショナルの佐藤恒治プレジデントは「ラグジュアリーではEVへの移行が急速に進んでおり、そうした変化に対応する計画にした」と説明した。
バッテリー	EVなど電動車に搭載するバッテリーについては、これまで30年までに1兆5000億円としてきた投資額を2兆円に引き上げる。
カーボンニュートラル関連への投資	2030年時点でのバッテリーの生産(調達含む)量も、これまでの250GWhから280GWh規模になる。さらに2022年から2030年まで9年間の各項目の投資額も公表し、EVの車両開発の投資額は2兆円、PHVなど、ほかの電動車への投資は4兆円とした。バッテリーを合わせ総額8兆円の投資となる。
カーボンニュートラルへの取り組み目標	豊田章男社長はEV強化策の一方、カーボンニュートラルの達成に向けて「引き続き(エンジン車なども含め)全方位で取り組む」とした。これは、各地域でのカーボンニュートラルの実現は、それぞれのエネルギー事情に大きく左右されるためであり、「選ぶのはお客様であり、選択肢の幅を広げながら、すべてに一生懸命、全力で取り組んでいく」としている。

出典:株式会社イード・Automotive media Response「トヨタ 豊田社長『2030年までに30車種、BEVフルラインに』…販売は年350万台 事業戦略」[42]をもとに作成

2 日産自動車の戦略

2021年1月27日、日産自動車は、2050年までに事業活動を含むクルマのライフサイクル全体[15]におけるカーボンニュートラルを実現する新たな目標を発表した。同社はその目標の達成に向け、2030年代早期より、主要市場（日本、中国、アメリカ､ヨーロッパ）に投入する新型車をすべて電動車両とすることを目指し、電動化技術の採用と生産技術のイノベーションを積極的に推進するとしている。

表3.13 日産自動車の事業戦略要旨

バッテリー技術の向上	より「コスト競争力」の高い効率的な「EV」の開発に向けた「全固体電池」[16]を含むバッテリー技術の革新。
エネルギー効率の向上	エネルギー効率をさらに向上させた新しいe-POWER[17]の開発。
エネルギー網の強化	再生可能エネルギーを活用した、分散型発電に貢献するバッテリーエコシステムの開発。電力網の脱炭素化に貢献する、エネルギーセクターとの連携強化。
生産効率の向上	ニッサンインテリジェントファクトリーをはじめとする、車両組み立て時の生産効率を向上させるイノベーションの推進。生産におけるエネルギーと材料の効率向上。

出典：日産自動車株式会社「日産自動車、2050年カーボンニュートラルの目標を設定」(2021)[43]をもとに作成

本発表に対し、ブルームバーグ･インテリジェンスは次の評価を行っている[42]。

評価1	日産自動車の電動化は、HVとEVが2本柱となるもので、トヨタ自動車や本田技研工業がPHVやFCVも含めて注力するのとは違いがある。
評価2	日産自動車のHVは、「e-POWER」と呼ぶ発電専用のガソリンエンジンで発電した電力でモータを駆動するシリーズハイブリッド車である。
評価3	これまでは、B・Cセグメント[18]向けとして、相対的にサイズが小さく軽量な商品が投入されてきたが、電動化をさらに進めるうえではこれまでより重量がある車両にも適用できるシステムが必要になるであろう。
評価4	日産自動車は長期的な電動化のシナリオとして、HVに対してEVが主流になると想定をしているが、同社のHVとEVがバランスするのは2030年頃で、2025年の段階ではまだ「e-POWER」の方が多いであろう。

15 **ライフサイクル全体** 原材料の採掘から、生産、クルマの使用、使用済み自動車のリサイクルや再利用まで。

16 **全固体電池** 電解液がなく正極と負極の間に固体電解質セパレータ層のみがある電池。現在のリチウムイオン電池に比べて次のメリットを有する：安全性が高い、超急速充電が可能、高エネルギー密度、作動温度範囲が広い、設計の自由度が高い、劣化しにくい、液漏れが起こらない。EV・PHV・HVの安全性向上、航続距離の増加、充電時間の短縮、寒冷地での性能向上などに向けて期待されているが、現時点では電池寿命などの技術課題が残されており、本格的な実用化に至っていない。

17 **e-Power** 2016年に日産自動車が発表した新型パワートレイン。名称にハイブリッドが含まれていないが、エンジンで発電しモータ走行するシリーズ方式のハイブリッド自動車である。

18 **B・Cセグメント** ヨーロッパを中心に用いられている車の分類の1つであり、車のボディサイズなどによりA・B・C・D・E・Lの6種類に分類されている。Bセグメントは全長3.71m～4.20mのコンパクトカー、Cセグメントは全長4.21m～4.50mのサイズの大きいコンパクトカーに相当する。

日産自動車の電動車の販売台数およびその割合の推移と2030年の見通し

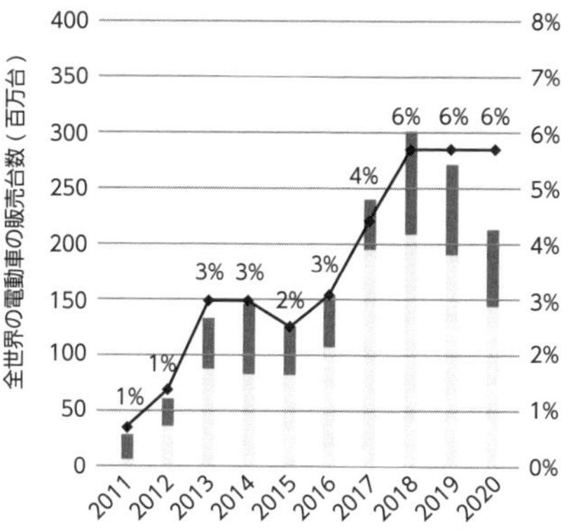

日産自動車の見通し		
日本	100%	2030年代初期まで
中国	100%	2030年代初期まで
アメリカ	100%	2030年代初期まで
ヨーロッパ	100%	2030年代初期まで

注) xEV＝電動車

図3.21 日産自動車株式会社の電動化見通し(ブルームバーグ・インテリジェンスによる評価)
出典：ブルームバーグ・インテリジェンス「ESG特集 2021 Vol. I：脱炭素社会へ向けて加速する産業界」(2021)[42]をもとに作成

3 本田技研工業の戦略

同社は2021年4月23日、2050年のカーボンニュートラルに向けた車両の電動化計画を発表した。同社の計画は、北米と中国の二大市場で2030年までに、販売する新車の40%をEVまたはFCVとし、2035年にはその比率を80%に引き上げ、最終目標の2040年には、世界で販売する新車をすべてEVまたはFCVにするという意欲的なものである。

これに対し、ブルームバーグ・インテリジェンスは次のように評価している。

評価1	本田技研工業は、日本でも2024年に軽自動車のEV投入を計画するなど積極姿勢を示している。ただし日本はHV志向が強いため、2030年時点に目指す100%電動化では、HV＋PHV：EV＋FCVの比率は80：20となっている。一方2035年にはこれを20：80に逆転させ、2040年には全数をEVとFCVにする計画としている(図3.22)。
評価2	脱炭素化への本田技研工業とトヨタ自動車のアプローチは、電動化という総論では共通しているが、地域ごとの取り組みという各論では差異が目立つ。本田技研工業はEVとFCVに集中するのに対し、トヨタ自動車はEVとFCVに従来より注力するものの、販売のすべてをそれらにするのではなく、各国規制や市場特性に配慮してHVとPHVも含めた柔軟な電動化を志向している。

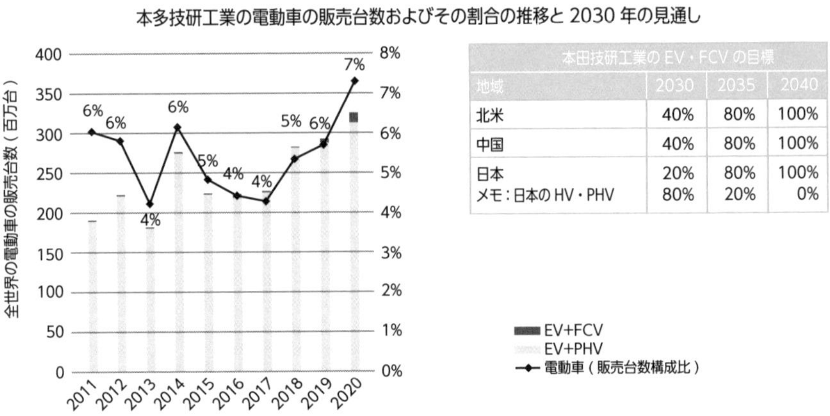

本田技研工業のEV・FCVの目標			
地域	2030	2035	2040
北米	40%	80%	100%
中国	40%	80%	100%
日本 メモ：日本のHV・PHV	20% 80%	80% 20%	100% 0%

図3.22　本田技研工業株式会社の電動化見通し（ブルームバーグ・インテリジェンスによる評価）

注）　xEV＝電動車

出典：ブルームバーグ・インテリジェンス「ESG特集 2021 Vol. I：脱炭素社会へ向けて加速する産業界」(2021)[42]をもとに作成

3.8 日本の電動車の導入目標と今後の見通し

1 政府の目標

1 2030年までの次世代自動車の車種別普及目標

4節の「2　政府の目標」で解説したように、次世代自動車の新車販売台数に占める割合について、日本政府は2030年に50～70%（うちHV：50～70%、EV・PHV：20～30%、FCV：～3%など）まで高めることを目標としている。

2 2035年までの電動車の新車販売割合の目標

2021年1月18日、菅義偉総理大臣(当時)は、通常国会での施政方針演説において、「2035年までに新車販売で電動車100%を実現する」と述べた[44]。

これを受けて、地球温暖化対策計画(2021年10月閣議決定)では、「2035年までに乗用車新車販売に占める電動車(EV、FCV、PHEV、HV)の割合を100%にすることを目指す」としている[5]。

第6次エネルギー基本計画(2021年10月閣議決定)においては、さらに詳細に次の目標をかかげている[18]。

目標1	運輸部門のCO_2排出量の86%を占める自動車のカーボンニュートラル化に向け、燃料・エネルギーのカーボンニュートラル化の取り組みを通じて、多様な選択肢を追求し、2050年に自動車の生産、利用、廃棄を通じたCO_2ゼロを目指す。 このため、「乗用車」については、「2035年」までに、「新車販売で電動車100%」を実現できるよう、電動車・インフラの導入拡大、電池などの電動車関連技術・サプライチェーン・バリューチェーンの強化などの包括的な措置を講じる。 また、「商用車」については、「8トン以下の小型の車」について、「2030年」までに、「新車販売で電動車20～30%」、「2040年」までに、新車販売で「電動車と合成燃料などの脱炭素燃料の利用に適した車両」で合わせて「100%」を目指し、乗用車と同様に包括的な措置を講じるなど、電動化・脱炭素化を推進する。
目標2	2035年までに、乗用車新車販売で電動車100%を実現できるよう、包括的な措置を講じる。商用車については、8トン以下の小型の車について、2030年までに、新車販売で電動車20～30%、2040年までに、新車販売で、電動車と合成燃料などの脱炭素燃料の利用に適した車両で合わせて100%を目指し、車両の導入などの包括的な措置を講じる。 「8トン超の大型の車」については、貨物・旅客事業などの商用用途に適する「電動車」の開発・利用促進に向けた技術実証を進めつつ、「2020年代」に「5,000台」の先行導入を目指すとともに、水素や合成燃料などの価格低減に向けた技術開発・普及の取り組みの進捗も踏まえ、2030年までに、2040年の電動車の普及目標を設定する。

上記のとおり、乗用車については、2030年までに次世代自動車(HV、PHV、EV、FCV、クリーンディーゼル自動車)の新車販売割合を50～70%とし、2035年までに電動車(HV、PHV、EV、FCV)の新車販売割合を100%とすることが目標とされている。

2 今後の普及台数とCO_2排出削減量の見通し

本書の執筆陣は、2030年に向けた次世代自動車に関する政府の普及目標(**表3.9**)とCO_2排出削減目標(次ページ**表3.15**と**表3.16**)を踏まえて、本章の5節 **1** で述べた電動車の普及の現状も加味して、2030年の電動車の普及台数を予測し、それにともなうCO_2排出削減量を推計した。その結果を以降に示す。

表3.14 電動車と従来車の保有台数のシナリオ(2030年度における保有台数の見通し)

ケース	種類	保有台数	構成比
基本ケース	EV	172万台	3%
	HV	2,297万台	35%
	PHV	172万台	3%
	FCV	28万台	0%
	従来車	3,832万台	59%
	合計	6,500万台(※)	100%

ケース	種類	保有台数	構成比
最大ケース	EV	450万台	7%
	HV	2,672万台	41%
	PHV	450万台	7%
	FCV	83万台	1%
	従来車	2,845万台	44%
	合計	6,500万台(※)	100%

(※)2030年度の保有台数を6,500万台と想定

2019年3月末保有台数:6,177万台[EV:10.6万台(0.2%)／PHV:12.2万台(0.2%)／HV:883万台(13.5%)]
(2018年度の新車販売台数は436万台で買替年数は14年強。内EV・PHVは1%)

基本ケース:EVとPHVの2030年度の新車販売比率を20%(86万台)と仮定。これで2030年度の保有台数は343万台(乗用車の5.3%)となり、EVとPHVは同数と仮定。(毎年25%ずつ指数関数的に増加する想定だが、レアメタル供給可能量も考慮するとかなり野心的な数字)

最大ケース:EVとPHVの2030年度の新車販売比率を30%(131万台)と仮定。これで2030年度の保有台数は900万台(乗用車の13.9%)となり、EVとPHVは同数と仮定。(2018年度販売比率1%から2030年度30%まで直線的に加すると想定。また、次世代自動車の政府目標最大値を前提に試算した。したがって、名実ともに最大限の想定であり、現実問題としては達成が難しいと考えられる数字)

共通項目

- 電力(または燃料)のCO_2排出係数(370g-CO_2／kWhまたは2,320g-CO_2L)
- 電動車の保有台数
- 従来車の数値(燃料消費量0.0521L／km=燃費19.2km／L)
- 従来車の年間走行距離(8,480km／年・台)

EVの導入拡大 **(CO_2発生量:32g-CO_2／km)**

- 走行距離当たり電力消費量(0.129kWh／km=燃費7.74km／kWh)←現在0.155kWh／kmから改善
- 1台当たり年間走行距離(8,480km／年・台)
- 2030年度のゼロエミッション電源59%(再エネ:36〜38%、原子力:20〜22%)(電力のCO_2排出係数:250g-CO_2／kWh)

HVとPHVの導入拡大 **(CO_2発生量:HV:78g-CO_2／km)**

- 走行距離当たり電力消費量(HV:0.0337L／km=燃費29.7km／L)
- 1台当たり年間走行距離(8,480km／年・台)

FCVの導入拡大 **(CO_2発生量:48g-CO_2／km)**

- 走行距離当たり水素消費量(7.87g／km=燃費0.127km／g)
- 1台当たり年間走行距離(8,480km／年・台)
- 水素のCO_2排出係数(550g-CO_2／Nm^3)

従来車の燃費改善 **(CO_2排出量:101g-CO_2／km)**

- 改善後の燃料消費量(0.0437L／km=燃費23km／L)

参考:EUタクソノミー(2025年まで) 50g-CO_2／km

図3.24 CO_2排出削減量の算定パラメータ

表3.15　電動車の導入拡大および従来車の燃費改善による
2030年度のCO_2排出削減量の算定（基本ケース）

CO_2排出削減量			対目標量
目標量		2,287万t-CO_2／年	100%
電動車の導入拡大	EV	129万t-CO_2／年	6%
	HV	832万t-CO_2／年	36%
	PHV	64万t-CO_2／年	3%
	FCV	17万t-CO_2／年	1%
	小計	1,042万t-CO_2／年	46%
従来の燃費改善		630万t-CO_2／年	28%
小計		1,673万t-CO_2／年	73%
不足量		614万t-CO_2／年	27%

表3.16　電動車の導入拡大および従来車の燃費改善による
2030年度のCO_2排出削減量の算定（最大ケース）

CO_2排出削減量			対目標量
目標量		2,287万t-CO_2／年	100%
電動車の導入拡大	EV	338万t-CO_2／年	15%
	HV	968万t-CO_2／年	42%
	PHV	168万t-CO_2／年	7%
	FCV	51万t-CO_2／年	2%
	小計	1,525万t-CO_2／年	67%
従来の燃費改善		468万t-CO_2／年	20%
小計		1,993万t-CO_2／年	87%
不足量		293万t-CO_2／年	13%

表3.14は、政府目標と現状の普及状況を踏まえた2030年度における電動車の保有台数を見通しであり、現状の趨勢を重視した現実的な「基本ケース」と、政府目標を重視した意欲的な「最大ケース」の２つのシナリオを想定した。

図3.23は、推計に使用した燃料・電力のCO_2排出係数、電動車および従来車の燃費・電費（走行距離あたり燃料・電力消費量）、1台あたり年間走行距離などの基本パラメータを示している。

表3.15（基本ケース）と**表3.16**（最大ケース）は、電動車の導入拡大および従来車の燃費改善による2030年度のCO_2排出削減量の算定結果である。

表の最上部の「目標量」は、地球温暖化対策計画（2020年10月閣議決定）における別表「26. 次世代自動車の普及、燃費改善等」（**表3.3**）に示されている2030年度の排出削減見込量2,674万t-CO_2／年（発射台：2013年度）から、2018年度までの排出削減実績量を差し引いた、2018年度を発射台とする数値である2,287万t-CO_2／年を用いている。

算定の結果、2030年度において、電動車の導入拡大と従来車の燃費改善だけでは、政府の排出削減目標量2,287万t-CO_2／年を達成できず、基本ケースで614万

$t\text{-}CO_2$／年、最大ケースで293万$t\text{-}CO_2$／年の不足が生じることがわかった。

この不足を埋めるための現実的かつ比較的即効性の高い方策として、従来車、HV、PHVへのバイオエタノール(E10)の導入が挙げられる(詳しくは、13節を参照)。

3.9 世界の電動車の導入目標と今後の見通し

1 STEPSとSDSシナリオによるEVとPHVの保有台数の見通し

IEAによる世界全体の2030年までのEVとPHVの保有台数の見通しを**図3.24**に示す。

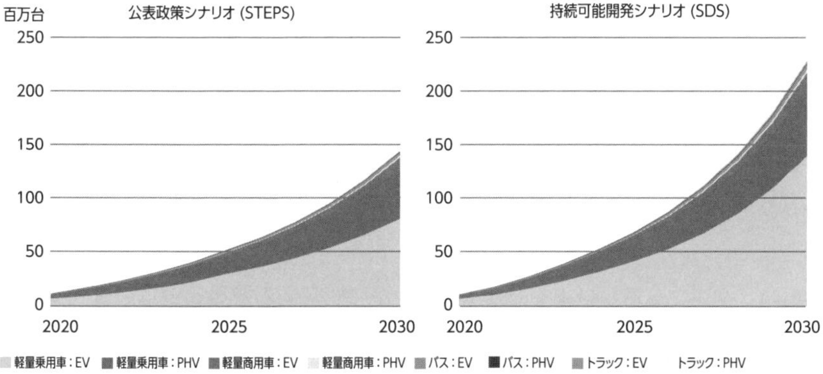

注）PLDVs：軽量乗用車[19]（日本の普通乗用車以下に相当）／LCVs：軽量商用車[20]

図3.24 全世界の車種別・シナリオ別のEV・PHV保有台数の見通し(2020～2030年)

出典：国際エネルギー機関(IEA)「Global EV Outlook 2021」(2021)[39]をもとに作成

左側のグラフが「公表政策シナリオ」(STEPS：Stated Policies Scenario)にもとづく見通しで、各国政府によって立法化または公表された既存の政策や目標を反映したものである。一方右側のグラフは「持続可能開発シナリオ」(SDS：Sustainable Development Scenario)にもとづく見通しで、このシナリオは、

- 2030年までにすべての人びとがエネルギーにアクセスできるようにする
- 大気汚染物質の排出を大幅に削減する
- パリ協定に沿って世界の気候目標を達成する

19 **PLDVs(軽量乗用車)** 12人乗り以下の乗用車で、日本の小型乗用車や軽乗用車を含め、普通乗用車、バン、SUV(スポーツ用多目的車)などの乗用車を指す。

20 **LCVs(軽量商用車)** ライトトラック・ピックアップトラック・小型トラックやライトバンなどの比較的小型の商用車を指す(中・大型トラックを除く)。

という3つの柱で構成されている。

SDSでは、2070年までにGHGの排出量を正味ゼロにし、世界の気温上昇を1.7℃以下に抑えることを前提としている。

図3.24の左側グラフのSTEPSによる見通しでは、世界全体の二輪車／三輪車を除くEV･PHVの保有台数は、2020年の1,100万台超から2030年には1億4,500万台近くまで拡大し、年平均成長率は30％近くになる。本シナリオでは、2030年にEV・PHVの保有台数が道路交通車両の約7％を占めるようになる。

右側グラフのSDSによる見通しでは、世界の二輪車／三輪車を除くEV・PHVの保有台数は、2025年に約7,000万台、2030年には約2億3,000万台に達し、2030年のEV・PHVの保有台数のシェアは12％に達すると予測されている。

EV・PHVの国・地域別の新車販売台数見通しを**図3.25**に示す。

STEPS（本図の中央部）によるEV･PHVの新車販売台数は、2025年に約1,500万台弱、2030年には2,500万台強に達する見通しである。EV・PHVの新車販売台数全体に占める割合は、2025年では約10％、2030年では約20％を占めると予測されている。

SDS（本図の右側）による見通しでは、EV･PHVの新車販売台数に占めるシェアは2025年に21％、2030年に33％に達すると見込まれている。

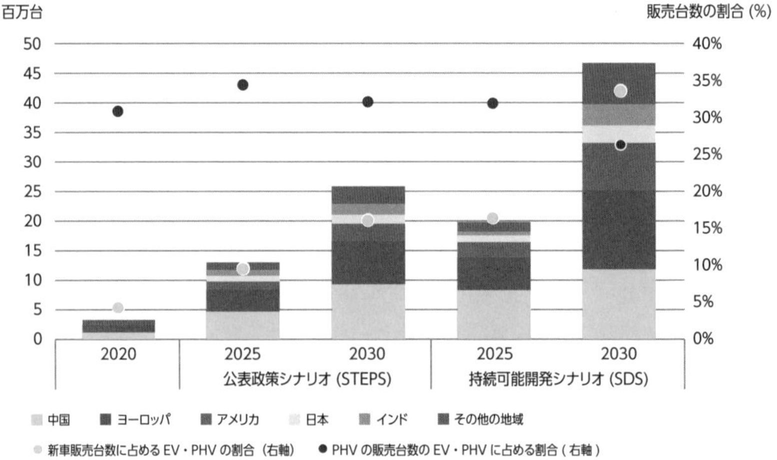

図3.25　EV・PHVの国・地域別の販売台数見通し

出典：国際エネルギー機関(IEA)「Global EV Outlook 2021」(2021)[39]をもとに作成

2 世界各国の販売台数の予測

引き続き中国とヨーロッパがEV・PHVの導入をリードするが、特に2030年になると、アメリカ、インド、日本などにおいても相当程度の販売台数が見込まれている。特にSDSでは、ヨーロッパの販売台数が2030年に中国を抜くと予測されている。

いずれのシナリオにおいても、予測されている2020年→2025年、2025年→2030年の伸びは非常に著しい。

各国のEV・PHVの新車販売に占める割合の見通し(2030年)を**図3.26**に示す。

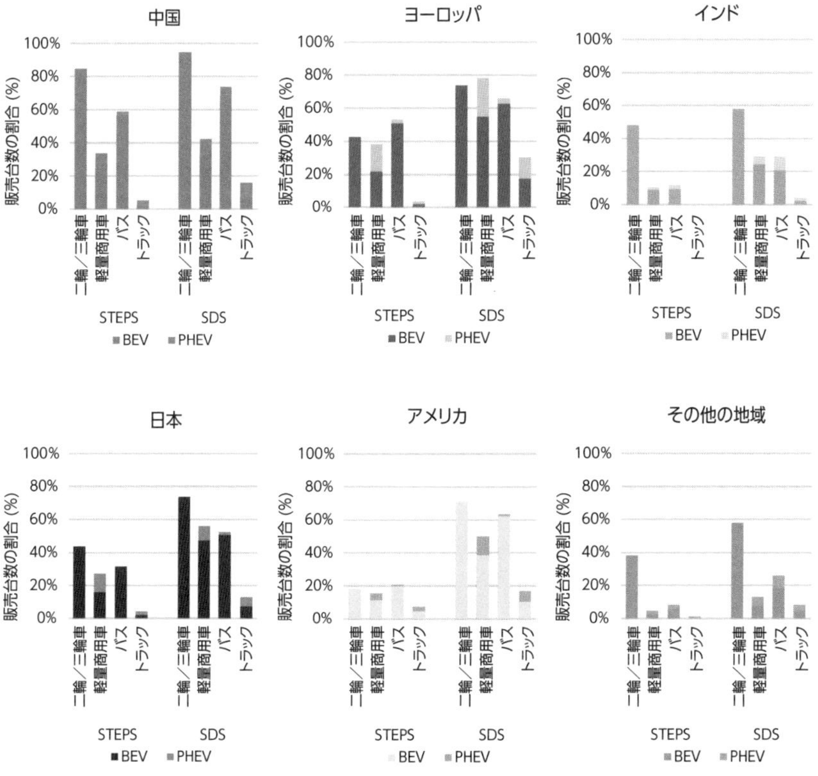

図3.26 各国のEV・PHVの新車販売に占める割合(車種別・シナリオ別)の見通し(2030年)
出典：国際エネルギー機関(IEA)「Global EV Outlook 2021」(2021)[39]をもとに作成

1 中国のシナリオにもとづく見通し

2020年に販売される二輪車／三輪車の約60%が電気自動車である中国は、どちらのシナリオでも二輪車／三輪車の電化を引き続きリードする。中国はいずれのシナリオにおいても、電動バスの販売シェアが引き続き最大であり、2030年にはSTEPSでは約60%、SDSでは約75%に達する。これは、中国の電動バス製造でのリーダーシップと、中国で販売されているバスモデルの数の多さを考えれば当然といえる。

軽量車の場合、中国は2030年にSTEPSで35%のEV・PHV販売を達成すると予想されている。SDSではEV販売が43%となり、政府の2030年目標を達成し、中国自動車技術会の目標である2035年までに50%以上のEV販売を達成する見込みである。

軽量車とトラックの両方において、中国の2030年の販売シェアはSTEPSではヨーロッパよりも低くなっているが、これは主に電動車に対する燃費基準や全体的な規制状況が厳しくないことを反映している。2030年の電動トラックの販売シェアは、STEPSでは5%、SDSでは15%以上に達している。

中国では、二輪・三輪を除く全モードでのEVの販売シェアは、2030年にSTEPSでは30%強、SDSでは40%を超えると見込まれている。

2 ヨーロッパのシナリオにもとづく見通し

ヨーロッパでは、コロナ禍による経済的な影響をやわらげるための景気刺激策とCO_2排出にかかる燃料基準がEV・PHVの販売を支えており、もっとも先進的なEV・PHV市場となることが期待されている。先行メーカーもこの目標を支持しており、最近では複数の自動車メーカーが、2030年からヨーロッパではEVのみを販売する意向を表明している。

いずれのシナリオでも、ヨーロッパは軽量車の電動化を世界的にリードすると予想される。2030年のEV販売台数のシェアは、STEPSでは中国と同程度であるが、SDSに反映されているヨーロッパの全体的なクリーンエネルギーへの挑戦策にしたがい、2030年に向けてより高い電動化の努力が必要とされている。これは、EUの2050年ネット・ゼロ目標、多くのEU諸国におけるEV導入目標、およびイギリスが内燃機関車の使用禁止を2035年に前倒ししたことなどによるものである。2030年までに、電動軽量車(EV、PHV)の販売台数シェアは、STEPSではほぼ40%、SDSでは80%に達すると見込まれている。

ヨーロッパでは、STEPSでは、2030年までにすべてのモードでのEV・PHV

の販売シェアが約35%に達すると見込まれている。SDSでは、2030年までにヨーロッパのEV・PHVの軽量車、バス、トラックの合計の販売シェアは70%強になると予測されている。

3 アメリカのシナリオにもとづく見通し

アメリカでは、燃費基準の強化、電動車や充電インフラへの補助、2050年までに排出量をゼロにするという計画が発表され、電動車の見通しが改善された。いくつかの州では、ゼロエミッションのトラック販売義務が導入される予定である。その結果、STEPSでは、北米で販売されている電動トラックのモデル数が約70種類と比較的多いこともあり、アメリカがもっとも電動大型トラックの販売シェアが高くなっている。

STEPSでは、2030年のEV・PHV販売シェアは、軽量車で約15%、バスで約20%、トラックで約7%となる。その結果、二輪・三輪を除く全モードでのEV・PHV販売シェアは15%になる。追加施策が発表されれば、このEV・PHV販売シェアはさらに上昇する可能性がある。SDSでは、2030年のEV・PHV販売シェアは、軽量車が約50%、バスが65%、トラックが15%以上となり、全モードでの販売シェアは約50%になると予測されている。

4 日本のシナリオにもとづく見通し

IEAのSTEPSでは、現行の燃費基準を背景に、EV・PHVの軽量車の販売シェアは2030年にほぼ30%に達すると予想されている。SDSでは、2030年代半ばに発表される内燃機関車の禁止と2050年のネット・ゼロ(カーボンニュートラル)公約を見越して、軽量車の電動化がより急速に進み、2030年にはEV・PHVの販売シェアが55%を超すと予測されている。

日本ではEV・PHVと自動車用電池の製造が進んでいるが、STEPSでは、国内のEV・PHV販売シェアの見通しは、ヨーロッパや中国よりも低くなっている。これは、日本のインセンティブ制度や燃費基準にEV・PHVに関する特別な規定が少ないことを反映したものである。

STEPSでは、2030年には日本の二輪・三輪を除く全モードでのEV・PHV販売シェアは25%に達すると見込まれている。SDSでは、二輪・三輪を除く全モードでのEV・PHV販売シェアは、軽量車同様に55%近くになると予測されている。

3.10 日本のインフラの整備状況と今後の見通し

ここでは、EVやPHVの普及に必要な充電スポットと、FCVの普及に必要な水素ステーションの普及状況・見通しおよび整備費用について解説する。

なお8節で示したとおり、本書の執筆陣は、2030年度に向けた電動車の保有・販売台数およびそれにともなうCO_2排出削減量に関する独自の予測を行っており、その一環として2030年度の充電スポットと水素ステーションの普及数・整備費用の予測も行っているため、その結果もあわせて示す。

1 充電スポットの普及状況

充電スポットの普及数の現状については、次の情報1～4のデータを示す。

①情報Ⅰ：経済産業省／EV・PHV普及に関する経済産業省の取組

充電インフラの現状

基数	約2.8万基(27,835基)
拠点数	2.1万箇所程度

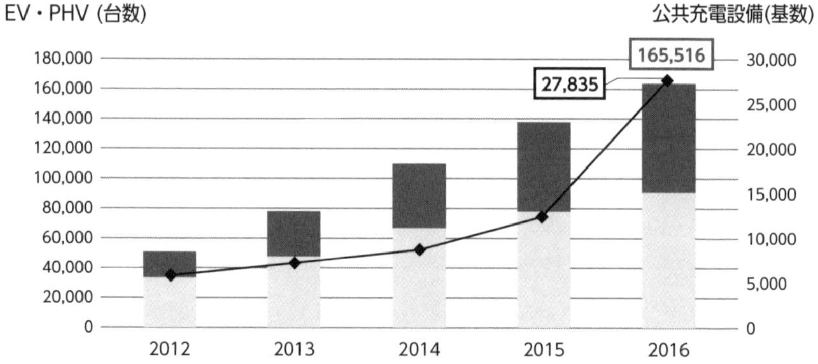

図3.27 EV・PHVと公共用充電器の普及状況
出典：経済産業省「EV・PHV普及に関する経済産業省の取組」(2017)[45]をもとに作成

②情報2：経済産業省／電気自動車・プラグインハイブリッド自動車の充電インフラ整備事業費補助金について

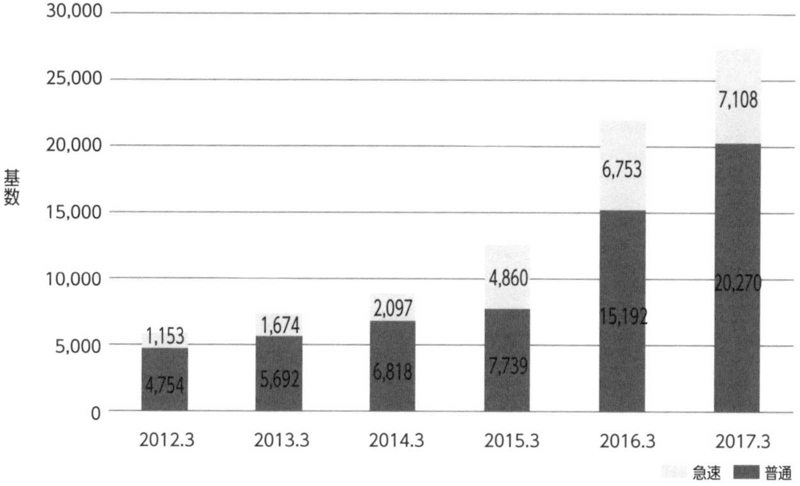

図3.28　急速充電器[21]と普通充電器[22]の普及基数の推移
出典：経済産業省「電気自動車・プラグインハイブリッド自動車の充電インフラ整備事業費補助金について」(2017)[46]をもとに作成

③情報3：電気自動車(EV)充電スタンド情報サイト「GoGoEV」

表3.17　充電スタンド登録拠点数

急速充電方法	拠点数
CHAdeMO(急速)	7,668拠点
100V／200V(普通)	14,506拠点
TESLA(テスラ)	183拠点

出典：株式会社ゴーゴーラボ「GoGoEV」(2020)[47]をもとに作成

21　**急速充電器**　急速充電器は電源に3相200Vを使用する。大容量タイプと中容量タイプがあり、充電器のメーカーにもよるが、大容量タイプが40／50kW(電池がほぼ空に近い状態から80%まで充電するのに15分～30分程度)で、中容量タイプが20kW(80%まで充電するのに30分～1時間程度)である。急速充電は、緊急時(バッテリー残量がほとんど無い場合)に、業務用で車両を頻繁に利用する場合を想定したものである。日本では、道の駅、ガソリンスタンド、高速自動車国道のサービスエリア、自動車ディーラー、商業施設などへの設置が進められている。

22　**普通充電器**　EVやPVの充電器は大きく普通充電器と急速充電器の2種類に分けられる。普通充電設器は、単相交流100Vコンセントまたは200Vコンセントを使用し、100Vの場合は1時間で約10km程度走行できる充電が可能で、200Vの場合は30分で約10km程度走行できる(車種や充電設備により多少の変動あり)。一般的な戸建住宅・マンション、商業ビル、屋外駐車場などに設置可能で、屋外駐車場向けとしてポール型普通充電器(200V)も用意されている。

❹ 情報4：ガソリンスタンド数や急速充電スタンドの推移をさぐる

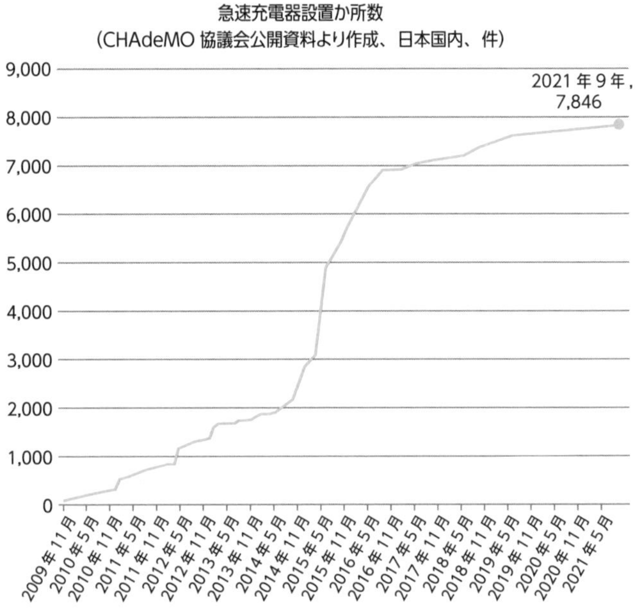

図3.29　急速充電器の設置拠点数の推移

出典：「直近で2万9005件、漸減継続中…ガソリンスタンド数や急速充電スタンド数の推移(最新)」(2021)[48]をもとに作成

これらのデータを踏まえて、2030年度で想定される充電スポットの普及基数(拠点数ではなく)は次のとおりとなる。

表3.18　2030年で想定される充電スポット基数

①普通充電器[21]	現在の20,270基(2017年3月：情報2)は、EV・PHVの保有台数(2016年度末)160,167台に対して、12.7%に相当する。
	この比率が2030年度まで続くと仮定すると、2030年度における普通充電器の普及基数(＝上記の比率×別途推計したEV・PHVの2030年度の保有台数)は、基本ケースで345,915基、最大ケースで1,047,046基と算定される。
	この保有基数を基に2016年度末～2030年度末の保有基数の伸び率を算定し、それを基に2029年度末から2030年度末にかけての保有基数の増分を求めると、基本ケースで63,452基／年、最大ケースで257,094基／年と算定される。
②急速充電器[22]	現在の7,108基(2017年3月：情報2)は、EV・PHVの保有台数(2016年度末)160,167台に対して、4.44%に相当する。
	EVの普及にとって特に急速充電器の普及が重要[48]であるため、この比率が2030年度に8.88%まで倍増すると仮定すると、2030年度における急速充電器の普及基数(＝上記の比率×別途推計したEV・PHVの2030年度の保有台数)は、基本ケースで242,601基、最大ケースで734,327基と算定される。
	この保有基数を基に2016年度末～2030年度末の保有基数の伸び率を算定し、それを基に2029年度末から2030年度末にかけての保有基数の増分を求めると、基本ケースで54,070基／年、最大ケースで207,070基／年と算定される。

EVにかかるインフラ整備費用の算定

インフラ整備費用(円／年) ＝ 充電スポットの増設費用(円／年)

＝ Σ(充電スポットの増設基数(基／年)(基本ケース、最大ケース)

× 充電スポットの設置単価(円／基) × 調整係数)

注)Σは、本式を普通充電器と急速充電器それぞれについて算定し、最後に足し合わせることを意味している

調整係数 ＝ EVによる2030年度の電力消費量／EVおよびPHVによる2030年度の電力消費量(基本ケース、最大ケース)

注)HVの充電スポット整備費用との重複を避けるため、本調整係数で按分してEV相当分を算定した

上記のデータおよび上式により、2030年度のEVにかかるインフラ整備費用は次のとおりと算定された。

①基本ケース	1,442億円／年
②最大ケース	5,570億円／年

注)本書執筆陣のシミュレーションでの「基本ケース」「最大ケース」については、本章の8節「日本の電動車の導入目標と今後の見通し」の「2　今後の普及台数とCO_2排出削減量の見通し」を参照

2 水素ステーションの普及状況

1 インフラ整備費用

FCVに関するインフラ整備費用として、水素ステーションの新設費用を計上する。

水素ステーションのメンテナンス・維持費用および更新費用は、ガソリンスタンドや充電スポットと同様に、費用に計上しないこととする。

2 水素ステーションの設置費用

NEDO水素エネルギー白書[49]によれば、水素ステーションの設置費用は4～5億円／箇所程度(供給能力300Nm^3／hの固定式ステーションの場合)であり、一般的なガソリンスタンド(整備費1億円程度)と48比べると、非常に高額となっている。

同資料には、次のとおり記述されている。

「NEDO燃料電池・水素技術開発ロードマップ2010」[50]では、水素供給コストの目標として2020年頃で約60年／Nm^3と提示しているが、この水素供給コストを実現できるステーションコストの目標を約2億円(500Nm^3／h規模)と見積もっている。

また、約2億円で500Nm^3／hステーションを実現できた場合には、300Nm^3／hステーションは約1.5億円程度で実現可能とも見積もっている。

これを踏まえて本稿では、2030年度における水素ステーション(500Nm^3／h規模)の設置費用を2億円／箇所と見込むこととする。

3 水素ステーションの導入箇所数

FCVの普及に不可欠な水素ステーションは、2013年度より商用ステーションの整備が始まり、2018年2月に民間11社による水素ステーションの整備を目的とした日本水素ステーションネットワーク合同会社(JHyM)が設立された。こうした中で、FCVの普及想定などに基づく水素ステーションの最適配置シミュレーションの結果も踏まえつつ、多様なプレーヤの参加により先行投資の負担を軽減しながら水素ステーションを効果的に設置していく取り組みが加速され、現在100箇所(2018年12月末時点)の商用水素ステーションが開所している[51]。

JHyMの2020年5月28日の最新情報[51]では、全国で143基、157箇所[23]の水素ステーションが設置されている。

経済産業省の水素・燃料電池戦略協議会「水素・燃料電池戦略ロードマップ」[52]では、水素ステーションの導入箇所数について、「2020年度までに160箇所、2025年度までに320箇所の整備を目標とし、2020年代後半までに水素ステーション事業の自立化を目指す」としている。

また経済産業省の「水素・燃料電池戦略ロードマップ」では、**図3.30**に示すとおり、2025年ごろに320箇所、2030年頃に900箇所程度の水素ステーションの普及を目指している。

23 **設置数** 移動式水素ステーションによる複数箇所運用をカウントした場合。

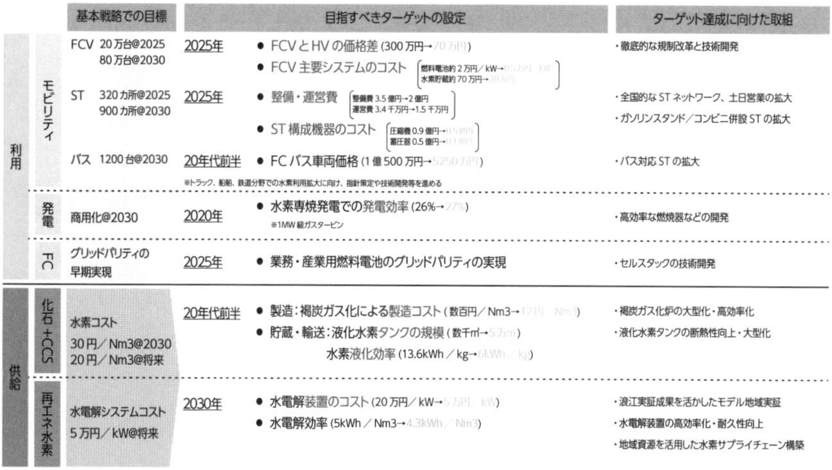

図3.30　水素・燃料電池戦略ロードマップのポイント
出典：経済産業省「水素・燃料電池戦略ロードマップ～水素社会実現に向けた産学官のアクションプラン～」[53]をもとに作成

本書では、上記の経済産業省の見通しを踏まえ、2030年度までに累計で「900箇所」の水素ステーションが設置されると想定する。

2030年度(単年)の水素ステーションの設置箇所数は、現状(2019年度末頃)の157箇所が2030年度の900箇所に達するまで線形で増加すると仮定すると、「約68箇所／年」と算定される。

④インフラ整備費用の算定

2030年度における水素ステーションの増設費用(円／年)
＝　2030年度における水素ステーションの増設箇所数(箇所／年)
×　水素ステーションの設置単価(円／箇所)

①・②のデータと上式により、2030年度のFCVにかかるインフラ整備費用は次のとおりと算定された。

約68箇所／年　×　約2億円／箇所　＝　約135億円／年

3 日本政府の電動車インフラに関する政策

第6次エネルギー基本計画(2021年10月閣議決定)[18]における電動車インフラに関する記載を次に紹介する。

電動車の普及に向けてガソリン車と同様に円滑にエネルギー補給できることは重要であるが、EV向け充電サービスやFCV向けの水素ステーションはビジネス性や設置コスト等に課題があるため、給油所(以下、SS)における普及は必ずしも進んでいない。このため「SS」が、石油製品の供給を継続しながらEVやFCVへのエネルギー供給も担う「総合エネルギー拠点」としての発展を目指せるように、これらの課題の解決を図っていくことと併せて、SSにおけるEV向け充電器や水素ステーションの併設を後押しする。加えて、SSにおける設備の省エネルギー化や再生可能エネルギー導入を促進していく。

充電・充てんインフラの不足は、電動車普及の妨げとなる。したがって、充電インフラについては、老朽化設備を更新するほか、既存のインフラを有効に活用できる「SSにおける急速充電器1万基」等、「公共用の急速充電器3万基」を含む充電インフラを15万基設置し、遅くとも2030年までに「ガソリン車並みの利便性」を実現することを目指す。この際、充電インフラの普及促進や規制緩和などにより、最適な配置やビジネス性の向上を進めるとともに、充電設備の普及が遅れている「集合住宅」に対する導入を促進する。また、充てんインフラについては、燃料電池自動車・燃料電池バスおよび燃料電池トラックの普及を見据え、2030年までに「1,000基」程度の「水素ステーション」について、人流・物流を考慮しながら最適な配置となるよう整備するとともに、規制改革に取り組む。バスやトラック等の商用車向けの充電設備や水素ステーションについては、事業所専用の充電・充てん設備も含め、整備を推進する。

3.11 世界のインフラの整備状況と今後の見通し

1 急速・普通充電器の普及状況

EV・PHV用の公共アクセス可能な急速・普通充電器[24]の数(2015年～2020年)を**図3.31**に示す。

EV・PHVの充電は家庭や職場で行われることがほとんどであるが、EV・PHVの普及が進んでいる国では、公共の場で利用できる充電器の展開が重視されている。2020年には、公共の場で利用できる充電器が130万台に達し、そのうち30%が急速充電器である。2020年の公共アクセス可能な充電器の設置は45%増で、2019年の85%よりも遅いペースであったが、これはコロナ禍の影響によるものと推定される。中国は、一般市民が利用できる急速・普通充電器の数で世界トップとなっている。

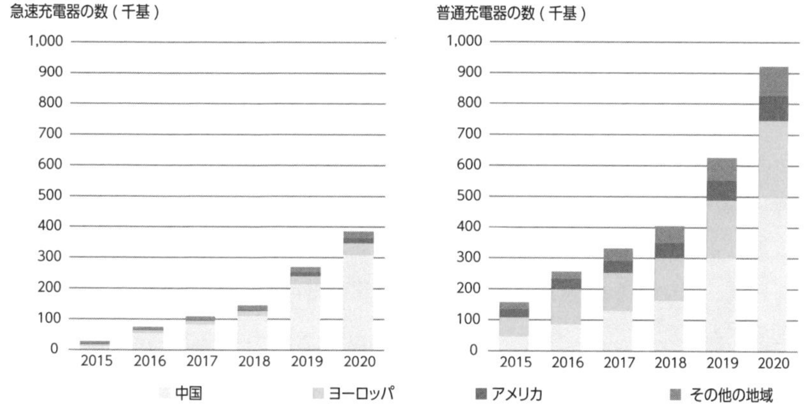

図3.31 EV・PHV用の公共アクセス可能な急速・普通充電器の数(2015～2020年)
出典：国際エネルギー機関(IEA)「Global EV Outlook 2021」(2021)[39]をもとに作成

24 **普通充電器** 国際エネルギー機関(IEA)の英文(Slow)を直訳すると低速充電器となるが、本書では日本で用いられている「普通充電器」という用語を用いる。

1 普通充電器

2020年の中国における普通充電器(充電出力22kW以下)の設置ペースは65%増で、一般に利用可能な普通充電器は約50万台となった。これは、世界の普通充電器のストック数の半分以上に相当する。

第2位はヨーロッパで、約25万台の急速充電器が設置されている。オランダが63,000台以上の急速充電器を設置している。スウェーデン、フィンランド、アイスランドでは、2020年には急速充電器の数を前年の2倍に増やしている。

アメリカでの普通充電器の設置台数は、2020年に前年比28%増の計8万2000台となり、韓国の普通充電器の設置台数は、2020年に前年比45%増の5.4万台となっている。

2 急速充電器

2020年の中国における急速充電器(充電出力22kW以上)の設置ペースは44%増の約31万台となり、2019年の年間成長率93%のペースよりも増加速度が減少した。中国では公的に利用できる急速充電器が比較的多く設置されているが、これは民間の充電手段の少なさを補い、急速なEV普及の目標達成を促進するためである。

ヨーロッパでは、急速充電器が急速充電器よりも高い割合で導入されている。現在、公共の急速充電器は、2020年には55%増の38,000台以上に達しており、そのうちドイツには7,500台近くが設置されている。公共の急速充電器は、アメリカで6,200台、イギリスで4,000台、フランスで4,000台、オランダで2,000台が導入されている。

このほかアメリカでは、計17,000台(民間設置を含む)の急速充電器が設置されており、そのうち60%近くがテスラの急速充電器である。韓国には9,800台の急速充電器がある。

2 EV・PHV 1台あたりの公共充電器数の比率

国別のEV・PHV 1台あたりの公共充電器数の比率(2020年)を**図3.32**に示す。

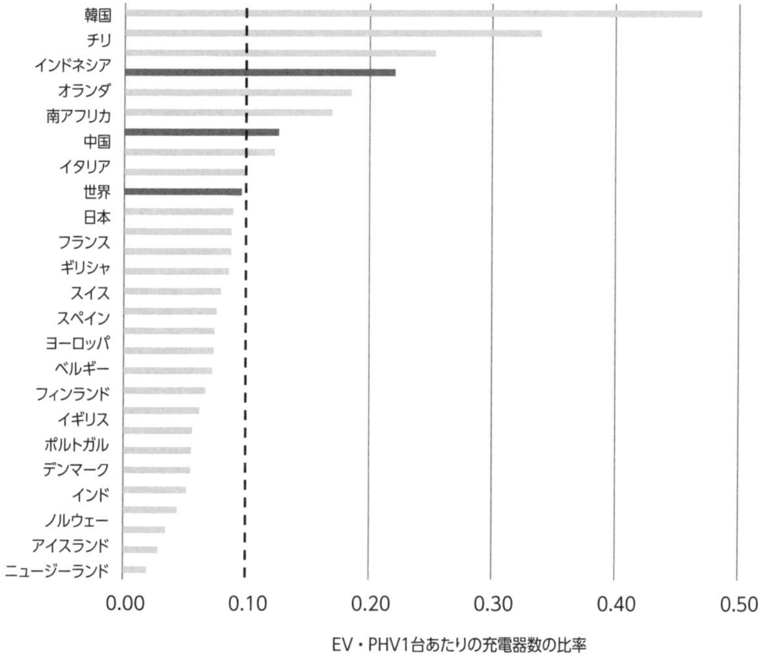

図3.32 国別のEV・PHV 1台あたりの公共アクセス可能な充電器数の比率(2020年)
出典：国際エネルギー機関(IEA)「Global EV Outlook 2021」(2021)[39]をもとに作成

ヨーロッパ各国は、EU代替燃料インフラ指令(AFID：Alternative Fuels Infrastructure Directive)[54][55]で定められた、EV・PHV 1台あたりの公共アクセス可能なEV用供給機器(EVSE：Electric Vehicle Supply Equipment)数の目標値をほとんど達成できなかった。ただし、国によって大きな格差がある。

EUにおける公共のEV用充電器の配備を規制する重要な政策であるAFIDは、加盟国に対し、2020年にEV・PHV10台につき公共の充電器1台の割合(0.1)を目指すことを推奨している。

EUでは、EV・PHV1台あたりの公共EVSEの平均比率は2020年末には0.09となっている。オランダは0.22、イタリアは0.13と目標を上回っている。ただし両国ではほとんどが普通充電器であり、急速充電器の割合は、オランダでは3%、イタリアでは9%に過ぎない。

EV・PHVの普及率が高い国では、ノルウェー(0.03)、アイスランド(0.03)、デンマーク(0.05)のように、EV1台あたりのEVSE比率が低い傾向にある。これらの人口の少ない国では、一戸建ての家が多く、個人の駐車スペースがあるため、ほとんどのEV・PHVオーナーは個人宅での充電を主に利用することができる。また北欧諸国では急速充電器の割合が高く、アイスランドでは40%、ノルウェーでは31%、デンマークでは17%となっている。

なお**図3.33**を見ると、日本では世界平均(0.12程度)よりやや低いもののEV・PHV 1台につき0.1台の公共充電器が設置されている。EV・PHV 1台あたりの公共充電器の数がもっとも多い国は韓国であり、次いでチリ、インドネシア、オランダ、南アフリカ、中国、イタリア、日本が続いている。

3.12 〉日本における今後の課題

電動車の普及にかかる課題は世界共通の課題も多いが、ここでは日本に焦点を絞って述べる。

電動車、特に電気や水素という自動車にとって新しいエネルギー源を利用するEV、PHV、FCVの普及拡大における課題は次のように考えられる。

1 充電スポットと水素ステーション

①充電スポット：急速充電器

ガソリンスタンドの数が減少している一方、ここ数年で充電スポットは全国的に増加している。EVを販売しているカーディーラーはもちろん、コンビニやスーパーマーケットをはじめ、日常よく訪れる場所にも充電器が数多く設置されている。また、高速道路のサービスエリアや道の駅など、長距離移動時の幹線道路沿いにも整備されており、休憩時間や買い物ついでに充電する人も多く見られる。全国の充電スポット数18,270箇所(2020年3月末)にのぼり、ガソリンスタンド数の約6割に匹敵するともいわれている。

ただし、そのうち急速充電器の設置数は8,000弱である(**図3.33**)。

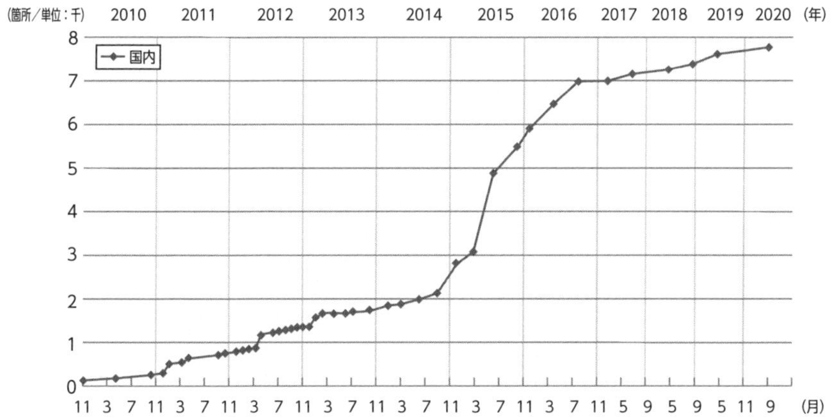

図3.33　急速充電器設置箇所数の推移

出典：一般社団法人次世代自動車振興センター「電気自動車の5つの不安にお答えします」[56]をもとに作成

普通充電器の場合、充電時間は数時間以上かかる。急速充電器の場合、大容量タイプは空に近い状態の電池を80%まで充電するのに15分～30分、中容量タイプでは30分～１時間程度かかる。一方、従来車やHV・PHVへのガソリンの充填時間は、3～5分程度である。

したがって、EV・PHVの普及拡大にとって、急速充電器のさらなる普及拡大と急速充電時間の一層の短縮(充電器の大容量化など)が課題と考えられる。

また充電器の大容量化と数の増加にともない、地域の配電系統への局所的な影響も懸念されるところであり、今後評価が必要と考えられる。

戸建住宅の場合は､駐車場に屋外コンセントをつけることは比較的容易である。普通充電であっても夜間充電を行えば問題ない。一方集合住宅の場合、既築の場合は管理組合の許可に時間と労力を要するため、主に新築の物件の共用駐車場への充電器(できれば急速充電器)の設置促進が課題と考えられる。

② 水素ステーションの設置拡大

水素ステーションについては、すでに述べたとおり設置コストの低減がもっとも大きな課題であるが、強力な政策支援がない限り、この課題を解消するには、困難な道が続く可能性が高い。

2 車両価格の低減

すでに述べたとおり、EVやPHVの車両価格は、従来車やHVに比べてかなり割高となっており、これが普及を阻害している大きな一因となっている。

マークラインズ(自動車産業調査会社)の2021年3月の資料によれば、日本のガソリン車、HV、EVの１台あたり製造原価は、それぞれ120万円、138万円、194万円であり、EVがかなり割高になっている。EVの194万円の原価のうち、驚くべきことに90万円がバッテリーのコストである。

したがって、バッテリーのコストの大幅な低減に向けた研究・開発や、低コストのバッテリーの調達が大きな課題と考えられる。

3 レアメタルの使用量の低減

今後の急激なEVの増加は、電池に用いられるレアアースやレアメタルなどの材料のコスト増を招く懸念がある。

日本経済新聞社の記事「レアメタル　供給揺らぐ　アフリカや南米、コロナで鉱山停止　スマホやEV生産に影」によれば、次のとおりである。

> EVに使用されるリチウムイオン電池には、リチウムやコバルト等のレアメタルが不可欠であり、これらの資源は地域的に偏在しており、生産国が非常に限られている。
> 例)リチウム：豪州(43%)・チリ(33%)・アルゼンチン(13%)・中国(7%)の4カ国が世界全体の96%を占める。
> コバルト：コンゴ民主共和国が世界全体の58%を占める。
> 新型コロナウィルスの感染拡大の影響により、レアメタルの主要な生産地のアフリカ(コンゴ等)や南米で鉱山の停止や国境封鎖が実施され、供給に懸念が出ている。
> リチウムの主要生産国の1つであるアルゼンチンでは、2020年5月22日に9度目の債務不履行が確定しており、経済状況の悪化も懸念されている。
> HVでもリチウムイオン電池(LIB)は使用されるが、EVやPHV用のリチウムイオン電池の方が大容量であるため、こうしたレアメタルの供給状況が、EV・PHVの生産・普及の阻害要因となる可能性は否定できない。
> リチウム・コバルト等のレアメタルの使用量を極力減らすための研究開発が期待される。

引用：株式会社日本経済新聞社「レアメタル　供給揺らぐ　アフリカや南米、コロナで鉱山停止　スマホやEV生産に影」(2020年5月23日付)[57]

4　全固体電池などの技術革新

全固体電池の開発が行われているが、その主流である「全固体リチウムイオン電池」では、引き続きリチウムが使用され、量産化にいたるまでには技術的課題やコスト低減の課題が残っている。

ポストリチウムイオン電池として、NEDO・大学・研究機関・メーカーで亜鉛空気電池、フッ化物電池、硫化物電池、コンバージョン電池、ナトリウムイオン電池、マグネシウム電池(多価イオン電池)などの研究開発が行われている。NEDOでは2030年度以降のポストLIBの実用化を目指しているが、本格的な実用化までにはあと10年以上掛かるものと見込まれる。

5　産業構造への影響

EVへのドラスチックな転換は、ガソリン車をベースに構築されてきた日本の関連産業の構造を大きく変えるといわれている。

6　その他のユーザーから見た課題

株式会社インテージが実施したEVに関するアンケート結果によれば、ユーザーから見た懸念点として、上記の課題以外に、「航続距離」「バッテリーの寿命」「安全性」などが挙げられている。

航続距離については、新しく発表されるEVモデルにおいて着実に改善されてきており、将来に期待が持てる。

バッテリーの寿命と安全性(発火の危険性、衝突時の安全性)については、重要な課題であり、その改善に向けて、関連業界での技術開発と政府のサポートが必要と考えられる。

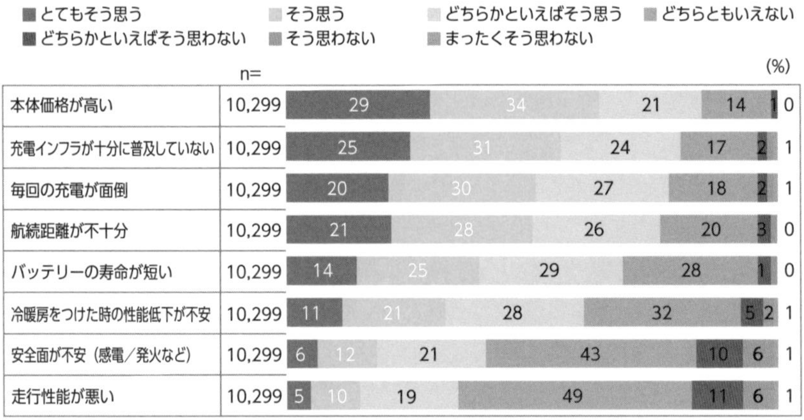

対象者：20～69歳の新車購入者かつ主運転者

図3.34　EVのネガティブイメージ評価

出典：株式会社インテージ・知るギャラリー「日本のEV導入における課題とは？～EV先進国中国の事例と日本の生活者意識から考える～」(2019)[58]をもとに作成

7 電力のCO_2排出係数の低減

Well to Wheel(14節参照)で考えると、電動車の動力源である電力の脱炭素化を進めることがきわめて重要である。その具体的方策については、第6次エネルギー基本計画に詳述されている。

8 液体燃料の導入

自動車のCO_2排出削減対策は、電動化だけではない。電動化は進めるとして、同時に既存のガソリン車、HV、PHVにはバイオエタノール、e-fuelなどのカーボンニュートル液体燃料を導入することが、きわめて有効と考えられる。

3.13 バイオエタノール混合ガソリンの効果

1 従来車・HV・PHVにバイオエタノールを導入した場合のCO_2削減効果

２章において述べたように、現在日本ではバイオエタノールはETBEの形で利用されているが、世界的にみるとガソリンへの直接混合が主流となっている。ガソリンに10%のバイオエタノールを混合したE10は、車の改造なしに利用可能とされており、内燃機関を備える従来車(ガソリン車)、HV、およびPHVにはE10を導入することが可能である。

本章の8節で紹介したとおり、本書の執筆陣の分析によれば、2030年度において、電動車の導入拡大と従来車の燃費改善だけでは、政府の排出削減目標量2,287万t-CO_2／年を達成できず、基本ケースで614万t-CO_2／年、最大ケースで293万t-CO_2／年の不足が生じることがわかった。

この不足を埋める方策の1つとして、従来車、HV、PHVへカーボンニュートラル燃料であるバイオエタノールを導入する効果を検証した。仮に2030年度にまでに導入されるすべての従来車、HV、PHVにE10が導入されたと仮定すると、バイオエタノールの導入必要量は基本ケースでは247万kL／年(原油換算：151万kL／年)となり、しかもそれだけではなお212万t-CO_2／年の排出削減量が不足することがわかった(**表3.19**)。最大ケースでは、バイオエタノールの導入必要量は221万kL／年(原油換算：135万kL／年)となり、このケースでは排出削減量は目標量を若干(66万t-CO_2／年)上回る結果となった(**表3.20**)。

表3.19　E10導入を加味した2030年度のCO_2排出削減量の算定(基本ケース)

CO_2排出削減量			対目標量
目標量		2,287万t-CO_2／年	100%
次世代自動車の導入拡大	EV	129万t-CO_2／年	6%
	HV	832万t-CO_2／年	36%
	PHV	64万t-CO_2／年	3%
	FCV	17万t-CO_2／年	1%
	小計	1,042万t-CO_2／年	46%
従来の燃費改善		630万t-CO_2／年	28%
バイオエタノール(E10)の導入	従来車	284万t-CO_2／年	12%
	HV	110万t-CO_2／年	5%
	PHV	8万t-CO_2／年	0%
	小計	402万t-CO_2／年	18%
小計		2,075万t-CO_2／年	91%
不足量		212万t-CO_2／年	9%

表3.20　E10導入を加味した2030年度のCO_2排出削減量の算定(最大ケース)

CO_2排出削減量			対目標量
目標量		2,287万t-CO_2／年	100%
次世代自動車の導入拡大	EV	338万t-CO_2／年	15%
	HV	968万t-CO_2／年	42%
	PHV	168万t-CO_2／年	7%
	FCV	51万t-CO_2／年	2%
	小計	1,525万t-CO_2／年	67%
従来の燃費改善		468万t-CO_2／年	20%
バイオエタノール(E10)の導入	従来車	211万t-CO_2／年	9%
	HV	128万t-CO_2／年	6%
	PHV	21万t-CO_2／年	1%
	小計	359万t-CO_2／年	16%
小計		2,353万t-CO_2／年	103%
不足量		−66万t-CO_2／年	−3%

2　バイオエタノールの導入にかかるCO_2削減コスト(試算)

本書の執筆陣の試算によれば、従来車・HV・PHVへのE10導入によるCO_2削減コストは3.48万円／t-CO_2(基本ケース)～3.57万円／t-CO_2(最大ケース)と推計された。

この値はEV(20.0～25.8万円／t-CO_2)、PHV(14.8～41.7万円／t-CO_2)、FCV(27.7～32.6万円／t-CO_2)と比べて格段に安いコストである。

なお本数値はあくまで試算値であり、本書の執筆陣は今後CO_2削減コストの算定方法の見直しを含めた精査を行う予定である。

CO_2削減コスト算定の前提条件

- 算定対象期間は 2030 年度 (1 年間) とした。
- 比較対象は現行の従来車。ただし、HV・PHV への E10 導入の場合は、ダブルカウントを防ぐため、CO_2排出削減量の算定方法と同じく、比較対象を E10 導入前の HV・PHV(2030 年度) とした。
- CO_2削減コストの分母 (CO_2排出削減量) は、2030 年度の CO_2の排出削減量 (非 LCA ベース) とした。

CO_2削減コスト算定式

$$CO_2\text{削減コスト} = \frac{\text{車両購入費用}+\text{燃料費用}+\text{インフラ整備費用}}{CO_2\text{排出削減量}}$$

図3.35 CO_2削減コストの試算方法

表3.21 バイオエタノールの導入にかかるCO_2削減コストの試算結果(基本ケース、最大コスト)

基本ケース

CO_2削減コスト		
電動車の導入拡大	EV	258,231円／t-CO_2
	HV	2,626円／t-CO_2
	PHV	417,154円／t-CO_2
	FCV	325,630円／t-CO_2
従来の燃費改善		−53,621円／t-CO_2
バイオエタノール(E10)の導入	従来車	34,811円／t-CO_2
	HV	34,811円／t-CO_2
	PHV	34,811円／t-CO_2

最大ケース

CO_2削減コスト		
電動車の導入拡大	EV	199,709円／t-CO_2
	HV	−998円／t-CO_2
	PHV	147,878円／t-CO_2
	FCV	277,423円／t-CO_2
従来の燃費改善		−53,621円／t-CO_2
バイオエタノール(E10)の導入	従来車	35,660円／t-CO_2
	HV	35,660円／t-CO_2
	PHV	35,660円／t-CO_2

従来車・HV・PHVへのバイオエタノール(E10)の導入は、技術的なハードルが低く、経済的にはEV・PHV・FCVに比べてCO_2削減コストが格段に低いことから、即効性がある自動車のCO_2排出削減策として有望と考えられる。

表3.19と**表3.20**で示したCO_2排出削減(可能)量を横軸とし、**表3.21**に示したCO_2削減コスト(資産値)を縦軸とするグラフを**図3.36**(基本ケース)と**図3.37**(最大ケース)に示す。こうしたグラフは「限界削減費用曲線」とも呼ばれる。

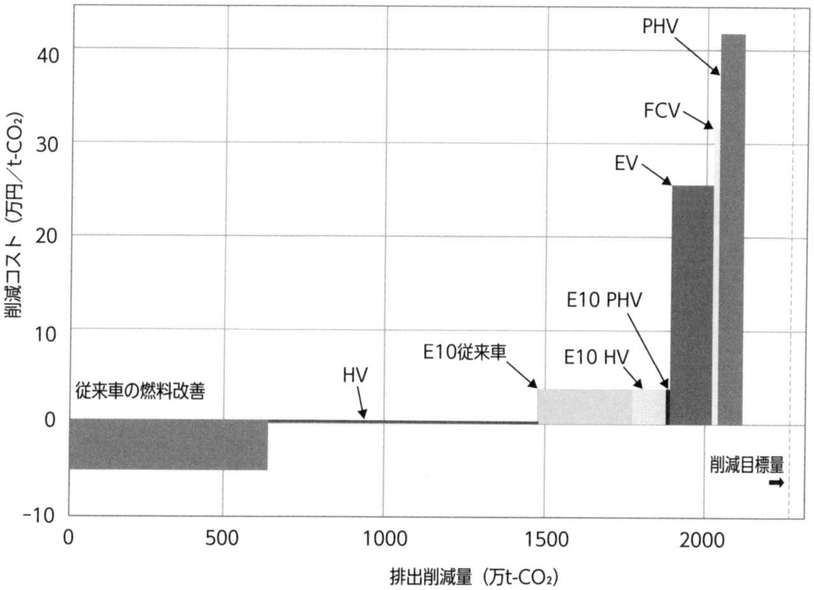

図 3.36　CO_2 排出削減量と削減コストの関係 (基本ケース)

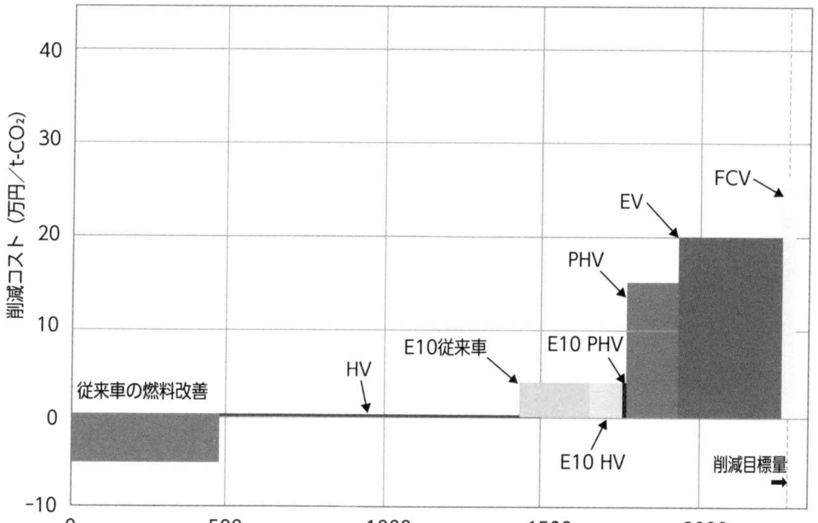

図 3.37　CO_2 排出削減量と削減コストの関係 (最大ケース)

これらの図の一番右側には、地球温暖化対策計画の「次世代自動車の普及、燃費改善等」に関する2030年度のCO_2排出削減見込量2,287万t-CO_2／年(2018年度を発射台とする政府目標量)をプロットしている。

すべての従来車、HV、PHVにE10が導入された場合、基本ケースでは、なお212万t-CO_2／年の排出削減量が不足し、最大ケースでは排出削減量は目標量を若干(66万t-CO_2／年)上回ることが、**図3.37**でも示されている。

図中の各対策の総費用は、各対策の面積(単位：t-CO_2×円／t-CO_2＝円)で表される。もっとも経済的な選択肢は「従来車の燃費改善」であり、次に経済的な選択肢はHVの導入である。ただこれら２つの対策だけでは、政府のCO_2排出削減目標を達成することはできない。

E10の従来車・HV・PHVへの導入は、これらに次いで経済的な選択肢と考えられる。一方、PHV、EV、FCVの導入は、量的にみると政府目標の達成に寄与するとはいえ、コスト的には割高な選択肢と理解することができる。

3.14 自動車のエネルギー源の脱炭素化

1 CO_2フリー電源・水素の拡大

自動車からのCO_2排出量の評価に際しては、次の3つの考え方がある。

①Tank to Wheel(TtW)
②Well to Wheel(WtW)
③LCA(Life Cycle Assessment)

①と②は自動車の使用時に必要な燃料・電力とその由来に着目する考え方だが、③のLCAは、使用時の燃料・電力だけでなく、自動車そのものの製造・輸送・廃棄・リサイクルなどにかかるCO_2排出量も考慮に入れる方法である。

LCAの対象範囲（定義）によるが、①と②（特に②）も考え方によってはLCAの一部と見ることができる。第2章では燃料（バイオエタノール）にかかる①と②をLCAとしているが、ここでは自動車のCO_2排出量評価の歴史を踏まえて、自動車そのものの製造・輸送・廃棄・リサイクルなどにかかるCO_2排出量も考慮に入れる③の方法を、LCAと表現している。

1 Tank to Wheel

Tank to Wheelは自動車の燃料タンクからタイヤを駆動するまで、一方Well to Wheelは、油田からタイヤを駆動するまでという意味である。

Tank to Wheelは、すでに燃料タンクに燃料が入っている状態から、走行時にどれだけCO_2を排出するかということである。EVであれば電池に電気が貯められた状態から、またFCVであれば水素ボンベに水素が貯められた状態から、走行時に直接的にどれだけのCO_2を排出するかを評価することである。

2 Well to Wheel

一方、Well to Wheelは、走行時に車両から直接排出されるCO_2を考えるTank to Wheelに加えて、燃料をタンクに入れるまでのCO_2の排出(Well to Tank：WtT)も考慮に入れる方法である。たとえば、油田から原油を採掘して、それを製油所に輸送して、ガソリンや軽油に精製するときに排出されるCO_2を考慮する。電気自動車であれば、発電や送電時のCO_2発生量を考慮する。FCVであれば、水素の製造や輸送・貯蔵にかかるCO_2発生量を考慮する。

3 LCA(Life Cycle Assessment)

Tank to Wheelの考え方は片手落ちであり、少なくともWell to Wheelの考え方を採る必要がある。さらに時代の流れは、燃料・電力の由来だけでなく自動車の製造時などのCO_2排出量をも加味するLCAに向かいつつある。

たとえばヨーロッパでは今後、自動車のCO_2排出量の評価方法がLCAベースの方法に変わる可能性が出てきている。2019年3月、欧州議会と欧州委員会(EC)は、自動車の製造やエネルギーの生産、走行、廃棄、再利用などのCO_2排出量の総和を評価するLCAについて検討することを当局に要請し、2023年までに結論を出す予定としている[59]。

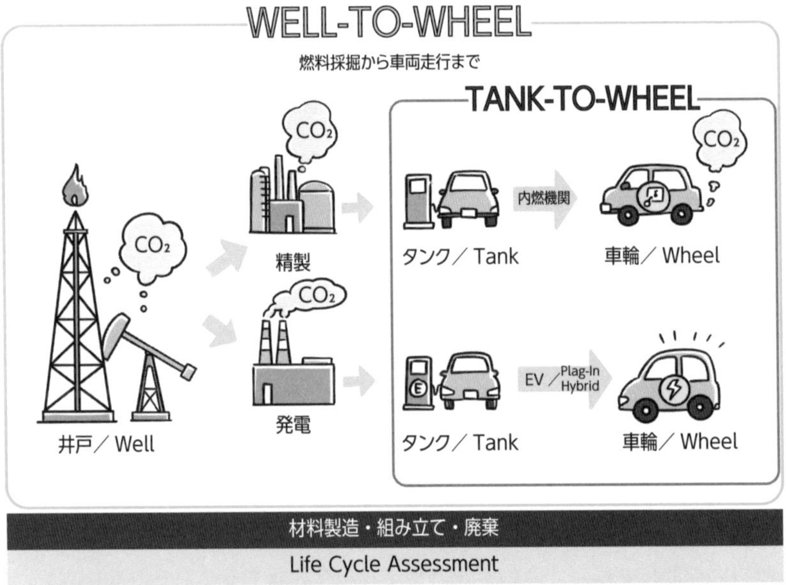

図3.38 Tank to Wheel／Well to Wheel／LCA(Life Cycle Assessment)の関係
出典：マツダ株式会社 ZOOM-ZOOM BLOG「マツダ、クルマをより魅力的にする電動化とコネクティビティの技術戦略を公表」(2018) [60]をもとに作成

こうしたLCAまたはWell to Wheelの考え方では、EV・PHVの場合は電力の脱炭素化、FCVの場合は水素の脱炭素化が重要となる。

内燃機関車(ガソリン車、HV、PHV)についていえば、燃料の脱炭素化が重要であり、カーボンニュートラル燃料であるバイオエタノールやe-fuelの開発・導入による効果が高い。

なお参考として、IEAが作成した世界の平均的な中型車に関するLCAベースのGHG排出量(2018年)を**図3.39**に示す。

内燃機関車とHVではTank to Wheelの割合が大きいが、EVとFCVではWell to Tankの割合が大きい。

またEVはLCAに関わるバッテリーの製造時の割合がほかより大きく、FCVは部品・装置の製造時の割合が大きい。

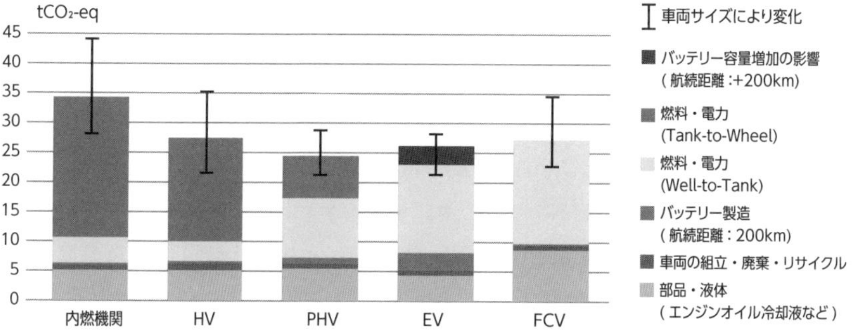

図3.39　内燃機関車と電動車(HV、PHV、EV、FCV)のLCAベースのGHG排出量
出典:国際エネルギー機関(IEA)「Global EV Outlook 2019」(2019)[61]をもとに作成

2　電力のCO_2排出係数

1 現状値

電力の使用端CO_2排出係数[25]の推移を**図3.40**に示す。電力のCO_2排出係数の現状値(2019年度)は、444g-CO_2／kWh(Well to Wheelベース)となっている。

25　**電力の使用端CO_2排出係数**　1kWhの電力を需要家が受電する際に、発電用の化石燃料の燃焼に起因するCO_2がどれだけ発生するかを表す数値である。その意味でこの数値はWell to Wheelの数値である。発電時の燃料の燃焼に起因するCO_2排出量のみを考慮しており、発電所の建設や廃棄時に発生するCO_2排出量は考慮していないため、この数値はLCAベースとは言えない。なおここでの1kWhは使用端(送電端)ベースであり、発電電力量から送電ロス分を差し引いたものである。CO_2排出係数(CO_2 Emission Factor)は、海外では炭素強度(Carbon Intensity)と呼ばれる場合がある。

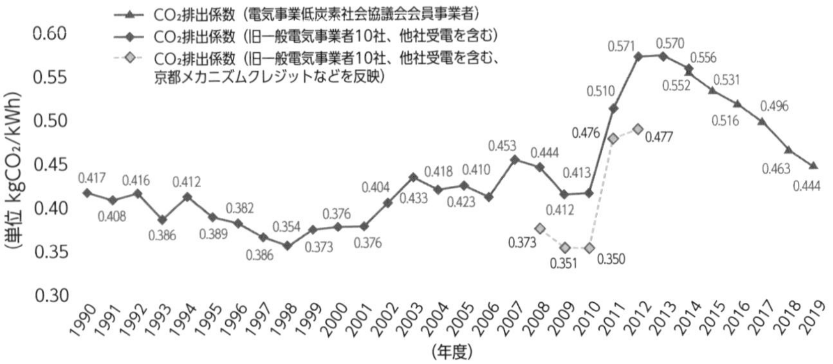

図3.40 電力の使用端CO_2排出係数の推移
出典：環境省「2019年度(令和元年度)の温室効果ガス排出量確報値について」(2021)[62]をもとに作成

② 2030年度の将来値

前回の第5次エネルギー基本計画(2018年閣議決定)および地球温暖化対策計画(2016年閣議決定)では、2030年度の電力の使用端CO_2排出係数として370g-CO_2／kWh(Well to Wheelベース)が用いられていた。

電気事業低炭素社会協議会の「電気事業における地球温暖化対策の取組み」(2019年度版)[63]では、「政府が示す2030年度の長期エネルギー需給見通しに基づき、2030年度に国全体のCO_2排出係数0.37kg-CO_2／kWh程度(使用端)を目指す」としている。

このCO_2排出係数の目標値は、経済産業省の「長期エネルギー需給見通し」[64]に沿ったものであり、2030年度の総発電電力量(10,650億kWh／年程度)に占める再生可能エネルギーと原子力発電の割合をそれぞれ22～24%、22～20%としたものとみられる。

一方、今回の第6次エネルギー基本計画(2021年閣議決定)[18]および地球温暖化対策計画(2021年閣議決定)[5]では、全電源平均のCO_2排出係数として250g-CO_2／kWhが採用されており、その背景には2030年度のゼロエミッション電源比率59%(再エネ：36～38%、原子力：20～22%)がある。

これは非常に意欲的な数値であるが、原子力の再稼働の見通しは依然として不透明であり、この数値が実際に2030年度に達成されるかどうかは不透明である。

3 水素のCO_2排出係数

水素は電力と同じく二次エネルギーであり、その供給源や変換・輸送プロセスにより、CO_2排出係数が大きく異なってくる。

水素のCO_2排出係数については、電力のように定まった値はまだなく、国の研究会[26]などにおいてさまざまな議論がなされている。

各種燃料・エネルギーの排出係数を定めた環境省「算定・報告・公表制度における算定方法・排出係数一覧」[65]でも、水素の排出係数は定められていない。

製造方法や輸送方法の違いによるさまざまな水素のCO_2排出係数を**図3.41**に示す。

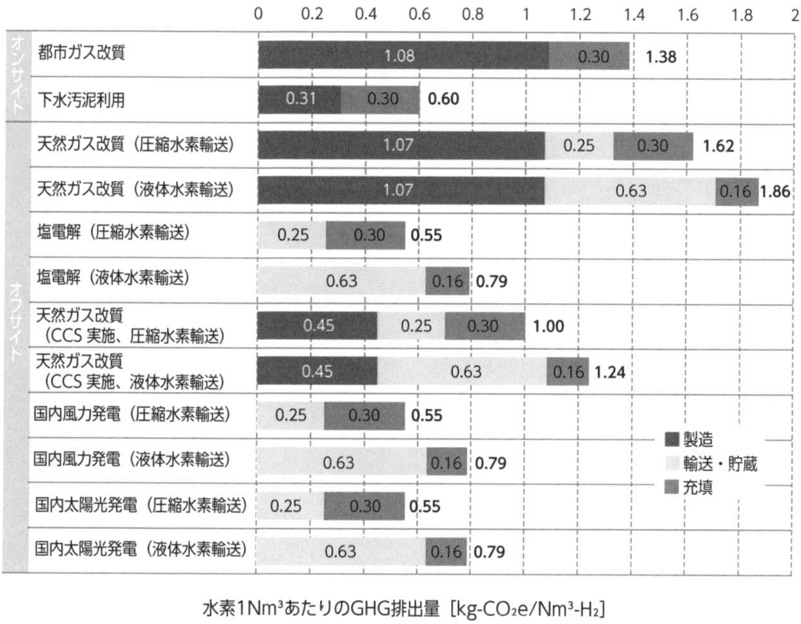

図3.41 さまざまな水素のCO_2排出係数

出典：経済産業省「水素・燃料電池戦略協議会 CO_2フリー水素WG、CO_2フリー水素WG報告書」(2017)[66]をもとに作成

26 **国の研究会** 経済産業省「水素・燃料電池戦略協議会・CO_2フリー水素WG」、環境省「水素利活用CO_2排出削減効果評価・検証検討会」などで行われている。

化石燃料の改質の場合と、再エネ電力(風力発電、太陽光発電)による水電解の場合で、排出係数が大きく異なることがわかる。

本図では、再エネ電力による水素の製造時のCO_2排出量はゼロとカウントされており、風力発電システムの製造や輸送にともなうCO_2排出量はカウントされていないが、精製された水素の輸送・貯蔵および充填にかかるCO_2排出量はカウントされている。

2030年度の水素のCO_2排出係数は、実際には上図の係数のミックスによる数値になると考えられるが、実際にどのようなミックスになるかは不透明である。本書の執筆陣の先述のシミュレーションの際には、再エネ電力で生産された圧縮水素の輸送・貯蔵および充填にかかるCO_2排出係数550g-CO_2／Nm^3を用いている。

3. 15 2050年脱炭素化に向けた自動車産業の取り組み

1 自動車産業のカーボンニュートラルに向けた方針

自動車産業は、100年に一度という大変革期を迎えている。その4つのキーワードCASE(C：コネクテッド／A：自動化／S：シェアリング／E：電動化)の方向に沿って、確実に動き始めている。

電動車、特にEV・PHVについて中国、ヨーロッパ、アメリカが先導するなか、日本メーカーもEVの強化に向けて大きな舵を取り始めている。メーカーによって方向性は若干異なり、トヨタ自動車はHV・PHV・EV・FCVの全方位戦略を採っていたが、2021年12月の説明会での発表のように、全方位の戦略は捨てないものの、これまであまり注力していなかったように見えたEVについて積極的に強化する方針に転換した。日産自動車は当面はHVとEVの2本立てで進むが、EV重視の戦略をトヨタ自動車より早く打ち出している。本田技研工業はトヨタ自動車と同様にHV・PHV・EV・FCV全方位の戦略を採ってきたが、最近クラリティFCVの年内生産停止を発表し、FCV市場からは一歩後退してEVに注力する方針を示している。

日本自動車工業会は、2021年4月に次の方向性を打ち出している[67]。

- 自工会は2050年カーボンニュートラル(CN)に全力でチャレンジする。
- CNは、画期的な技術ブレークスルーなしには達成が見通せない大変難しいチャレンジであり、安価で安定したCN電力の供給が大前提であるとともに、政策的・財政的措置などの強力な支援が必要。
- 乗用車については、2035年に新車販売で電動車100%を目指すが、強力な政策的・財政的支援が必要。(二輪車、大型車については、さらなる継続的な議論が必要)
- 電動化は、CN実現への有力な手段であるが、アプローチは1つではなく、あらゆる英知と技術を結集して取り組む必要がある。
- 走行時だけでなく製造・廃棄でのCO_2排出量が少ない車へ、LCA観点で評価する政策を要望する。
- 自動車およびその産業のCN化には、安価で安定したカーボンニュートラル電力の供給が不可欠であり、国家エネルギー戦略の変革を強く要望する。

- 自動車は、車種毎に特性、ユーザー、使われ方などが異なるため、きめ細やかな対応、政策支援を望む。
- 自動車製造拠点としての日本の国際競争力を維持強化するため、技術中立性の考え方に基づく、多様な技術(FCV、EV、CN燃料を利用した内燃エンジン（ICE：Internal Combustion Engine）など)を誘導する政策推進を要望する。
- 電動車などの研究開発、蓄電池、モータなどの研究開発、国内製造、原材料の安定調達を推進するための強力な政策支援、法整備、規制緩和などを望む。

2　自動車産業のカーボンニュートラル化の課題

日本のEVおよびPHVの新車販売台数および保有台数に占める割合は、現在極めて少なく、政府目標であるEV・PHV合計で2030年に新車販売台数の20〜30%を達成するのは、よほど強力な政策がない限り難しい可能性がある。EV・PHVの普及が日本で思うように進まない一因として、車両価格が高いことと、急速充電器がまだ少ないこと、電池の寿命などが挙げられる。EVの製造原価194万円のうちバッテリーが90万円となっており、そのコストダウンが最大の課題である。

3　バイオ燃料が果たす役割

2040年度頃までの即効性の高い中継ぎ的な地球温暖化対策計画として、E10などのバイオエタノールの導入が極めて有効と考えられる。

日本の産業政策としても、下請を含めた自動車産業の構造と規模を維持し、日本のお家芸であるHVやエンジンを捨てずに活かす戦略が必要と考えられる。

そのためには2040年頃のe-fuelの実用化を目指して、それまでは即効性の高いバイオエタノールでつなぎ、e-fuelの実用化後は、オクタン価が低くなりがちなe-fuelにバイオエタノールを混合したり、バイオエタノールをe-fuelの原料として利用したりするオプションも用意しておくという戦略が有効と考えられる。

第4章

バイオ燃料の動向と今後の可能性

第４章　概要

本章では、カーボンニュートラル社会を目指す燃料政策や業界動向と現在実施されているバイオ燃料の供給とともに、バイオエタノールの開発経緯を踏まえて解説する。

また、カーボンニュートラル燃料として今後期待される合成燃料についての国際的な動向と現時点でも有望なバイオエタノールの利用について、展開を含めて解説する。

4.1 バイオエタノールのカーボンニュートラルへの可能性

経済産業省で開かれた「経済産業分野におけるトランジション・ファイナンス推進のためのロードマップ策定検討会」における2021年12月時点での情報では、**図4.1**に示すように水素・アンモニアの推進のほかにバイオ燃料、合成燃料についてもカーボンニュートラルへの技術の道筋を定めている。

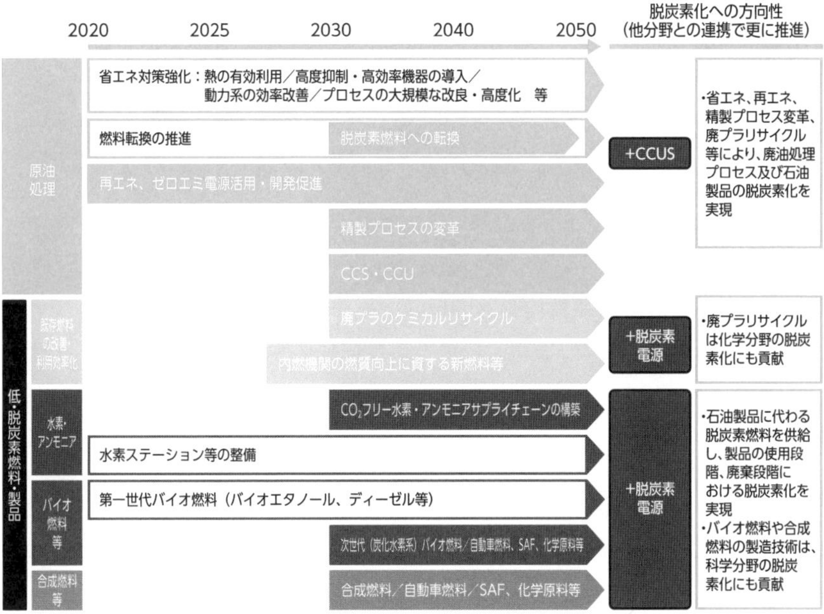

図4.1　燃料分野におけるカーボンニュートラルへの技術の道筋
出典：経済産業省「資料6『トランジション・ファイナンス』に関する石油分野におけるロードマップ(案)」(2021)[1]をもとに作成

これによると2050年まで第一世代バイオ燃料(バイオエタノール、ディーゼルなど)を引き続き導入し、2030年を目標に次世代(炭化水素系を含む)バイオ燃料の導入を開始し、第一世代と合わせて脱炭素を推進するとしている。

これまでのバイオ燃料の導入状況と2050年に向けた今後の可能性について解説する。

1 これまでのバイオ燃料の導入と今後の見通し

2章で解説したように、2011年以降の石油業界では、JBSLを主体にバイオガソリンが供給されているが、バイオ燃料の導入が検討された時点での目標設定から導入目標量の増強がなされていない。これらは石油インフラの事情からさまざまな制約があると推測される。

そもそも2010年のエネルギー基本計画(第二次改定)において、「2020年に、ガソリンの3%をバイオ燃料に代替する。次世代バイオ燃料の技術を確立することにより、2030年に最大限の導入拡大を目指す。」という野心的な目標がかかげられたわけであるが、年々ガソリン需要量の落ち込みもあり、次のように考えられていた。

> 総合資源エネルギー調査会(2012年6月)によると、ガソリン需要量は、2020年度は約4,040万kL(原油換算で3,600万kL)の見通し。バイオ燃料について、現行エネルギー基本計画による3％相当を導入した場合、約121万kLが必要となる。2030年度は約2,360万kL(原油換算2,100万kL)の見通しであり、仮に、バイオ燃料3%相当の導入を維持した場合、必要量は約70万kLまで減少する。

これらのことから2017年度までには、バイオ燃料年間約82万kL(原油換算50万kL)の導入を石油精製事業者に義務付けたとしている。

これまでは石油業界からの導入拡大への難色があったものの、2030年GHG排出量46%削減や2050年カーボンニュートラルといった今般の脱炭素への加速要求からすると、もはや「ガソリンの3%をバイオ燃料」にこだわるべきではないと考えられる。

経済産業省が示した「燃料分野におけるカーボンニュートラルへの技術の道筋」(**図4.1**参照)にもあるように、ようやく燃料の脱炭素化に関する見直しが始まったといえる。

❶資源・燃料政策の脱炭素化の方向性

経済産業省「総合資源エネルギー調査会・資源・燃料分科会　報告書」(2021年5月)によると、以下のような視点が述べられている(**図4.2**)。

視点1	2050年カーボンニュートラルの実現を目指し、脱炭素社会の実現を目指す上でも、将来にわたって途切れなく必要な資源・燃料を安定的に確保する必要がある。
視点2	カーボンニュートラルへの移行には、脱炭素燃料・技術の商用化に向けたイノベーションも含め、あらゆる選択肢を追求することが不可欠であり、中長期的な挑戦が必要。

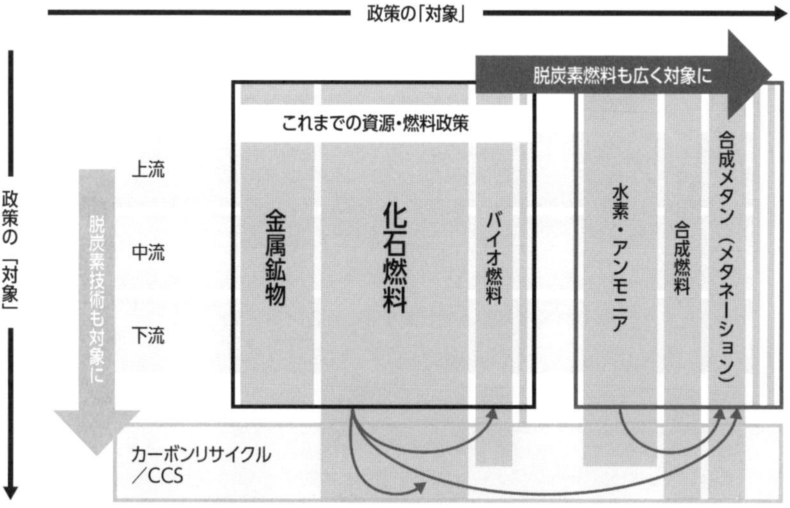

図4.2　資源・燃料政策の脱炭素化の方向性
出典：経済産業省「総合資源エネルギー調査会 資源・燃料分科会 報告書」(2021) [2] をもとに作成

この報告書によれば、中長期的な戦略として化石燃料をバイオ燃料、合成燃料と水素・アンモニア、合成メタンへシフトすることが不可欠として推進することがうかがえる。

しかしながら、バイオ燃料は安定供給の確保およびコスト低減の観点では、原料は植物や廃棄物などが中心であるため、その供給量には限界があり、今後、国際的なバイオ燃料の原料確保競争が見込まれる。バイオ燃料の導入拡大に向けては、国内外の原料の安定確保や供給拡大、持続可能性の考慮が課題となっている [2]。

特に、今後のバイオ燃料は、5章で解説する「バイオジェット燃料」を含め液体燃料をどのように活用していくかが展開の要といえる。

2 エネルギー供給構造高度化法の告示改定

高度化法におけるバイオ燃料の導入に関しては、**図4.3**(**図2.9**再掲)で示すように2018年に制定された現行の第二次告示の判断基準から2023年以降の次の判断基準を迎えることになる。

今後の改定では、バイオジェット燃料を含めたバイオ燃料としての考え方を明らかにしていくことになるが、エネルギー基本計画のGHG削減目標の大幅増加や新型コロナウイルス禍の影響でその考え方も変わってくる可能性があるので動向には注意が必要である。

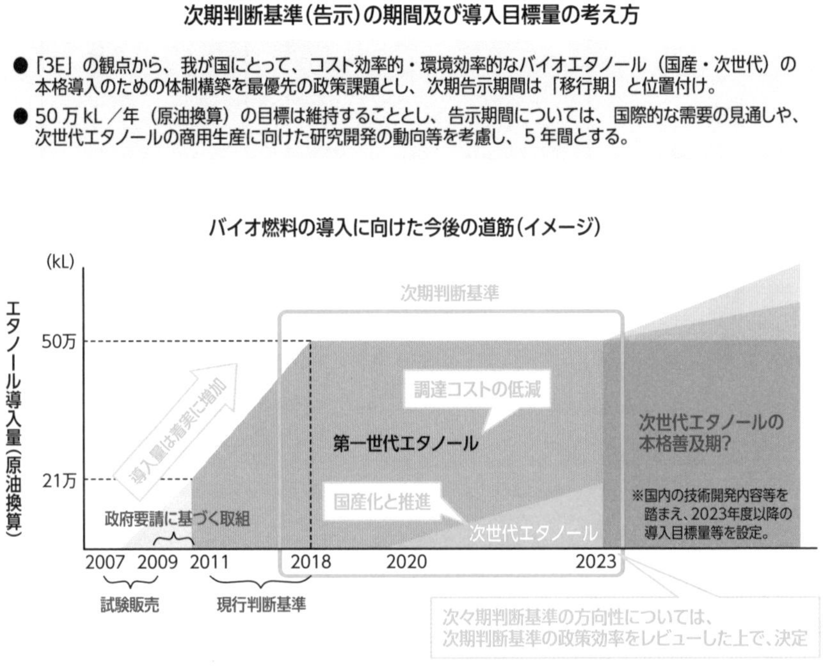

図4.3 バイオ燃料の導入に向けた今後の道筋(イメージ)
出典：経済産業省「高度化法告示におけるガソリンのGHG排出量に係る論点」(2019)[3]をもとに作成

2018年、高度化法二次告示改定時点の検討内容は**表4.1**に示す通りで、導入目標量50万kL／年は維持され、次世代エタノールと記載されたいわゆる第二世代エタノール(セルロース系由来バイオエタノール[1])の導入を視野に入れた検討がなされていた。

---

1 **セルロース系由来バイオエタノール** 非可食である草本や木質などのセルロース系バイオマスから製造されるエタノールの総称。

日本では、バイオエタノールに関し、高度化法を通じて導入を図ってきており、次世代バイオ燃料については必要性等を精査し、2020年度当初に新しい導入促進策を盛り込むこととされていた(**表4.1**)。

表4.1　二次告示に向けた検討

	一次告示 (2011～2017年度)	状況変化	二次告示 (2018～2022年度) (2018年4月制定)
導入の前提	■京都議定書を踏まえたCO_2削減対策 ■燃料の国産比率向上	■エネルギー基本計画の見直し。 ■エネルギーミックスの原則(3E)の設定。 ①自給率向上、②コスト低減、③欧米に遜色ないCO_2削減)	□3Eの原則に基づく導入
導入目標	■2017年度までに50万kL/年 ✓第一世代バイオ(食物由来) ＋次世代バイオ(非食物由来) ✓京都議定書目標達成計画における目標に準拠	■導入目標を着実に達成。一方、年間600億円規模の追加コスト。これに加えて、年間480億円の免税支援。 ■食料競合への配慮から、欧米でも第一世代バイオから次世代バイオへのシフトの動き。 ■次世代バイオについて、国産化のメドが立つ状況に。	□導入目標量は維持(50万kL/年) □国産化＋調達コスト低減 □次世代バイオの導入促進
削減基準	■温室効果ガス(GHG)を、ガソリン比50%削減 ✓欧米と同水準 ✓バイオマス発電と同等	■欧米における削減基準引上げ。 ■バイオマス発電の発電効率向上。	□削減基準を50%から55%に引上げ
調達先	■国産＋ブラジル産を想定 ✓GHG削減基準を満たしつつ、安定供給が可能なのは、当時ブラジルのみ ✓一方、安定供給の観点から、調達先の多角化を図っていくこととされた	■国産の第一世代バイオは頓挫。ブラジル産に依存。 ■一方、国産の次世代バイオは商用化の可能性。 ■米国産についても、生産効率向上等に伴い、GHG削減効果が改善し、多角化の選択肢に。	□国産の次世代バイオの導入を推進 □米国産のGHG削減効果も告示に記載
次世代バイオ	■導入量2倍カウント ✓早期商用化への政策インセンティブ	■パイロットプラントでの生産データが蓄積されつつあり、当該データを元に、政策支援のレベルを再検証すべき段階に。	□必要性等を精査した上で、2020年度当初に新しい導入促進策を盛り込み

出典：経済産業省「バイオ燃料の導入に係る高度化法告示の検討状況」(2019)[4]をもとに作成

また、二次告示の検討段階で次世代バイオ燃料については必要性などを精査し、2020年度当初に新しい導入促進策を盛り込むこととされていた。**図4.3**の中で2020年ごろから次世代エタノールが導入されることもありうるとされていた。これは2020年東京オリンピック・パラリンピックでの次世代バイオ燃料を使用することを視野に入れた計画だ[4]。

2019年に資源エネルギー庁の資源・燃料部が公開した「バイオ燃料の導入に係る高度化法告示の検討状況について」によれば、経済性に優れた次世代バイオ燃料にシフトすることや、非可食セルロースに加え、排ガスなどのカーボンリサイクル原料[2]なども対象とすることが盛り込まれており、特にCO_2削減効果の高い燃料としてバイオジェット燃料を視野に入れた検討がなされていたようである。

2　**カーボンリサイクル原料**　CO_2を資源としてとらえ、分離・回収してさまざまな製品や燃料に再利用すること。特にCO_2削減効果の高い燃料。

表4.2 次期告示に当たっての考え方

	現状の状況
海外の政策動向	■非可食などの次世代バイオの導入目標などを設定 ■EUでは化石燃料由来廃棄物・排ガスも原料として利用可能(各国の判断)。
国内需要(自動車)の動向	■長期ゴールとして2050年までに2010年比で乗用車1台あたり温室効果ガス9割削減を目指す。
国内供給(技術)の動向	■技術開発も進み、商用化の目途が立ちつつあるが、まだ商用規模の設備はなく、コストは一部不透明。
GHG評価の動向	■電力市場では非化石価値市場の運用開始済 ■GHG削減効果の算定プロセスが定まっていない。

	告示検討にあたっての考え方
方向性	□経済性に優れた次世代バイオ燃料にシフトする。
対象	□非可食セルロースに加え、排ガスなどのカーボンリサイクル原料等も対象とする。 □特にCO_2削減効果の高い燃料を対象とする。
GHG算定方法	□非化石価値市場の取引結果反映 □GHG削減効果の算定プロセスを定める必要。

出典：経済産業省「バイオ燃料の導入に係る高度化法告示の検討状況」[4]をもとに作成

③エタノール直接混合燃料の導入計画

一方、バイオエタノールの直接混合による導入については、E3、E10実証試験までにとどまり、導入には至っていないのが実態である。

第2章で述べたように沖縄でのバイオ燃料事業や大阪などでE10実証が行われ、これらに必要な施策がとられ、2012年4月の省令改正[3]でエタノール10%までの混合が認められることとなった(E10は対応車のみ給油可能)。

E3、E10実証は、技術的な成果として「E3は、他のレギュラーガソリンとまったく同様に、E10も、導入が進んでいるE10対応自動車であれば何ら変わることなく、安全に安心して利用できることが実証できた」としており、製造コストは問題ではあるがほぼすべての技術的な検証は終了している。

直接混合における供給施設からの供給体制やサービスステーションのインフラの整備などの課題もあるものの、国と業界、利用者である国民の合意形成がなされれば海外と同様なバイオエタノールの混合利用が進むものと考えられる。

これらの背景を整理したものを **図4.4** に示す(**図2.8** 再掲)。

3 **省令改正** 道路運送車両の保安基準第56条第4項の規定に基づき認定を行うE10対応車の安全の確保及び環境の保全に関する技術指針。

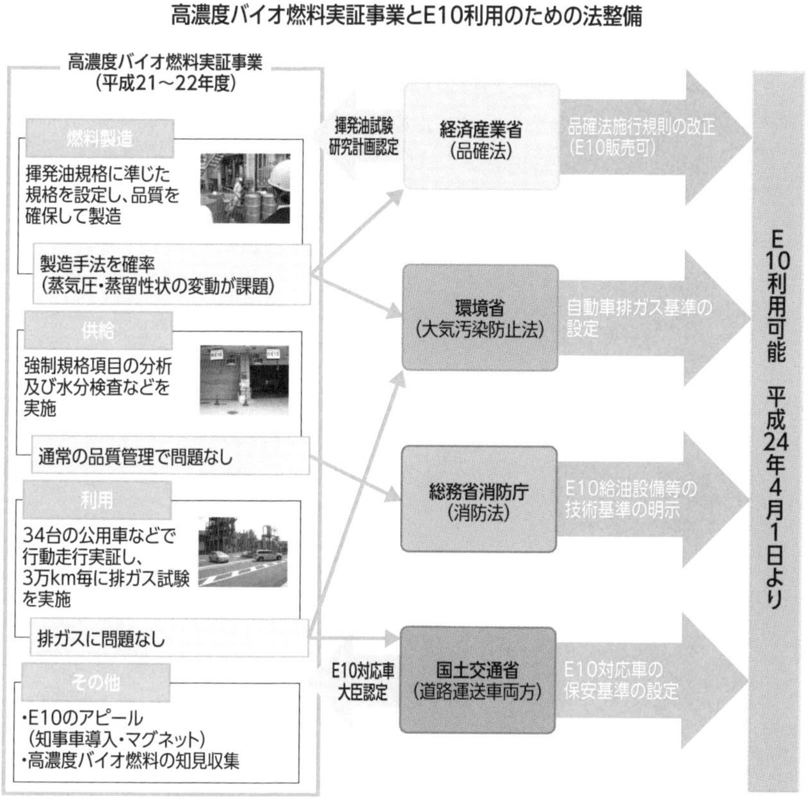

図4.4　高濃度バイオ燃料実証事業とE10利用のための法整備
出典：大阪府「E10利用のための法整備」(2012)[5]をもとに作成

むしろ2章で示したようにETBE増産による導入量の拡大は難しいが、E10での利用拡大は導入環境が整っているといえる。

高度化法では、導入促進策[4]も設定されたが、思うようにバイオ燃料生産事業者の生産コストが下がらなかった。主な要因は原料コストもさることながら、規模による生産コストメリットを得ようとすると原料確保のための生産エリアの増大にともなう搬送・搬出、受け入れ保管にかかるコストも増加することになった。原料が周年収穫可能であれば多少受け入れ保管が楽になるが、収穫時期が年間2～3か月のバイオマスの場合、保管の問題や設備の稼働期間が限定され生産コスト増の要因になる。

4　**導入促進策**　早期商業化を促進する観点から、セルロース原料のバイオエタノールについては導入量を2倍にカウントでき、バイオエタノール価格が高くてもJBSLでの高度化法の導入目標量を達成を推し進めることが可能とした。

しかしながら最近では現実的な生産の可能性として、廃棄物や残さの複合利用など、また、バイオジェット燃料としての活用のめどをつけるなど、バイオエタノールは液体燃料として今後に期待されるところが大きい。

バイオエタノールの可能性を追求した直近の経緯を次項に示す。

4.2 セルロース系バイオエタノール開発の経緯

農林水産省、経済産業省の連携によるバイオ燃料技術革新協議会にて2008年に策定されたバイオ燃料技術革新計画に基づき研究開発が推進された。食料由来の第一世代バイオエタノールに対し次世代バイオ燃料としていわゆる第二世代と呼ばれたセルロース系バイオエタノール革新技的術研究開発の推進である。

1 セルロース系バイオエタノールとは

セルロースはデンプンと同様にブドウ糖が重合した多糖類であるが、ブドウ糖の結合様式が異なり、水に溶けずに化学的な反応にも抵抗性が強い物質である。そのセルロースは、わら、農作物の皮、茎、木の葉、落ち葉、林業での間伐材、都市・農村の有機廃棄物などからの繊維に多く含まれる。しかし、これらの原料はセルロース以外に、キシロースなどのほかの糖類やテルペンなどの多種の成分を含み、リグニンと結合したリグノセルロースの状態で存在している。セルロース系バイオエタノールはそれらの複雑な物質を含む原料から生産するため、エタノール発酵される前に、トウモロコシやサトウキビといった原料より多大な前処理の労力を必要とする。

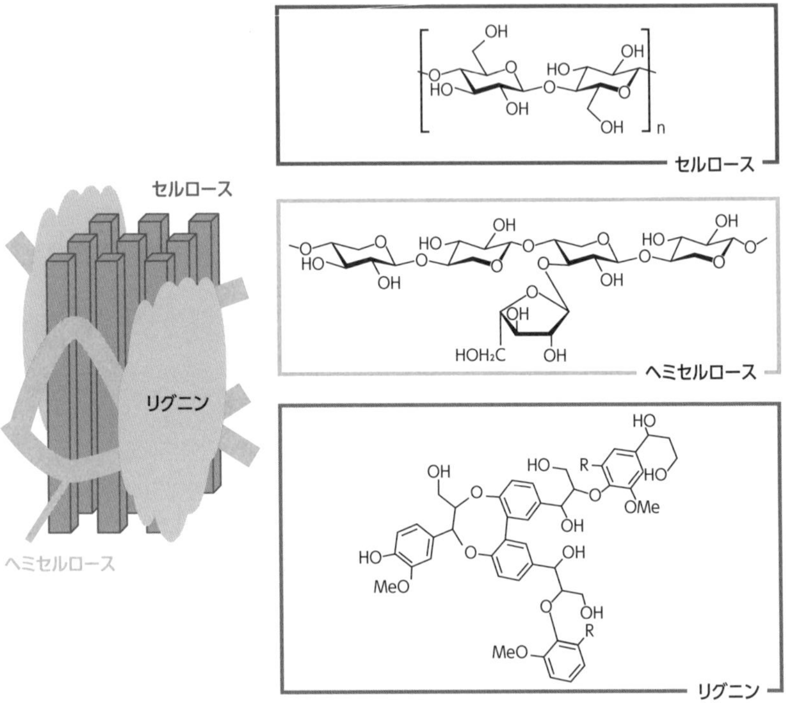

図4.5　木質バイオマスの構造

出典：岩手大学「木質バイオマスからの化学品原料合成」(2016)[6]をもとに作成

❶ セルロース系バイオエタノールのメリット

ショ糖やデンプンを原料とするバイオエタノールの次の時代の原料として、セルロース系原料が強い関心を持たれている。植物は化学的な方法で太陽エネルギーを回収・貯蔵し、セルロースに変換させる。

セルロース系バイオエタノールは、石油や天然ガスおよび原子力発電の使用量をおさえる可能性を持つ次世代エネルギーとして注目されている。セルロース系バイオエタノールの導入によって、混合ガソリンとの比較でGHGの排出量を大きく引き下げることができる。

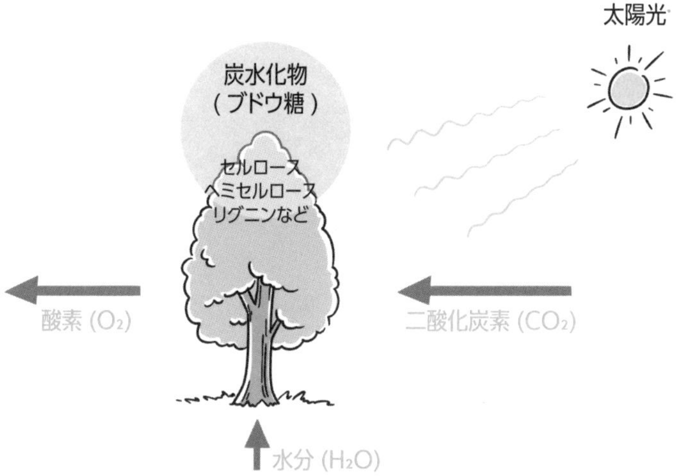

$$CO_2 + 12H_2O + 688\text{kcal} \rightarrow C_6H_{12}O_6 + 6O_2 + H_26O$$

図4.6　植物の生命活動
出典：那須緑地株式会社「地球環境　植物の生命活動」[7]をもとに作成

②セルロース系原料の前処理法

セルロース系原料である草や樹木のリグノセルロースはもっとも豊富な植物材料源だが、強靭な構造によりその利用や応用が制限される。そのため、セルロースをリグニンによる閉じ込めや結晶体構造から解放し、そのあとの加水分解ステップのための前処理が必要となる。従来の前処理の大半では物理的か化学的な方法が用いられている。リグノセルロース分解の効率を上げるためには、これら物理的前処理および化学的前処理を同時に行うのが有効である。物理的前処理は通常はセルロース繊維を給水させることによってバイオマスの物理的容積を縮小する。化学的前処理では化学的な障害を取り除き、酵素をセルロースに接触させ、微生物反応を起こす。

前処理技術の一例として、国立研究開発法人産業技術総合研究所で開発された「リグノセルロースの前処理・糖化技術」の概要を**図4.7**に示す。

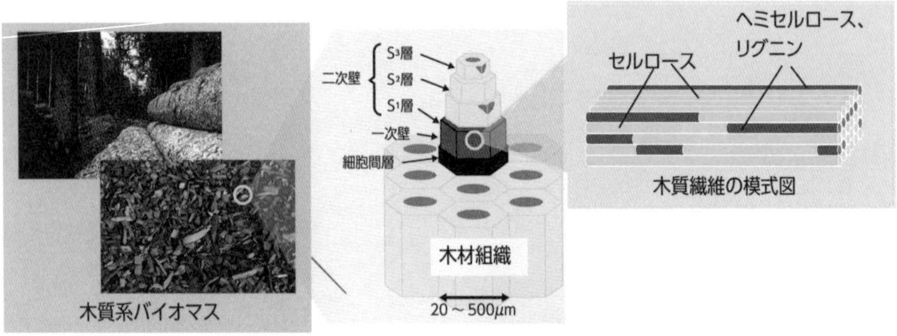

木質系バイオマスはリグニンセルロースが主成分。
セルロース、ヘミセルロース、リグニンが強固に結合した構造。

種類	針葉樹（スギ）	広葉樹（ユーカリ）	稲わら
セルロース	50%	50%	45%
ヘミセルロース	15%	25%	30%
リグニンほか	35%	25%	25%

セルロース

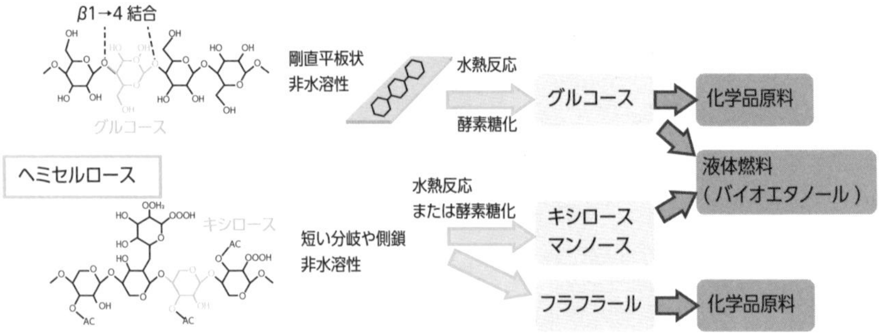

図4.7 リグノセルロースの前処理・糖化技術
出典：国立研究開発法人産業技術総合研究所「産総研 TODAY 2013-06」(2013) [8] をもとに作成

3 セルロース系原料のバイオエタノール発酵

前処理したリグノセルロースを利用してバイオエタノールを生産するプロセスは酵素分解とガス化の2種類ある。酵素を利用したエタノール生産では、セルロース分解酵素を用いてセルロースを糖類に加水分解し(セルロース分解とも呼ばれる)、非分解物(特にリグニン)から糖溶液を分離させる。そしてその糖溶液を微生物発酵させて生産されたエタノールを蒸留する。ガス化プロセスでは、高温下で分解することによってリグノセルロース原料を気体の一酸化炭素と水素ガスに変換する。これらのガスは発酵または化学触媒によってエタノールに変換することができる。

一般的な酵素分解によるバイオエタノール製造方法を**図4.8**に、ランザテック、積水化学によるガス化によるバイオエタノール製造を**図4.9**に示す。

ガス化によるバイオエタノール製造では原料としてごみを用いており、詳細については後述する。

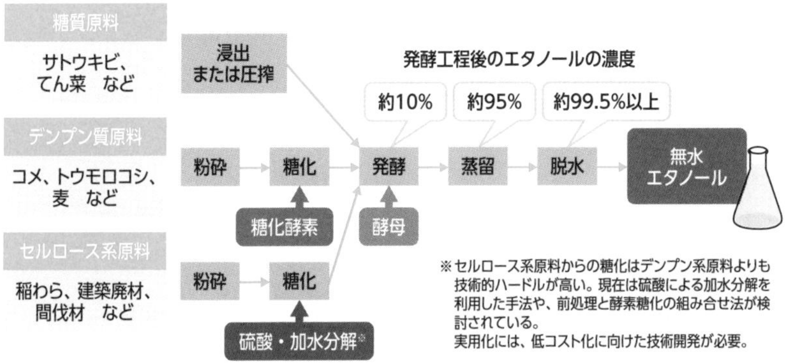

図4.8　セルロース系原料からのバイオエタノール製造方法

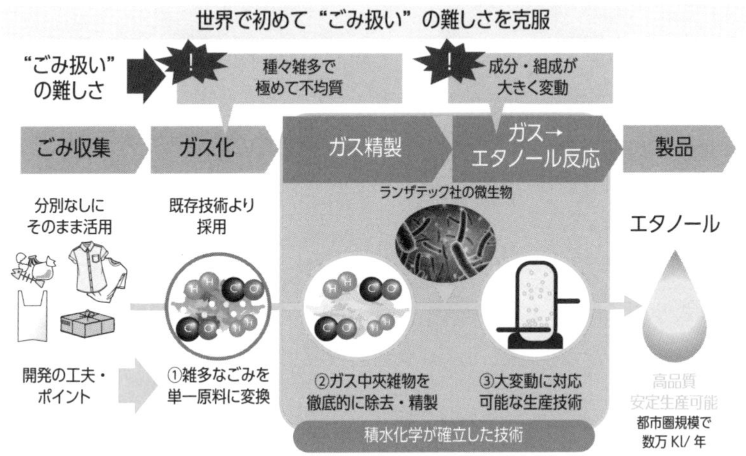

図4.9　廃棄物からのバイオエタノール製造方法

出典：積水化学工業株式会社「“ごみ”を“エタノール”に変換する世界初の革新的生産技術を確立」(2017)[9]をもとに作成

2 NEDOにおけるセルロース系エタノールの研究開発

NEDOでは、第二世代バイオエタノールの研究開発を実施してきた。

①セルロース系エタノール革新的生産システム開発事業(2009～2013年)

事業の概要を以下に示す（**図4.10**参照）[10]。

「バイオ燃料技術革新計画」における技術革新ケース(2015～2020年においてバイオエタノール製造コスト40円／L、年産10～20万kL規模、CO_2削減率5割以上(対ガソリン)、化石エネルギー収支[5]の2以上)の実現に向けて、食料と競合しない草本系または木質系バイオマス原料からのバイオエタノール生産について、大規模安定供給が可能なセルロース系目的生産バイオマス[6]の栽培からエタノール製造プロセスまでの一貫生産システムを構築し、研究開発を実施することにより環境負荷・経済性等を評価する。

下記の2つの事業(草本系と木本系)が採択された。

①セルロース系目的生産バイオマスの栽培から低環境負荷前処理技術にもとづくエタノール製造プロセスまでの低コスト一貫生産システムの開発
②早生樹からのメカノケミカルパルピング前処理によるエタノール一貫生産システムの開発

②セルロース系エタノール生産システム総合開発実証事業(2014～2019年)

①の後継事業（**図4.11**参照）で、2つの事業が採択され、3節に示す生産技術開発に向け、パルプや廃棄物系で事業性を検証し、一定の成果を達成した[11]。

5 **化石エネルギー収支**　化石エネルギー収支＝(生産されたエネルギー量：MJ)／(ライフサイクルで投入された化石エネルギー量：MJ)。
6 **セルロース系目的生産バイオマス**　多収量草本系植物（エリアンサス、ミスカンサス、ソルガム、ススキ、ネピアグラス、スイッチグラス等）および早生樹（ヤナギ、ポプラ、ユーカリ、アカシア等）のことで、食料として供給される作物(イネ、サトウキビなど)や副生的に発生するバイオマス(稲ワラ、麦ワラ、バガス、間伐材、林地残材など)を除く。

①木質バイオマスを原料とする日本の持続可能性基準に適合するセルロース系エタノールの一貫生産技術開発および事業性評価(2015～2017年)

②パルプを用いた水蒸気爆砕法によるバイオエタノール生産に関する技術開発および事業性評価(2015～2019年)

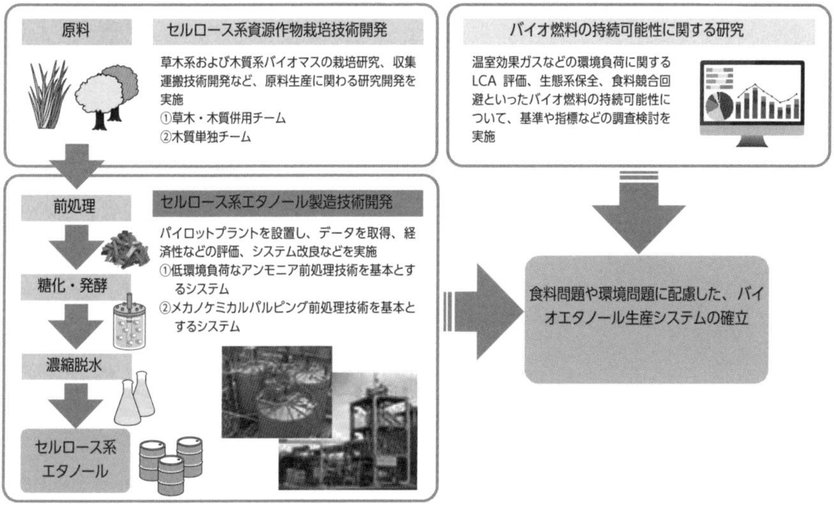

図4.10　セルロース系エタノール革新的生産システム開発事業

出典：新エネルギー・産業技術総合開発機構(NEDO)「セルロース系エタノール革新的生産システム開発事業：事業・プロジェクト概要」(2020)[12]をもとに作成

図4.11　セルロース系エタノール生産システム総合開発実証事業

出典：新エネルギー・産業技術総合開発機構(NEDO)「セルロース系エタノール生産システム総合開発実証事業：事業・プロジェクト概要」(2020)[13]をもとに作成

4.3 国内で進行中のバイオエタノール生産技術開発

2節で解説した第二世代バイオエタノール開発の時代から次のステージとして、広い意味でのバイオ燃料の推進が始まっている。

そのバイオ燃料の生産技術は、経済的な合理性から原料の収集・運搬コストを抑えるため、目的生産バイオマス[7]から残渣や廃棄物系バイオマスを原料としたバイオエタノールの開発である。

1 セルロース系原料の新たな発酵法

従来のセルロース系原料からのバイオエタノール生産には、リグノセルロースの前処理が必要であり、前処理によって生じるそのあとの微生物発酵の阻害物質による発酵阻害や、ブドウ糖と同時に発生するキシロースなどの未利用糖の残存が大きなネックとなっている。

そこで公益財団法人地球環境産業技術開発機構(以降、RITE)では、ブドウ糖以外の糖を分解できる微生物を利用し、さらにその微生物を増殖させないRITEプロセスを開発している。このプロセスでは、発酵阻害物質の濃度が増えてもバイオエタノールの生産性は減少しない。

セルロースなどの非可食バイオマス原料の分解では、C6糖(6個の炭素からなる)のブドウ糖だけではなく、C5糖(5個の炭素からなる)のキシロースやアラビノースが多く生成される。一般的に微生物は、ブドウ糖を効率よく利用するが、キシロースやアラビノースを利用することができない。RITEプロセスでは、微生物を改変し、C5糖を体内に取り込むことを可能にし、ブドウ糖、キシロース、アラビノースをほぼ同じ速度で利用することを可能とした。また、非可食バイオマスを前処理する際に生じる、フェノール類のような発酵阻害物質は非常に毒性が強く、微生物の増殖を阻害するが、RITE プロセスは微生物を増殖させないようにして、これらの発酵阻害にほとんど影響を受けないようにしている。そのため、発酵阻害物質の濃度が増えてもRITE バイオプロセスの場合、生産性は減少

7 **目的生産バイオマス**　食料と競合せず、大規模安定供給が可能で、バイオエタノール生産に特化した目的で栽培 するセルロース系バイオマスを示す。したがって、食料に供給される作物（イネ、サトウキビなど）や副生的に発生するバイオマス（稲ワラ、麦ワラ、バガス、間伐材、林地残材など）を除く。

しない。RITEでは、この技術を用いてバイオ燃料やグリーン化学品の生産を行っている。

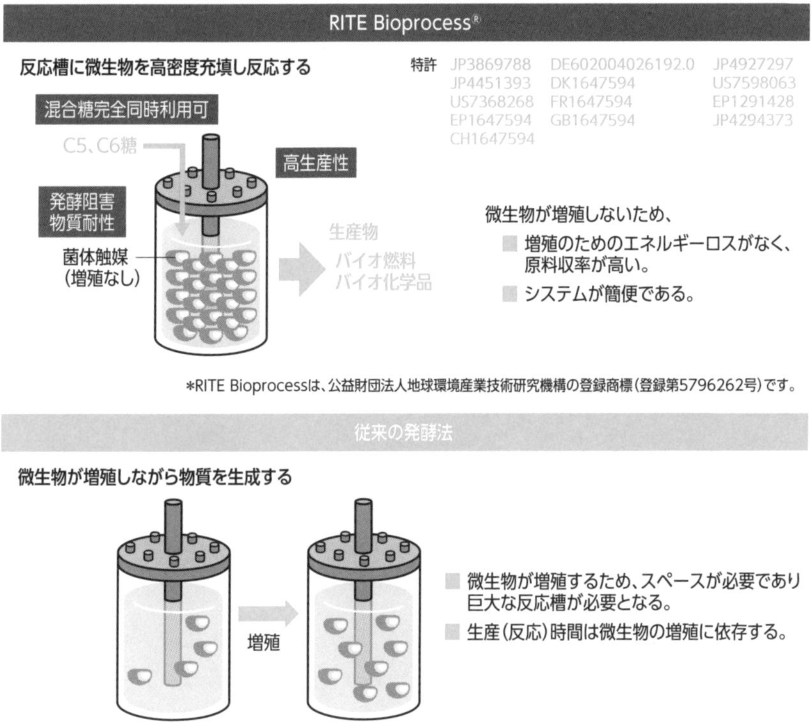

図4.12　RITEバイオプロセス（増殖非依存型バイオプロセス）の特徴
出典：公益財団法人地球環境産業技術研究機構（RITE）
研究活動概説「持続可能な社会の実現を目指したグリーンバイオプロセスの開発」(2019) [14] をもとに作成

2　ごみからのバイオエタノール生産

ごみ処理施設に収集されたごみをガス化し、このガスを微生物により、熱・圧力を用いることなくエタノールに変換させる生産技術が開発されている。積水化学工業とアメリカのLanzaTech社は、ごみからエタノール生産を行う微生物培養のコントロール技術を確立した。2022年度に岩手県久慈市の実証プラントで1／10スケールでの実証事業を開始しており、自治体や廃棄物処理会社、資源循環取組企業などとの協議を進め、2025年度頃の商用初号機導入を目指すとしている（**図4.13**／**図4.9**再掲）。

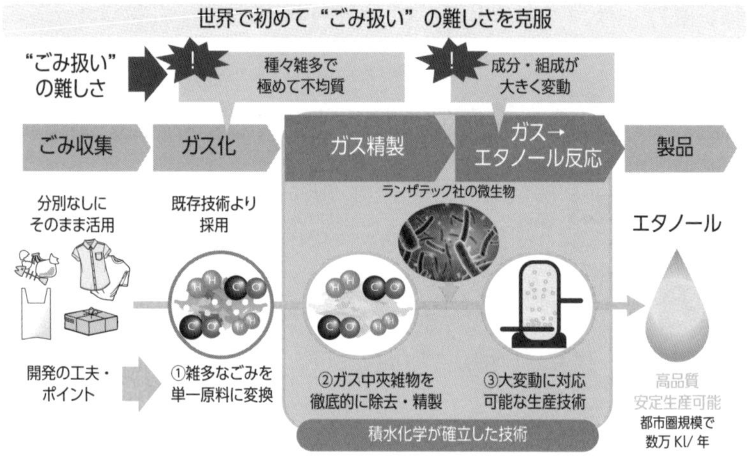

図4.13 ごみからバイオエタノールを製造プロセスと工夫内容
出典：積水化学工業株式会社「新着情報」(2017年12月6日)[10]をもとに作成

また、凸版印刷とENEOSは凸版印刷グループの工場や自治体、企業から排出される難再生古紙やシュレッダー紙、将来的にはセルロース系廃棄物から効率的にバイオエタノール製造を可能にすることを目指している。そのため、古紙の前処理後にENEOSが王子ホールディングスと共同開発したセルロース系バイオエタノール製造技術を活用(2節 2 の研究を継承)する。この生産プロセスは、従来のバッチ式[8]ではなく、製造工程で原料をつぎ足しながらエタノール抽出する連続生産プロセスで、副生成物として発生するCO_2は分離・回収して有効活用する。

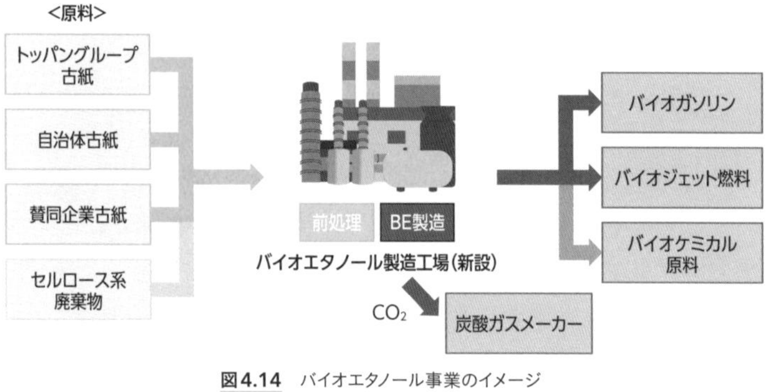

図4.14 バイオエタノール事業のイメージ
出典：凸版印刷株式会社・NEWS RELEASE「凸版印刷とENEOS、古紙バイオエタノール事業で協業検討開始」(2021)[15]をもとに作成

8 **バッチ式** 1つの反応装置で原料の投入、処理、生成物の取り出しといった工程を順に行う方式。一方、連続式は各工程を同時に行う方式のこと。

3 廃棄物からのバイオエタノール生産

2節の 2 で示したプロジェクトでは、古紙やコーヒーかす、廃菌床などのセルロース系の廃棄物を原料とするバイオエタノール生産が、Biomaterial in Tokyo(bits)や王子製紙などによって開発されている。この技術も水蒸気爆砕[9](200℃、20分)、連続・液化工程(固形分濃度20～25%)、連続・糖化工程(固形分濃度20～25%)を経て、酵母による連続・発酵工程によってエタノールを生産する。

図4.15 バイオエタノール生産パイロットプラント
出典：新エネルギー・産業技術総合開発機構(NEDO)・NEDO研究評価委員会「セルロース系エタノール生産システム総合開発実証事業」(2020)[16]

4 セルロース系バイオエタノール導入への道筋

セルロース系バイオエタノール生産については、古紙やごみ、廃棄物などを原料とした技術の開発が進んでいる。しかし、2030年GHG排出量46%削減や2050年カーボンニュートラルといった喫緊の課題を解決するためのバイオエタノールの利用という面からは、すでに実用化されているトウモロコシやサトウキビを原料とするバイオエタノールの迅速な導入が望ましい。このようなバイオエタノールの導入によって、周辺の技術、環境、インフラの整備が進み、セルロース系エタノール生産が本格化した際に、その導入がスムーズに運ぶことが期待される。

9 **水蒸気爆砕** 木質チップなどを耐圧容器に入れ、高温高圧の水蒸気で蒸煮し、一気に圧力を開放して粉砕することによって、リグニン、セルロース、ヘミセルロースに分離する技術。

4.4 〉合成燃料とバイオ燃料

これまでにEVのような大幅なインフラ改変を要求する脱炭素技術に対し、バイオ燃料は社会インフラそのものへの影響は少ないと考えられる。既存石油流通インフラを活用できる脱炭素をめぐる対策では、合成燃料(e-fuel)による可能性があり、**図4.1**で示したように2030年に合成燃料が普及開始するまではバイオ燃料がその位置づけにあり、共存して2050年を迎えると考えられる。これらについて現行の考え方を整理する。

1 カーボンリサイクルロードマップ

「2050年カーボンニュートラルに伴うグリーン成長戦略」の策定にともない、「カーボンリサイクル技術ロードマップ」が改訂され、実現に向けた「CO_2等を用いた燃料製造技術開発プロジェクト」(2021年10月、資源エネルギー庁)が立ち上げられ、カーボンリサイクルの推進をはかることとしている。

カーボンニュートラルに必要不可欠なカーボンリサイクルとは、CO_2を資源として捉え、これを分離・回収し、鉱物化によりコンクリートなど、人工光合成などにより化学品、メタネーションなどにより燃料へ再利用し、大気中へのCO_2排出を抑制する技術である(**図4.16**)。

これらの技術のうち、燃料の分類に着目すると、液体燃料①に合成燃料が、液体燃料③バイオ燃料(エタノールなど)が位置付けられている。

液体燃料①	合成燃料	e-fuel・SAF(Sustainable Aviation Fuel)
液体燃料②	微細藻類 バイオマス燃料	SAF・ディーゼル
液体燃料③	バイオ燃料 ※微細藻類由来を除く	MTG(methanol-to-gasoline)、エタノールなど
ガス燃料		メタン、プロパン、ジメチルエーテル

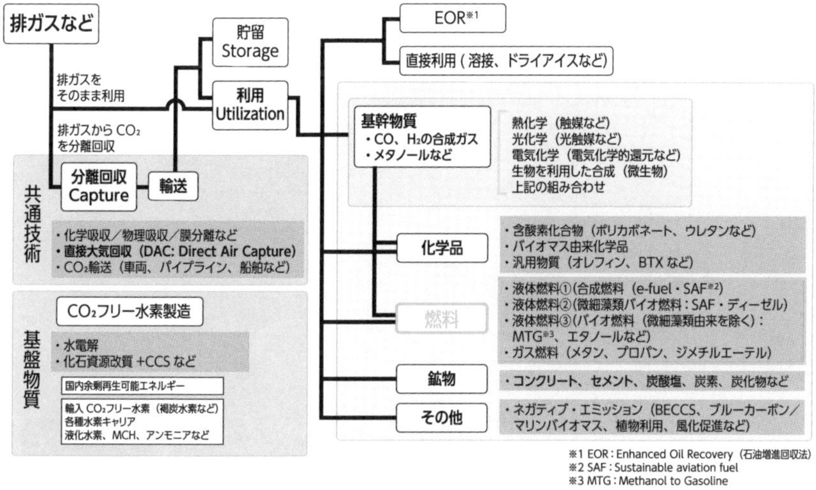

図4.16　カーボンニュートラルに必要不可欠なカーボンリサイクル
出典：経済産業省「カーボンリサイクル技術ロードマップ」(2021)[17]をもとに作成

2　合成燃料の定義

CO_2などを用いた燃料製造技術開発プロジェクトでの「合成燃料の定義」は、以下のように定義され推進されている(合成燃料の用途は、**図4.15**参照)。

定義1	本プロジェクトで対象とする合成燃料とは、CO_2(二酸化炭素)とH_2(水素)を合成[10]して製造される燃料である。この混合物は、複数の炭化水素化合物の集合体、いわば“人工的な原油”である。
定義2	合成燃料は、原料となるH_2の製造過程でCO_2が排出されることがないよう、再生可能エネルギー由来電力などで水電解を行ってH_2を調達することが基本となる。これは、化石燃料からCO_2を分離・貯留したH_2(ブルー水素)を原料とした場合、化石燃料からCO_2を分離した後に、再び別に回収するCO_2と合成をすることとなり、製造プロセスとして非効率となるからである。

10　**CO_2・H_2合成**　FT合成(Fischer-Tropsch合成)が一般的で、合成ガス(一酸化炭素と水素の混合ガス)から軽油など石油代替燃料および化学品を合成する触媒反応、ここではFT合成、FT反応と記す。

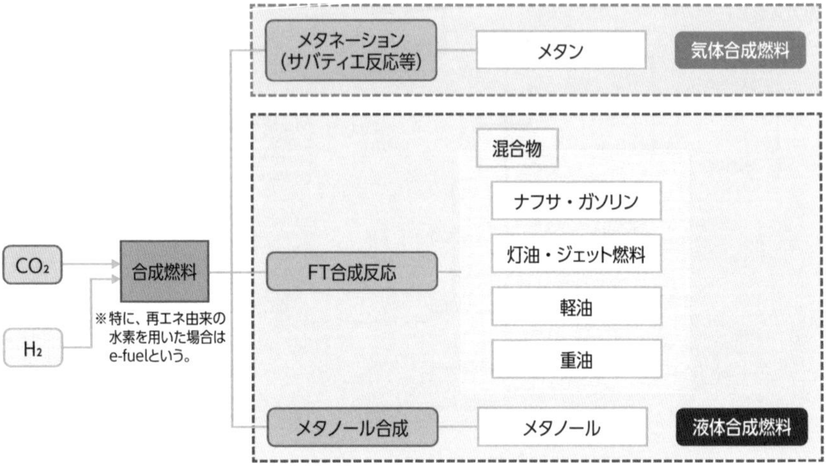

図4.17　合成燃料の用途

出典：経済産業省・合成燃料研究会「中間取りまとめ」(2021年5月) [18] をもとに作成

3　合成燃料とCO_2排出との関係

この技術開発では、CO_2を原料とした合成燃料は、発電所や工場などから排出されたCO_2や、将来的にはDACによって大気中から回収されたCO_2を再利用(カーボンリサイクル)することから、カーボンニュートラル燃料とみなすことができる。

さらに、合成燃料は、原油に比べて硫黄分や重金属分が含まれていないとの特徴があり、排出ガス中に健康影響リスクのあるSOxを含まないなど、クリーンな燃料である(**図4.18**参照)。

このような考え方による燃料製造技術であるが、工場から排出されるCO_2による回収を認めていることについては国際的な解釈とは異なるので注意が必要である。

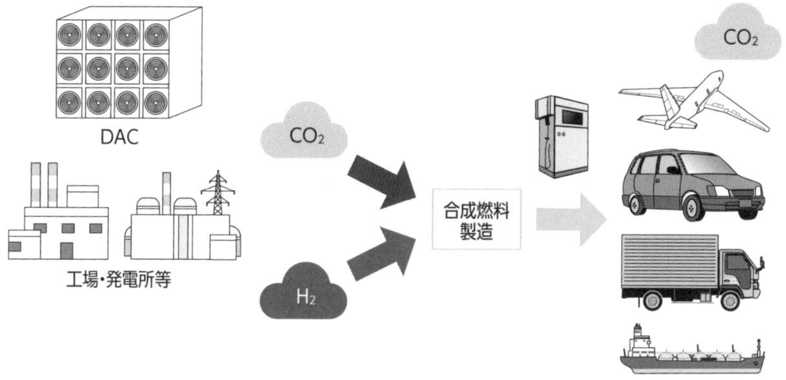

図4.18　合成燃料におけるCO_2の再利用のイメージ
出典：経済産業省「CO_2等を用いた燃料製造技術開発」プロジェクトの研究開発・社会実装の方向性(2021)[19]をもとに作成

4　液体燃料の必要性

液体燃料である合成燃料は、化石由来のガソリンや軽油などと同様に、エネルギー密度が高く、可搬性に優れている。たとえば、大型車やジェット機が電動化・水素化したことを想定すると、液体燃料と同様の距離を移動するためには、液体燃料よりも高容積の電池・水素エネルギーが必要となる。

こうした液体燃料は、電気・水素エネルギーへの代替が困難なモビリティ・製品がある限り、存在し続けるために重要である。

また、合成燃料は、レジリエンスの観点からは、化石燃料同様、積雪により停電が発生した地域への燃料配送の継続や、高速道路で立ち往生した自動車に対しても給油することが可能である。加えて、災害対応機能を有するサービスステーション（SS）などの既存の燃料供給インフラの活用や既存タンクを活用した備蓄が可能であるなどの特徴がある。

エネルギーセキュリティの観点からは、合成燃料は国内で工業的に大量生産することができること、常温常圧で液体であるため、水素などほかの新燃料に比べて長期備蓄が可能であることといった優位性がある。

5 石油精製業の新たな燃料供給

石油業界のカーボンニュートラルに向けたビジョン(目指す姿)2021年4月[20]によると、カーボンニュートラルに向けた製品の脱炭素化イメージとして次のような戦略をかかげている(**図4.19**)。

> 2050年カーボンニュートラル実現に向け、CO_2フリー水素、バイオマス(持続可能なもの)、回収CO_2などを活用する「革新的技術開発」に取組み、生産する製品を、カーボンニュートラルなものにシフトしていきます。

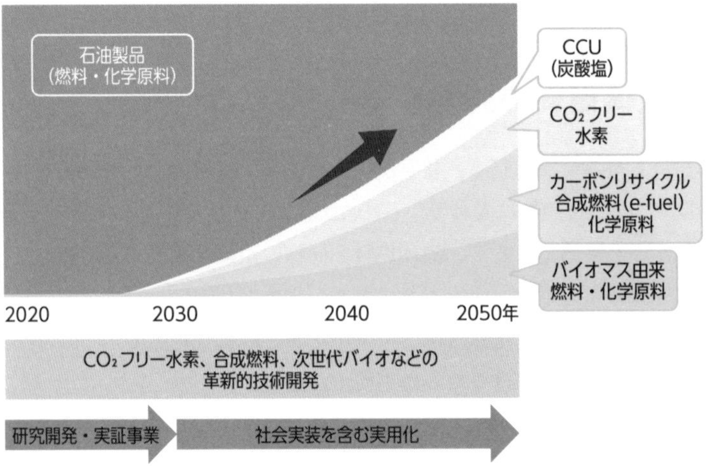

図4.19 カーボンニュートラルに向けた製品の脱炭素化イメージ
出典:石油連盟「石油業界のカーボンニュートラルに向けたビジョン(目指す姿)」(2021年4月)[20]をもとに作成

合成燃料は、既存の燃料インフラを活用できるため、石油精製業のみならず幅広い関連業種にとって、水素などのほかの新燃料に比べて導入コストをおさえることができるので、導入のポテンシャルは高い。

特に石油精製業は、国内の石油需要の減少にともない、精製設備能力の削減が求められるとともに、削減で余剰となったアセット(タンク、土地、人材など)を活かした新規事業への取組が迫られている。こうした中で、既存インフラを活用できる合成燃料の導入は石油精製業にとってもメリットがある。

このような背景からも合成燃料は石油精製においても新たな燃料供給へのチャレンジとして期待されるところである。新たな展開を**図4.20**に示す。

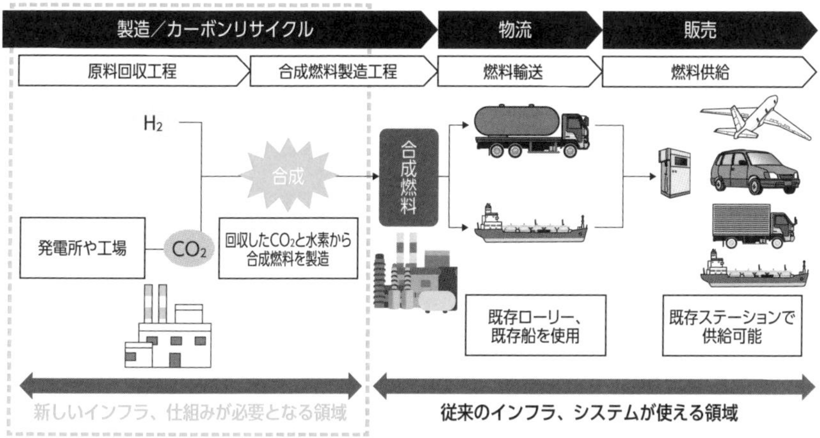

図4.20　石油精製業への新たな展開
出典：経済産業省「CO_2等を用いた燃料製造技術開発」プロジェクトの研究開発・社会実装の方向性」(2021) [21] をもとに作成

6　最新の合成燃料の研究開発

❶ NEDOの研究

NEDOでは、「2050年カーボンニュートラルに伴うグリーン成長戦略」の策定にともない、CO_2を原料としたカーボンリサイクル液体合成燃料製造技術の研究開発(2020年度～2024年度)の事業を立ち上げている。

カーボンニュートラルの実現にはCO_2を回収・貯留して利用する仕組みの確立が不可欠であり、中でもCO_2を原料とする液体燃料の製造技術は、CO_2を有効利用する手法の1つとして注目している。

ただ、液体燃料は既存の石油サプライチェーンで供給できるため新たなインフラ整備が容易である半面、製造面では生産効率の低さやコストの高さといった課題があり、普及に向けては官民が一体となって技術開発に取り組む必要があるとしている。

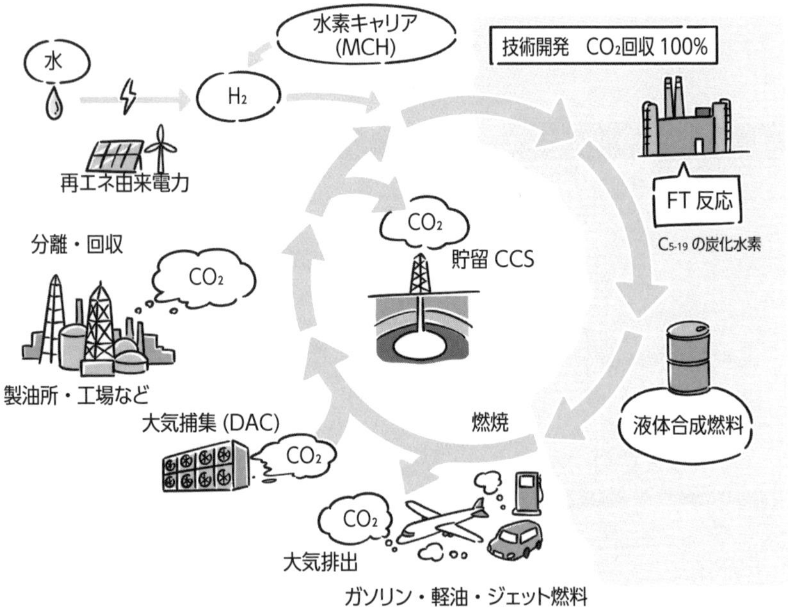

図4.21　CO_2から液体合成燃料を製造するイメージ
出典：新エネルギー・産業技術総合開発機構(NEDO)
「CO_2からの液体合成燃料一貫製造プロセス技術の研究開発に着手―ガソリン・軽油・ジェット燃料を代替し、温室効果ガスの大幅削減を目指す―」(2021年2月22日)[22]をもとに作成

この事業では、1グループによる以下の2テーマが採択され推進されている。

①次世代FT反応の研究開発
②再エネ由来電力を利用した液体合成燃料製造プロセスの研究開発

CO_2を原料とした化学品製造の実現や炭化水素製造にもっとも親和性が高いと考えられるFT反応の次世代技術開発と液体合成燃料一貫製造プロセスの構築と最適化、さらに将来のスケールアップに向けた研究開発(ENEOSほか7社)が行われている。

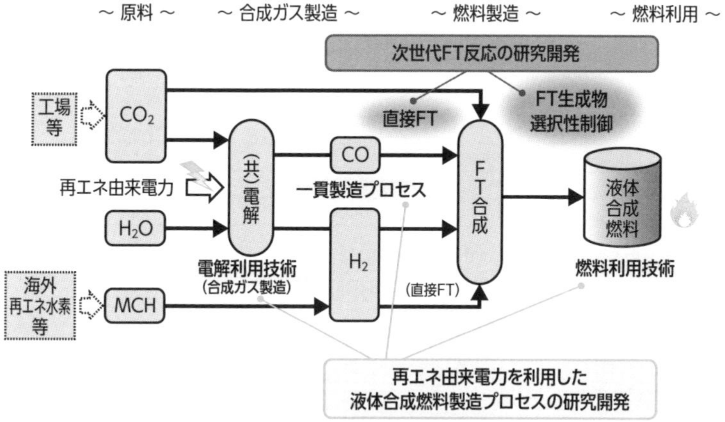

図4.22 研究開発の概要
出典：新エネルギー・産業技術総合開発機構(NEDO)ニュースリリース「CO_2からの液体合成燃料一貫製造プロセス技術の研究開発に着手―ガソリン・軽油・ジェット燃料を代替し、温室効果ガスの大幅削減を目指す―」(2021年2月22日)[23]をもとに作成

②経済産業省／NEDOグリーンイノベーション基金事業

グリーンイノベーション基金事業により、NEDOに2兆円の基金を造成し、官民で野心的かつ具体的な目標を共有した上で、これに経営課題として取り組む企業などに対して、10年間、研究開発・実証から社会実装までを継続して支援する。具体的なプロジェクトの2021年12月14日時点の進捗状況を**表4.3**に示す。

この中で、「⑧CO_2等を用いた燃料製造技術開発」で合成燃料や次世代燃料が今後推進される。推進される次世代バイオ燃料の概念を**図4.21**に示す。

次世代バイオ燃料はSAF(持続可能な航空燃料)としての活用が期待されているが、原料制約の観点から、1つの原料・技術に限定することなく、さまざまな原料からSAFを製造するための技術開発が進めされている。

表4.3　グリーンイノベーション基金プロジェクトの進捗状況

（2021/12/14時点）

分野	プロジェクト名	進捗状況	基金拠出額上限（億円）
グリーン電力の普及促進	① 洋上風力発電の低コスト化	審査中	1,195
	② 次世代型太陽電池の開発	審査中	498
エネルギー構造転換	③ 大規模水素サプライチェーンの構築	採択済	3,000
	④ 再エネ等由来の電力を活用した水電解による水素製造	採択済	700
	⑤ 製鉄プロセスにおける水素活用	審査中	1,935
	⑥ 燃料アンモニアサプライチェーンの構築	審査中	688
	⑦ CO_2等を用いたプラスチック原料製造技術開発	公募中	1,262
	⑧ CO_2等を用いた燃料製造技術開発	WG審議中	調整中
	⑨ CO_2を用いたコンクリート等製造技術開発	公募中	567.8
	⑩ CO_2の分離・回収等技術開発	WG審議中	調整中
	⑪ 廃棄物処理のCO_2の削減技術開発	WG準備中	調整中
産業構造転換	⑫ 次世代蓄電池・次世代モーターの開発	公募中	1,510
	⑬ 電動車等省エネ化のための車載コンピューティング・シミュレーション技術の開発	WG審議中	調整中
	⑭ スマートモビリティ社会の構築	WG審議中	調整中
	⑮ 次世代デジタルインフラの構築	公募中	1,410
	⑯ 次世代航空機の開発	採択済	210.8
	⑰ 次世代船舶の開発	採択済	350
	⑱ 食料・農林水産業のCO_2削減・吸収技術の開発	WG準備中	調整中

基金からの拠出が決定している金額：1兆3,327億円

出典：経済産業省「グリーンイノベーション基金事業の今後の進め方について」(2021)[24]をもとに作成

<主なSAFの原料と製造技術の類型>

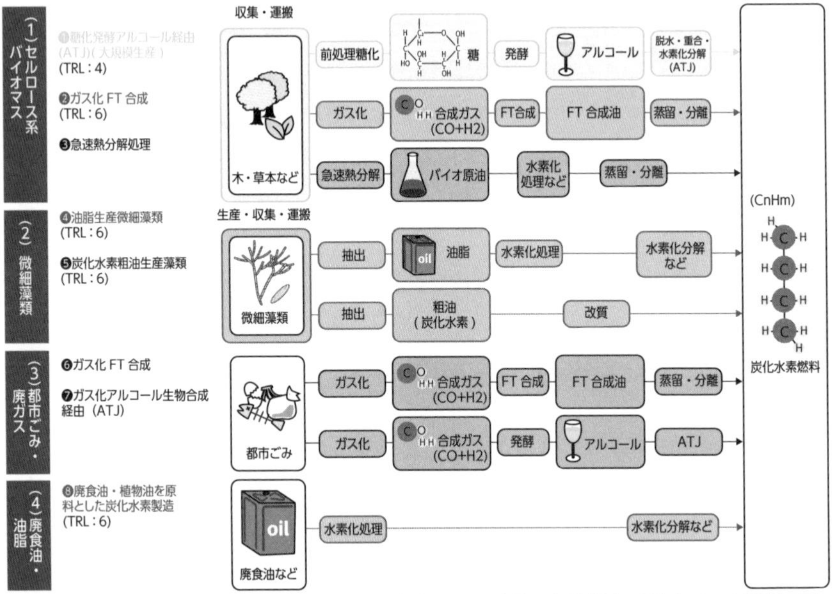

注）薄い青字：本事業の支援とする予定の類型／濃い青字：既存プロジェクトで支援する類型／黒字：現時点において、商用化の可能性を事業者において検討中のもの

図4.23　次世代バイオ燃料

出典：新エネルギー・産業技術総合開発機構(NEDO)
TSC Foresight Vol.21「次世代バイオ燃料分野の技術戦略策定に向けて」(2017)[25]をもとに作成

3 環境省の取り組み

「令和3年度二酸化炭素の資源化を通じた炭素循環社会モデル構築促進事業」において、東芝エネルギーシステムズ株式会社ほか5社による、持続可能な航空燃料(SAF)製造を中心としたCO_2資源化による地域の活性化を検討する「人工光合成技術を用いた電解による地域のCO_2資源化検討事業」を2021年9月に開始した。

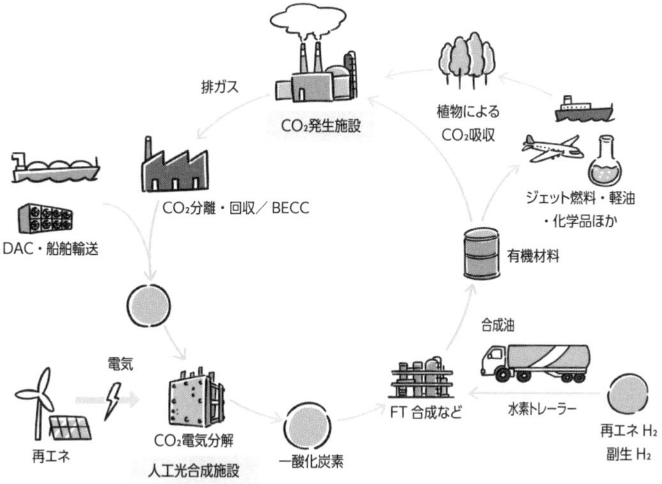

図4.24 人工光合成技術を用いた電解による地域のCO_2資源化
出典：環境省「令和3年度二酸化炭素の資源化を通じた炭素循環社会モデル構築促進事業委託業務の公募採択案件について」(2021)[26]をもとに作成

7 EUとの違い

これまで合成燃料について日本の動向を中心に見てきたが、ここで重要な方向性について検証する。

株式会社テクノバの丸田昭輝氏の検討[27]では、**図4.25**に示すように、ヨーロッパと日本で合成燃料、特にe-fuelの定義が異なっていると警鐘を鳴らしている。

工場で排出されるCO_2を直接原料として製造される合成燃料は、EUが認める自動車用燃料とはならないことである。図中の非バイオ由来再エネ燃料(RFNBO：Renewable Fuels of Non-Biological Origin)[11]である再生可能エネルギー

11 **非バイオ由来再エネ燃料(RFNBO)** 非バイオ原料のみから製造される、液体もしくはガス状の再生可能輸送用燃料。

で得られた水素とDACによって大気から直接回収するCO_2でなければならない。それ以外でクリーンな燃料は、食物と競合しない持続可能なバイオ燃料または廃棄物(バイオマス)から回収したCO_2を用いた場合のみである。

国内の現状を見ると合成燃料を工場などの化石由来のCO_2を想定しているケースが多く、最終的にDACによるCO_2でないと、将来、日本は国際的に難しい立場になりそうだ。

バイオ由来CO_2を用いた場合は「バイオ燃料」の扱いになり、それ以外のカーボンニュートラルCO_2を用いる場合は「RFNBO」あるいは「リサイクル炭素燃料(RCF)」の扱いになる。

RFNBOについては、明確にCO_2排出70%削減という基準がある。

カーボンニュートラルCO_2は事実上バイオマス由来のCO_2とDAC由来のCO_2しか存在しない。

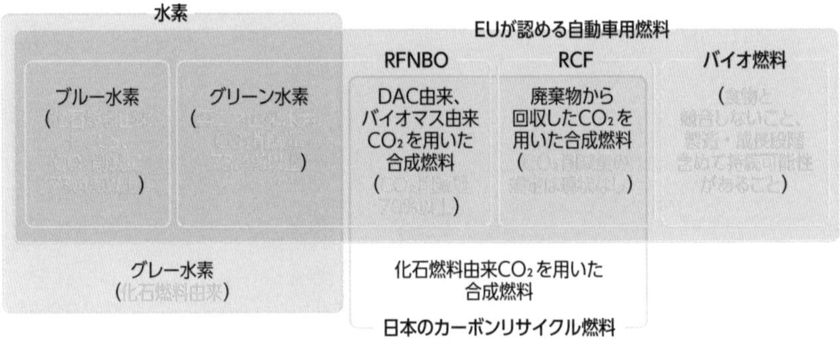

図4.25 EUと日本の合成燃料の定義の違い
出典：丸田 昭輝(株式会社テクノバ)「すれ違う日本と欧州のE-Fuel：日本のとるべき戦略」(2021)[27]をもとに作成

8 バイオ燃料の導入の拡大に向けた課題

1節で解説したように、「総合資源エネルギー調査会 資源・燃料分科会 報告書(2021年5月)」によれば「中長期的な戦略として化石燃料をバイオ燃料、合成燃料と水素・アンモニア、合成メタンへシフトすることが不可欠として推進する」ことがうかがえる。ただし、前項の「7 EUとの違い」にもあるように、これらは日本独自の路線であり、国際的協調のルール作りに沿っているわけではないことに注意したい。

また、同報告書では引き続き「バイオ燃料は安定供給の確保およびコスト低減の観点では、原料は植物や廃棄物などが中心であるため、その供給量には限界があり、今後、国際的なバイオ燃料の原料確保競争が見込まれる。」と述べているが、バイオ燃料を食料や飼料と競合しないことを制約事項とするならば、今後の量的確保が限定的になることにも注意が必要である。

国際的な合意形成や規制のあり方など課題が多いと思われる。

4.5 〉バイオエタノールのさらなる可能性

これまでバイオエタノールと合成燃料との最近の考え方について述べてきたが、バイオエタノールのさらなる展開の可能性について解説する。

1 合成燃料とバイオ燃料の生産コスト

大規模に製造するためには、どちらの燃料についても原料の「量」とその「生産コスト」が鍵となる。合成燃料では再エネ電力由来のグリーン水素が製造過程で不可欠で、これらのコストもさることながら、さらに濃度の高い回収可能なCO_2が必要であり、こちらもコストがかかる。

4節の「 7 EUとの違い」に示した解釈では、DACを使って回収したCO_2、もしくは廃棄物から回収したCO_2に限定され、現時点での生産コストの達成見込みは当面先のことである。もちろん生産は工業生産である。

一方、バイオマス由来のバイオエタノールは「食料と競合しない」ことの定義にもよるが、第二世代だけでなく第一世代でも十分に脱炭素を達成できる燃料である。しかしながら大量の原料を必要とすることから、農業と工業生産で、今後政策的な後押しを加えても持続安定的な原料の確保が課題であるが、即座に対応できる技術であることが大きな違いである。

供給インフラの活用を視野に入れれば、当面バイオ燃料を優先して、その後の2050年のカーボンニュートラルの世界に向けた橋渡しとして考え、合成燃料へのシフトあるいは併用が将来的にも好ましいと考える(**図4.26**参照)。

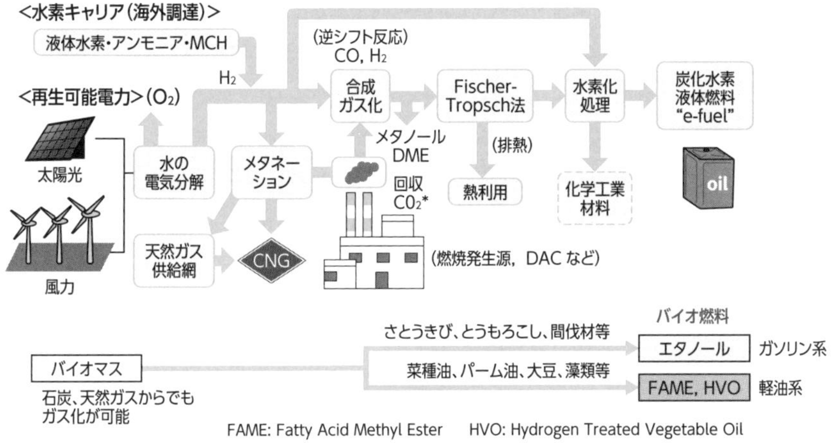

図4.26　合成燃料とバイオ燃料

出典：大聖 泰弘(早稲田大学　名誉教授)「次世代自動車技術による温暖化ガス排出削減の取り組み」(2021)[28]をもとに作成

2　e-fuel原料としてのバイオエタノール併産物CO_2の活用

2章3節「バイオエタノール生産プロセスと併産物の利用」においてバイオエタノールの生産の併産物の利用の詳細が示されている。発生したCO_2は主に炭酸飲料の炭酸とドライアイスの原料として利用している。これにはさらに新たな利用方法がある。

あらためて併産の内訳をみると、エタノールは、トウモロコシに含まれる澱粉を糖化･発酵･蒸留して生産され、澱粉以外の栄養(脂肪、蛋白質、繊維、ミネラル、ビタミンなど)は家畜飼料のDDGSに濃縮される。

発酵工程ではエタノール、DDGS、およびCO_2が約1／3ずつ併産される(**図4.27**)。

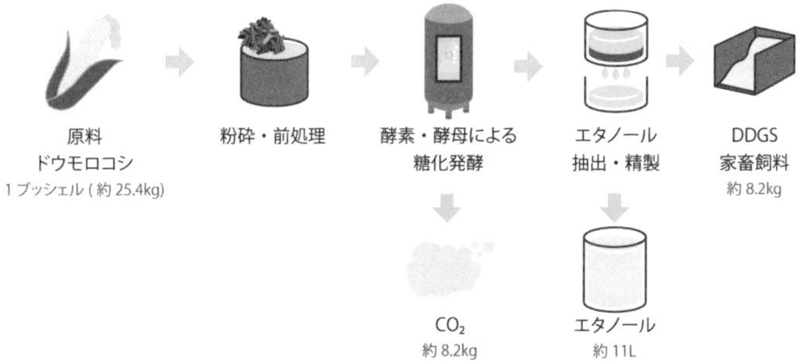

図4.27　バイオエタノールの製造

出典：アメリカ穀物協会「取扱穀物　DDGS」(2022)[29]をもとに作成

図4.25の製造工程で発生するCO_2の有効利用方法として、炭酸やドライアイス以外に、e-fuelの原料CO_2とする方法が考えられる。この場合、バイオエタノール工場でe-fuelを併産することになる。

前述4節の「 7 EUとの違い」によれば、DAC由来のCO_2とグリーン水素で作ったe-fuelの場合、RFNBOであるが、**図4.26**に示すe-fuel製造におけるCO_2 のソースとして利用したグリーン水素を使ったe-fuel製造であれば、バイオマス由来であるためバイオ燃料としての扱いになる。

しかしながらできたものはe-fuelであるので、石油系の燃焼で発生するグレーCO_2 [12]に対し、バイオマス由来のグリーンCO_2を用いたe-fuelであるので、バイオ燃料というより「グリーンe-fuel」と呼ぶことを提案したい。

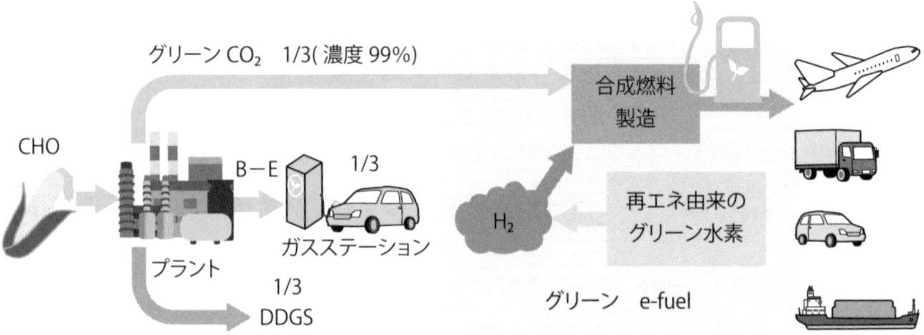

図4.28 グリーンe-fuel

バイオエタノールはe-fuelと混合が可能で、この設備で製造された混合燃料は100%カーボンニュートラルな燃料となる。したがって、e-fuelの技術開発段階でE10などバイオエタノールを先行導入すれば、e-fuelを導入するための環境整備につながると考えられる。

バイオエタノールの活用は、供給量とコストが重要なファクターであり、アメリカやブラジルなど農業政策で優位に生産できるところもあるが、今後はこれまで解説したような工夫と合わせてバイオエタノールのさらなる可能性を求めるべきである。

12 **グレーCO_2** 石油由来の水素をグレー水素と呼ぶことにちなんで、本書では「グレーCO_2」と呼ぶ。

Column 4

バイオエタノールで走る燃料電池自動車 〜NISSANのe-Bio Fuel-Cell〜

日産自動車株式会社は 固体酸化物形燃料電池（SOFC：Solid Oxide Fuel Cell）テクノロジー「e-Bio Fuel-Cell」を搭載したプロトタイプ車両(e-NV200)を、2016年にブラジルにて発表している。当時のプレスリリースによれば、エタノールの入手性の高さや、エタノール混合水の可燃性の低さにより、インフラの制約が少なく市場導入がしやすい技術と考えられるとしていた。

ちなみに、e-Bio Fuel-Cellを搭載すれば、100％エタノールでも水55％を混ぜた「エタノール混合水」でも走ることができ、可燃性が課題となる水素補填式FCVより優位とも考えられる。

コラム図4.1　e-NV200 e-Bio Fuel-Cell
出典：日産自動車株式会社(NISSAN)「日産自動車、SOFCを発電装置とする世界初の燃料電池電気自動車のプロトタイプをブラジルで発表」(2016/08/05) [30]

量産化が実現すればカーボンニュートラルへ大きく近づく技術である。

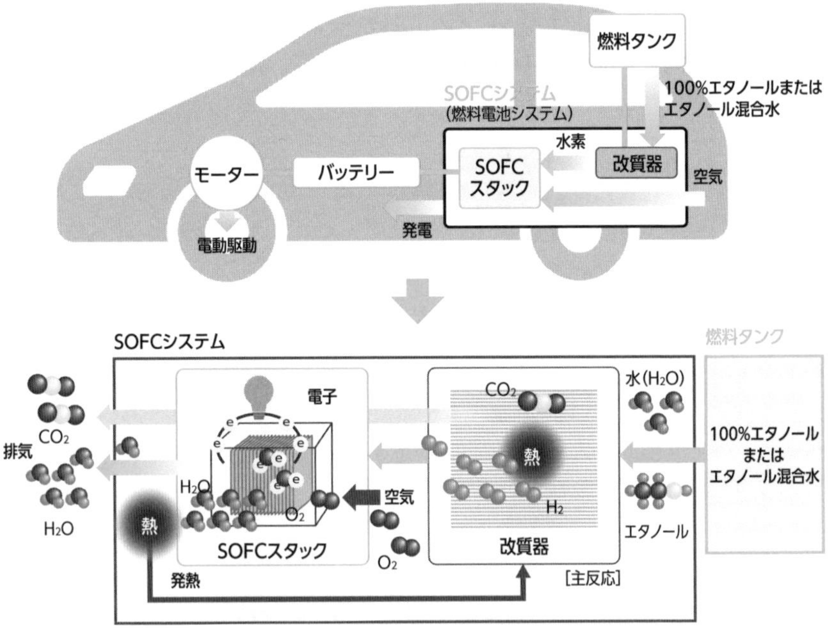

コラム図4.2　e-Bio Fuel-Cell燃料燃料電池車の原理

出典：日産自動車株式会社(NISSAN)「バイオエタノールから発電した電気で走行する、新しい燃料電池システム」[31]をもとに作成

第 5 章

航空業界のバイオ燃料の取り組み

第5章　概要

航空業界では世界的な低炭素化の流れの中で、さまざまな取り組みを行っている。近年の新型コロナの影響により旅客数が減少しているが、この傾向もじょじょに復帰し、これにともなって航空用燃料の消費量も増大するものと予想されている。

また、全世界で排出される温室効果ガス(GHG)の3%が航空分野からのものであり、年々伸びてゆくと予測されている。この対策として、新鋭機材の投入や運航方法の改善などが提案されているが、これだけでは不十分なので、バイオマス資源を原料とした持続可能な航空燃料(SAF)の開発に期待が高まっている。

5.1 航空業界のCO_2排出量削減に対する動向

1 航空業界のCO_2排出量

2015年に採択されたパリ協定に先立って提出したINDCにより、日本は2013年を基準年とし2030年のGHG排出量を26％減、2050年では80％減を目標としていた。しかし2021年に更新されたNDCではさらに踏み込んで、2030年には46％減、2050年にはGHG排出量を実質ゼロにするカーボンニュートラル宣言をした。

図5.1（**図3.2**再掲）は2019年度における、日本の運輸部門からのCO_2排出量2億600万トンの内訳であり、これはCO_2総排出量の18.6％に相当する[1]。**図5.1**を見ると、このうち国内航空から排出されるCO_2は運輸部門の約5％（1,049万トン）であり、CO_2総排出量の約1％に相当する。第6次エネルギー基本計画によれば、航空業界は2030年度に2013年度比で202.4万トンのCO_2排出削減を見込んでおり、これを達成するためにさまざまな施策を講じている。

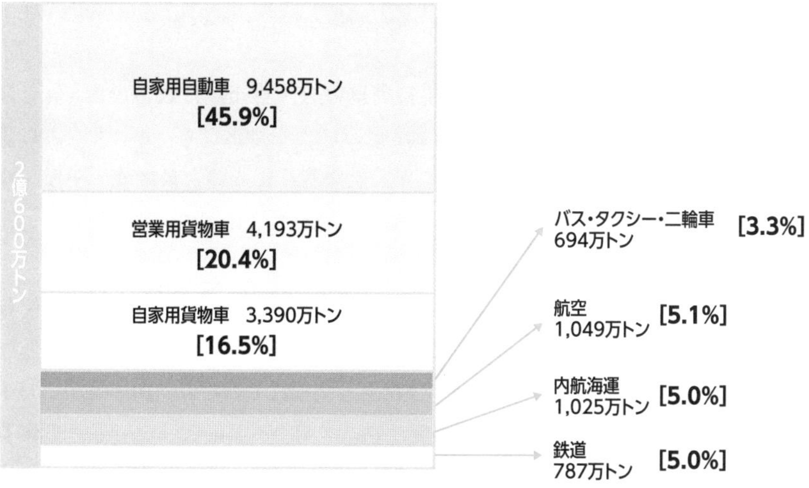

図5.1　運輸部門におけるCO_2排出量
出典：国土交通省「運輸部門における二酸化炭素排出量」(2021)[1]をもとに作成

2 航空機のCO_2削減目標

最近、「飛び恥」という言葉をよく耳にするようになったが、これはもともとスウェーデン語の「Flygskam」の日本語訳であり、英語では「Flight Shame」とか「Flying Shame」というそうである。意味するところは、移動には航空機を利用せず、より環境負荷の低い鉄道などでの移動をすすめる働きかけである。**図5.2**は、日本の旅客輸送の各輸送手段から排出されるCO_2排出量を輸送量(人・キロ：輸送した人数に距離を乗じた数値)で割りつけたものであり、単位輸送量あたりのCO_2の平均的な排出量となる[1]。

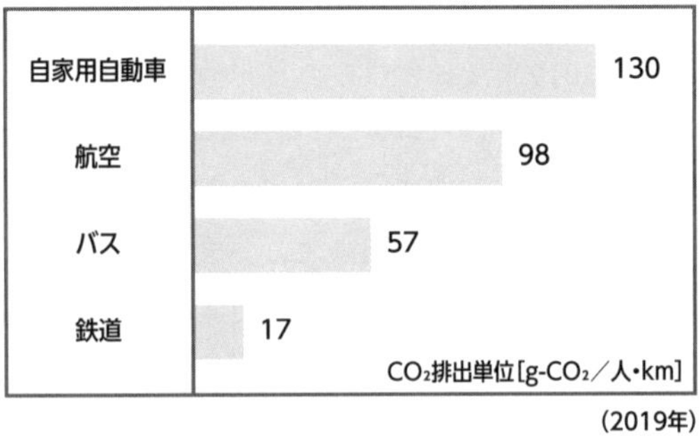

図5.2 輸送量あたりのCO_2排出量(旅客)
出典：国土交通省「運輸部門における二酸化炭素排出量」(2021)[1]をもとに作成

図5.2(**図2.3**の左図再掲)から自家用自動車のCO_2排出量は鉄道の約8倍で最大の排出源となっているが、航空機も約6倍のCO_2を排出している。ちなみに貨物輸送によるCO_2排出量に関して見ると、航空機による輸送量は他の手段、すなわち自家用貨物車、営業用貨物車、船舶、鉄道などに比べて桁違いに少ないため、実質的に無視して差し支えないと考えられる。

国内航空に関しては前述したように、地球温暖化対策計画で2030年度までに2013年比でCO_2を約202万トン削減し、2050年で排出量をゼロにすることになっているが、国際航空分野については対象とはされていない。国内大手の日本航空(JAL：Japan Air Line)も全日本空輸(ANA：All Nippon Airways)も、省燃費機材の更新、搭載物の軽量化、先進的な運航方式の導入、地上車両からの総排出量の削減、バイオジェット燃料の購入など多岐にわたってCO_2削減に取り組んでいる。

国内線と異なり、各国の権限がおよばない領域を運航し、コードシェア便など多国籍の航空会社が関与する国際線においては、GHG排出量の配分が簡単ではないことなどから、国際民間航空機関(ICAO：International Civil Aviation Organization)で検討することになっている。

航空機から排出されるCO_2は世界全体の約3%を占めており、ほとんどは石油系の燃料の燃焼によるものである。航空分野では、すでにGHG低減に関する国際的な合意目標が存在している。すなわち、2050年まで燃料効率を毎年2%改善することと、CNG2020 (Carbon Neutral Growth 2020)により2020年以降はGHGの総排出量を増加させないことである[2]。国際航空運送協会(IATA International Air Transport Association)においても、2050年までに2005年比でCO_2排出量を50%削減することを目標にかかげている[3]。

図5.3はIATA概念図をもとに作成した、国際航空からのCO_2排出量予測と削減目標イメージである[4]。

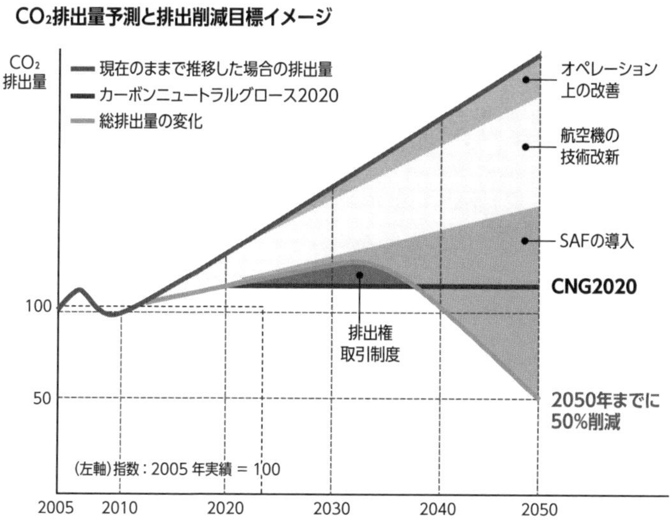

図5.3　国際航空業界によるCO_2排出削減目標

出典：国際航空運送協会(IATA)「Sustainable Aviation Fuel Roadmap 1st Edition」(2015)[4]をもとに作成

図5.3で示したように、目標達成のためにはオペレーション上の改善や航空機の技術革新、補完的な排出権取引など経済的手法などの取り組みがあるが、CO_2排出削減量の半分以上は、SAFであるバイオジェット燃料の導入によるとしている。次節でバイオジェット燃料について紹介する。

5.2 〉バイオジェット燃料の製造技術

1 バイオジェット燃料の種類

航空業界ではCO_2削減の大きな方策として、化石資源由来である石油系燃料に替わって、バイオマス由来のバイオジェット燃料の導入を計画している。

現在、国際規格として認められているバイオジェット燃料は7種類ある。森林系バイオマス、草本系バイオマス、植物油、アルコール、藻類、都市ゴミなどが原料として使われる。特に従来型のジェット燃料と混合し、現在運用中の航空機にそのまま使用可能な、いわゆるドロップイン型はすでに一部実用化の段階に入っている。このようなバイオジェット燃料は、前節で述べたようにSAFと呼ばれている。

2 バイオジェット燃料の製造から供給まで

図5.4はバイオマス原料からバイオジェット燃料の製造、貯蔵、供給、給油にいたる一連の流れを示したものである。

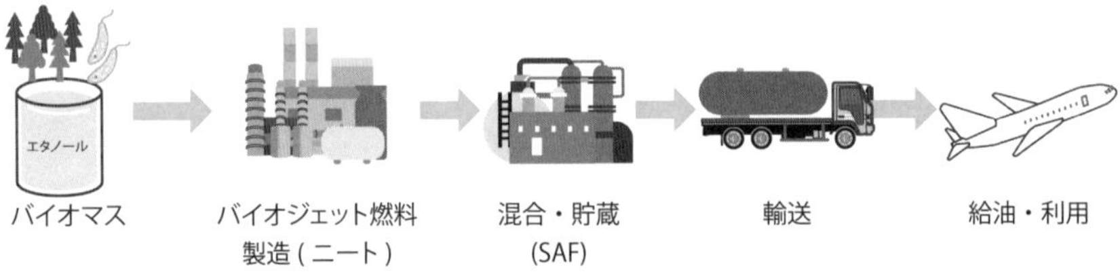

図5.4 バイオジェット燃料の製造から利用までの流れ

純バイオジェット燃料(ニート)は、ASTM D7566規格に適合しなければならない。しかし、ニート燃料は規格上単独では使用できず、化石燃料由来のジェット燃料と混合する必要がある。また、原料や製造法により、混合する割合の上限が規定されている。ニート燃料とジェット燃料を混合したSAFはASTM D7566とD1655に適合していることが必要であり、SAFとして確立したあとは、化石燃料由来のジェット燃料と同一に扱うことができる。

表5.1 ASTM D7566に認証されたバイオジェット燃料

ASTM D7566	製造技術	従来の燃料との混合上限	原料
Annex 1	FT法により製造される合成パラフィン系ケロシン(FT－SPK)	50%	有機物全般
Annex 2	植物油の水素処理により製造される合成パラフィン系ケロシン(HEFA－SPK)	50%	生物系油脂
Annex 3	糖の発酵によるイソーパラフィン系合成燃料の直接製造(SIP)	10%	糖
Annex 4	非化石資源由来の芳香族のアルキル化による合成ケロシン(FT－SPK/A)	50%	有機物全般
Annex 5	アルコール由来の合成パラフィン系ケロシン(ATJ－SPK)	50%	糖・アルコール・合成ガス
Annex 6	超臨界水接触水熱分解反応による合成ケロシン(CHJ)	50%	生物系油脂
Annex 7	微細藻類からの合成パラフィン系ケロシン(HC－HEFA)	10%	微細藻類

「**表5.1**はASTM D7566規格に準拠するバイオジェット燃料の製造技術、混合の上限値、原料などである。これまでAnnex 1～Annex 7まで7規格が認証されている。

現在使用されている化石燃料由来のジェット燃料は、パラフィン系炭化水素が50～70%、ナフテン系15～30%、芳香族系は約15%で、オレフィンは1%程度である。バイオジェット燃料はAnnex 3とAnnex 7を除いて、体積で50%を上限に混合され、パラフィン系の代替となるものである。

パラフィン系炭化水素とは分子式がC_nH_{2n+2}の鎖式飽和炭化水素の総称である。オレフィン系炭化水素とは二重結合を持つ鎖式の不飽和炭化水素の総称で、分子式C_nH_{2n}で表される。ナフテン系炭化水素とは分子中に環状構造を持つ飽和炭化水素で、シクロパラフィン系炭化水素とも呼ばれ、オレフィン系炭化水素と同一の分子式C_nH_{2n}を有する。芳香族炭化水素は芳香族性を示す単環あるいは複数の環（縮合環）から構成される炭化水素である。

バイオジェット燃料はAnnex 4を除いて芳香族成分を含んでいない。芳香族成分が少なければエンジンに障害を起こすススの発生が防止できるが、芳香族成分には燃料の潤滑性や密度を高める効果がある。バイオジェット燃料単独ではASTM規格の密度要件に満たないことから、化石燃料由来のジェット燃料と混合する必要がある。

以下にAnnex 1～7までのバイオジェット燃料の製造プロセスや特徴について順に解説してゆく。

3 FT合成によるFT-SPK燃料

1 製造プロセス

図5.5に示すようにFT(Fischer-Tropsch　フィッシャートロプシュ)合成は、バイオマスをガス化して合成ガス(H_2とCOの混合ガス)を作り、触媒反応により直鎖状の炭化水素を製造するプロセスである。この方法で製造したバイオジェット燃料はFT-SPK燃料(Fischer-Tropsch Synthetic Paraffinic Kerosene)と呼ばれる。FT合成はもともと石炭を原料として石油を製造するためにドイツで開発され、1920年代から実用化されている技術である[5]。原料は石炭に限らず基本的に炭素を含むものであれば適用可能で、当然バイオマスも原料として使うことができる。

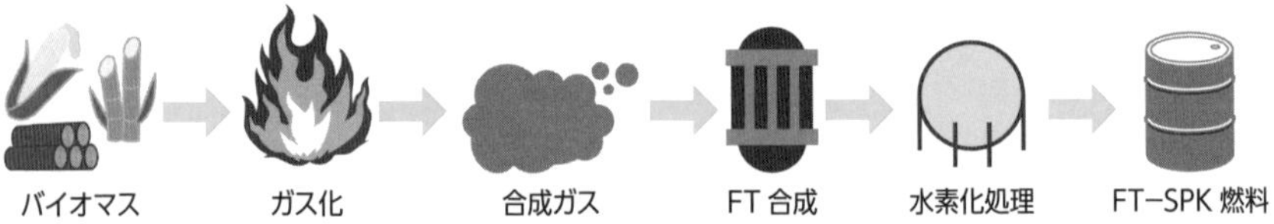

図5.5　FT合成によるFT-SPK燃料の製造プロセス

原料となるのは木質バイオマス、草本系バイオマス、廃棄物系のバイオマスなどである。ガス化反応自身は吸熱反応なので、ガス化に必要な熱は反応により供給されるか、外部から供給する必要がある。反応温度は通常は700℃から1,000℃の範囲である。バイオマスの燃焼過程で生成するCO_2とH_2Oは、水性ガスシフト反応[1]の原料となりH_2生成に寄与することになる。水蒸気がガス化剤の場合は、水蒸気からも水素ができるのでH_2／CO比が大きくなる。FT合成のためには触媒や反応条件にもよるが、H_2/CO比が2前後となるケースが多い。

触媒の劣化を防ぐために、ガス化炉で生成した反応ガスを精製する必要がある。また、H_2/CO比を適切にするために、CO_2を除去したりH_2を添加したりする場合もある。精製されH_2/CO比を調整されたガスは、次いでFT合成装置に導入される。反応条件として、反応温度が180℃から250℃、圧力が10気圧から45気圧では重質油とワックスが主に生成する。軽質油が求められる場合は、接触分解や水素化分解が必要になる。一方、反応温度が高く330℃から350℃、圧力が25気圧の条件ではガソリン留分のような軽質な油が生成する。直鎖状炭化水素の長

1　**水性ガスシフト反応**　水と一酸化炭素(CO)で水素とCO_2を生じる反応。

さは触媒や反応条件に依存する。炭素数の分布は、シュルツ・フローリー分布則[2]にしたがう。なお、FT合成は発熱反応であるので、反応系から如何にして熱を除去するかが技術的には大きな課題である。

次いで、必要に応じて水素化分解や異性化反応が行われ、最終的に蒸留により目的の性状を有する製品ができる。得られる生成物はナフサ成分(炭素数が4から9)、ケロシン成分(炭素数が9から16)、ディーゼル成分(炭素数9から20)から成るが、航空機用燃料としてはケロシン成分が多い方が望ましい。最近の報告によれば、反応温度250℃から300℃、圧力10気圧から30気圧の条件で、白金と鉄触媒によりバイオジェット燃料が29%の収率であった[6]。

望ましい航空機用燃料製造のためのFT触媒は、炭素数の多い炭化水素を高収率で得ることのできる高活性の触媒である。もっとも活性の高い触媒は、コバルト、鉄、ルテニウム、ニッケルなどである。しかし、資源や経済的な制約から、主に鉄とコバルトが使われている。触媒を劣化させる物質としては、イオウ系化合物(H_2S、COS、CS_2、有機イオウ化合物)があり、100ppb以下にしなければならない。特に、コバルト触媒の場合は10ppb以下が求められる[7]。灰分や固形粒子も除去する必要がある。

2 FT-SPK燃料の特性など

化石燃料由来のジェット燃料は、石油系の直鎖状炭化水素で炭素数はC8からC16である。この灯油留分は沸点が150℃から275℃の範囲で、ナフサより重く軽油より軽い。ジェット燃料はエネルギー密度、燃焼性能、密度、流動性など一定の規格を満足させなければならないが、これは炭化水素の種類と密接に関係している。たとえば、isoパラフィンは析出点を低下させ、芳香族は潤滑性や流動性を改善し、ナフテンは燃焼性や流動性を向上させる。

FT-SPK燃料の混合の上限は50%である。実際に航空機への給油までに、製造した純バイオジェット燃料(ニート)の規格がASTM D7566に適合し、混合する化石燃料由来のジェット燃料がD1655規格に適合し、混合後の燃料がD7566に適合して、はじめてSAFとして利用可能になる。現在このFT-SPK燃料はASTM 7566 Annex 1として認証されている。

2 **シュルツ-フローリー分布則**　FT合成反応で中間体のCH_2の連鎖成長によって生じる炭化水素の生成分布。

4 植物油の水素化処理で作るHEFA-SPK燃料

①製造プロセス

脂肪酸とグリセロールのエステルをグリセリドと呼び、特にグリセロール1モルと炭素数が12以上の脂肪酸が3モル結合したものをトリグリセリドと呼ぶ。植物油や廃食用油を原料として、水素処理して得られるバイオジェット燃料をHEFA-SPK(Synthesized Paraffinic Kerosene produced from Hydroprocessed Esters and Fatty Acids)燃料と呼ぶ。**図5.6**は製造プロセスである。

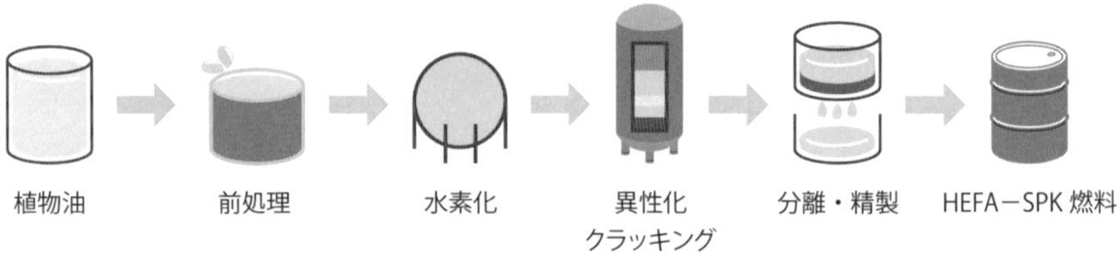

図5.6 HEFA-SPK燃料の製造プロセス

トリグリセリドは水素化されて、その後異性化反応とクラッキングを経て分離・精製され目的の燃料ができる。すなわち、トリグリセリド分子に含まれるエステル基とアルキル基中の二重結合が水素化されて、プロパン、直鎖の炭化水素、水、CO、CO_2が生成する。この水素化触媒は、通常の石油精製で使われているニッケル－モリブデン触媒やアルミナである。水素化反応は発熱反応で反応条件は原料にもよるが、温度280℃～340℃、圧力50気圧～100気圧である。ASTM D7566規格に適合するためには、この水素化で得られた直鎖の炭化水素を、さらに炭素数が少ない側鎖を有する炭化水素に変換しなければならない。析出点を低下させるために、制御されたクラッキングにより低炭素化と異性化を同時に行う必要がある。最大の異性化効率を上げる反応条件は温度280℃～400℃、圧力は30気圧～100気圧である。触媒としてゼオライト系(ZSM：Zeolite Socony Mobile)が使われる。高温・低圧ではクラッキングが、逆に低温・高圧では異性化反応が支配的になる。その後、蒸留工程を経て、目的の燃料ができる[8]。

蒸留工程では、水素やプロパンも得られるが、余剰の水素は圧力変動吸着法(PSA：Pressure Swing Adsorption)で分離され、水素化プロセスへ戻される。COとCO_2は大気中に放出されるが、放出前にCOはCO_2に酸化される。同時に発生するメタン、エタン、プロパンなどは燃料として利用される。

2 HEFA-SPK燃料の特性など

ジェット燃料は、潤滑性を保持するために8％程度の芳香族炭化水素が含まれていなければならない。一例によれば、n-パラフィン系炭化水素が11.7％、iso-パラフィン系炭化水素が87.3％、オレフィンが0.1％、ナフテンが0.9％と報告されている[9]。Iso-パラフィン系炭化水素は、析出点を下げる効果があり、ナフテン系炭化水素は燃焼性能と流動性に優れている。この反応で得られる成分はパラフィン系炭化水素が大部分であり芳香族成分は少ないので、化石燃料由来のジェット燃料に混合しなければならない。混合率は最大50％であり、このHEFA-SPK燃料はASTM D7566 Annex 2として認証されている。

5 糖発酵と水素化処理で作るSIP燃料

1 製造プロセス

糖から直接的に炭化水素を合成するプロセスで、従来はDSHC(Direct Sugar to HydroCarbon)と呼ばれていたが、現在はSIP − HFS (Synthesized Iso-Paraffins produced from Hydroprocessed Fermented Sugars)と呼ばれる。以下、SIPと略記する。この技術はTotal社とAmyris社によって開発されたものである[10]。**図5.7**はこのSIP燃料の製造プロセスである。

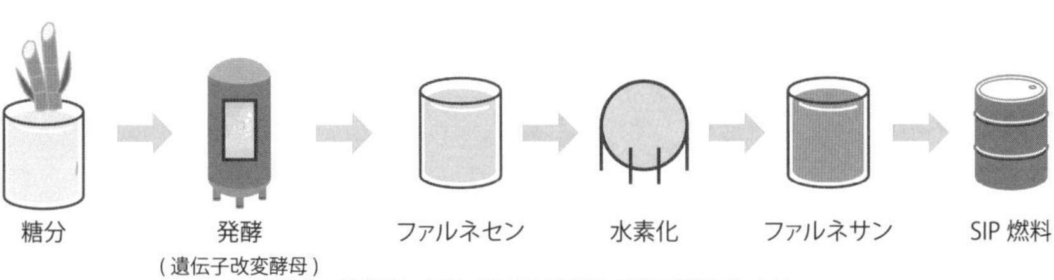

図5.7 糖発酵と水素化処理によるSIP燃料の製造プロセス

実際に使われる原料は、サトウキビを圧搾して得られる絞り汁(sugarcane juice)やシュガービートが多い。セルロースやデンプンを含むバイオマスを糖化して使うこともできる。この糖液を遺伝子改変酵母で発酵し、代謝回路を改変[3]して炭化水素の生産を可能にしている。**図5.8**に示すように、この酵母を用いた発酵により、セキステルペン系アルケンである炭素数15のファルネセン(iso-C15テト

---

3 **代謝回路を改変** 有用な物質を生産するために、遺伝子の発現を制御したり酵素の機能を改変したりして、細胞内で起こる連鎖的な化学反応を変えること。

ラオレフィン)が生成する。この酵母の働きにより、高付加価値の医薬品や香料に加えて化学原料の中間体も生産できる。

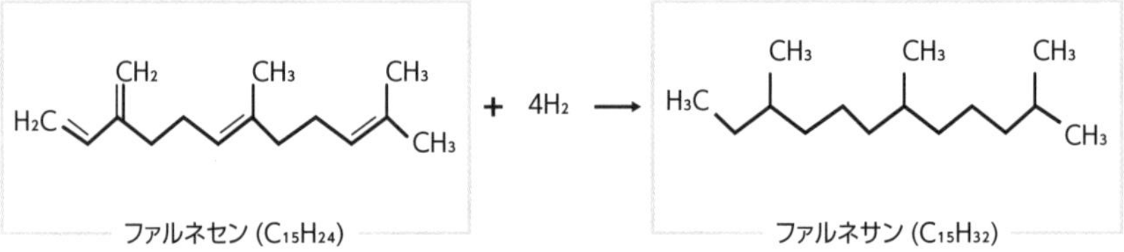

図5.8　ファルネセンの水素化によるファルネサン生成の化学式

発酵工程のあとにファルネセンを水素化する。この水素化はマイルドな条件で進行し、側鎖を有する$C_{15}H_{32}$のファルネサン(2, 6, 10－トリメチルドデカン)という飽和炭化水素が生成し、バイオジェット燃料として利用できる。原料としてトウモロコシの茎に含まれるセルロースやヘミセルロースを糖化した糖分を使った場合は、SIP燃料の収率は19.2%と報告されている[11]。

②SIP燃料の特性など

SIP燃料の特徴はFT-SPKやHEFA-SPKと似ているが、大きな違いはSIP燃料がほぼ単一の成分から構成されており、n-パラフィンやiso-パラフィンの複雑な混合物ではないことである。化石燃料由来のジェット燃料が幅広い炭素数分布(炭素数が8～16)があるのに対して、SIP燃料は比較的長い鎖長である炭素数が15のiso-パラフィン系炭化水素から成っているので、析出点が低いという特徴がある。

SIP燃料の成分分析の一例では、iso-パラフィンが96.4%、オレフィンが0.2%、ナフテンが1.3%、芳香族成分は検出されていない[12]。これはASTM D7566 Annex 3として、化石燃料由来のジェット燃料に最大で10%混合することができ、ドロップインフューエルとして航空機に給油できる。

6　非化石資源由来の芳香族のアルキル化で作るFT-SPK/A燃料

①製造プロセス

FT-SPK/Aは非化石資源を原料として、芳香族炭化水素を合成するプロセスである。バイオジェット燃料が石油燃料由来のジェット燃料に全面的に代替できない理由は、バイオジェット燃料には芳香族とシクロパラフィン系炭化水素が含まれていないためである。しかし、バイオマスには芳香族成分を有するリグニンが含まれている。リグニンはベンゼン環を持つ構造がエーテル結合で結びついている物質である。これを原料にして芳香族炭化水素を製造すれば、バイオジェット燃料の弱点を解消できる[13]。

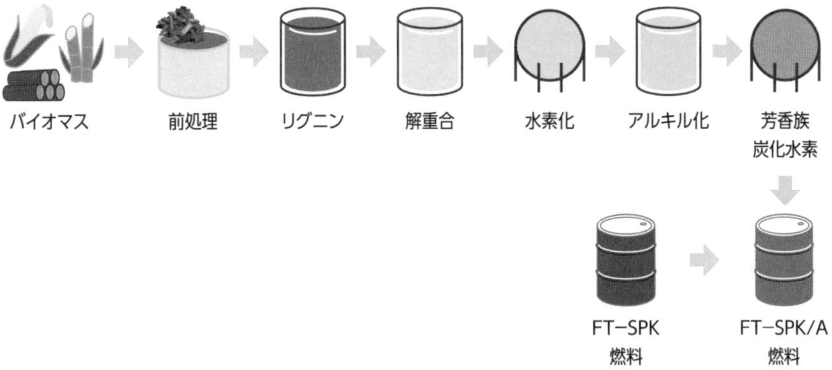

図5.9　非化石資源由来の芳香族のアルキル化によるFT-SPK/A燃料の製造プロセス

図5.9はFT-SPK/Aの製造プロセスである。バイオマスを前処理してリグニンを分離し、解重合したあと、脱酸素・水素化する。このあと、エチレンやプロピレンのような軽オレフィンと反応させアルキル化して芳香族炭化水素が生成する[10]。この 芳香族炭化水素に、2節 3 で述べたFT-SPK燃料を混合したバイオジェット燃料をFT-SPK/A(FT − Synthesized Paraffinic Kerosene with Aromatics derived by alkylation of light aromatics from non-petroleum sources)と呼ぶ[14]。

ゼオライト系触媒を用いてベンゼンとエチレン、プロピレンと反応させた一例によれば、ベンゼンの変換率は約40%、エチレンとプロピレンの変換率はそれぞれ99.5%、99.2%と非常に高い値が得られている。炭素数が8から15の芳香族炭化水素の選択率は94.8%、収率は54.9%と報告されている[15]。この結果はベンゼン単独の実験ではあるが、参考のために紹介する。

2 FT-SPAK/A燃料の特性など

FT-SPK/A燃料の組成は、シクロパラフィン系炭化水素と芳香族炭化水が、それぞれ最大で15%、20%、n-パラフィンとiso-パラフィン系炭化水素が65%以上であり、化石燃料由来のジェット燃料の組成とは余り変わらない[10]。これはASTM 7566 Annex 4と認証され、最大で50%混合できSAFとして利用することができる。

7 アルコールから作るATJ-SPK燃料

1 エタノールの種類

アルコールを原料としてジェット燃料を作るプロセスをATJ-SPK(Alcohol To Jet Synthetic Paraffinic Kerosene)と呼ぶ。アルコールとしては、エタノール、n-ブタノール、iso-ブタノールなどがあるが、ここでは、エタノールを対象とする[16]。ただし、n-ブタノールもiso-ブタノールでも原理的には全く同様である。バイオマス由来のエタノールは、発酵法によって作る方法と、合成ガスから作る方法がある。エチレンの水和によりエタノールを作ることができるが、バイオマス由来ではないのでここでは扱わない。

2 発酵法によるエタノール生産

図5.10は発酵法によるエタノール生産のプロセスである。原料がサトウキビやシュガービートは主成分が糖分であるので、搾汁液をそのまま発酵に使える。原料がデンプン質の場合は酵素で糖化する必要があるし、木質バイオマスのリグノセルロース系の場合は脱リグニンしたあと、酸や酵素で糖化して発酵法によりエタノールができる。エタノールは蒸留によって濃縮し、さらに脱水により無水エタノールができる。ここでは原料として糖分とデンプン質を対象とする。世界では年間で約10億kLの燃料用エタノールが生産されている。主な生産国はアメリカとブラジルであり、前者はトウモロコシで後者はサトウキビが原料である。

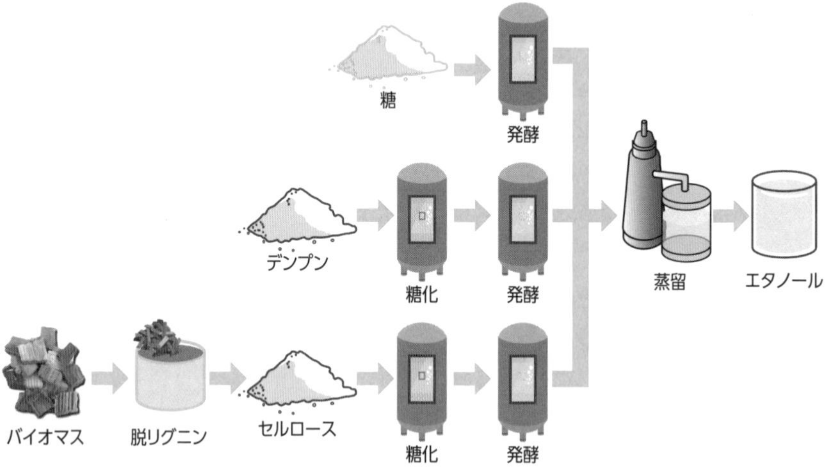

図5.10 発酵法によるバイオマスからエタノールの製造

❸ 合成ガス発酵で作るエタノール生産

一方、**図5.11**に示すように、合成ガスを原料としてエタノールを作る方法があり、これを合成ガス発酵と呼ぶ。合成ガス発酵に用いる微生物は、Acetogenと呼ばれる嫌気性酢酸生産菌であり、H_2やCOをエネルギー源としてCO_2を固定化し生育できる。炭酸固定は2分子のCO_2から1分子のアセチル－CoA[4]を合成するアセチル-CoA経路と呼ばれる代謝経路により行われ、酢酸や種々の生体内物質の合成に使われる。酢酸生産菌は、通常は最終生成物である酢酸のみを生産するが、ある種の中温性酢酸生産菌、たとえばクロストリジウム・ジュングダリ(*Clostridium ljungdalii*)などにおいては、エタノールを生産する[17]。この反応は比較的温和な条件で反応が進行し、広いガス組成での反応が可能であることなどの長所がある。しかし、反応時間が長く、生産物濃度が低いことなどの短所があり、微生物の分子育種技術の確立が求められている。

合成ガスの原料には、有機性廃棄物である都市ゴミも利用することができる。すなわち、都市ゴミをガス化して合成ガスを作れば、これからエタノールが製造できることになる。また、合成ガスが入手できればATJ-SPKプロセスのほかに、前述したFT-SPKプロセスによっても、バイオジェット燃料を製造することができる。

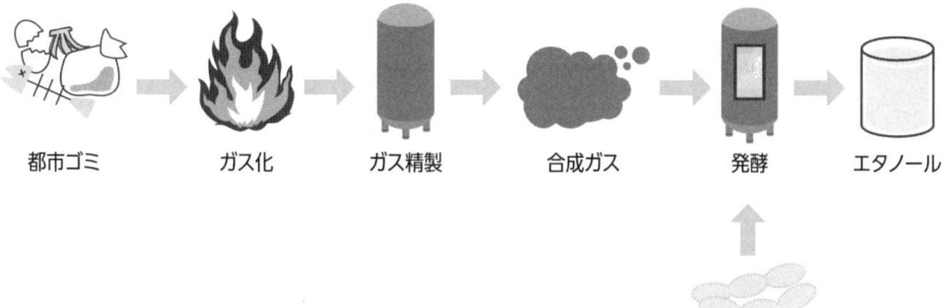

図5.11　合成ガス発酵によるエタノールの製造プロセス

4　**アセチル－CoA**　補酵素A（CoA）のチオール基と酢酸のカルボキシル基がチオエステル結合した化合物。

図5.12はATJ-SPK法によるバイオジェット燃料の製造プロセスである。

前述したように、エタノールは発酵法と合成ガス発酵により作ることができる。エタノールができれば脱水してエチレンを作り、これを重合し、次いで水素化を行ったあと、蒸留して目的の燃料ができる。**図5.13**はエタノールの脱水反応、エチレンの重合反応、水素化反応の化学式である。

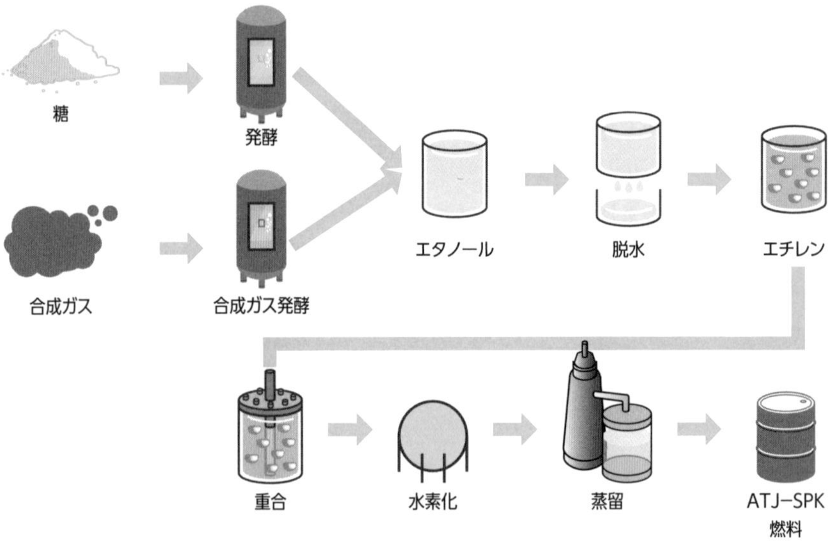

図5.12　糖と合成ガスからのATJ-SPK燃料の製造プロセス

$$C_2H_2OH - H_2O \rightarrow C_2H_4$$

脱水反応

$$n\,[C_2H_4] \rightarrow C_{2n}H_{4n}$$

重合反応

$$C_{2n}H_{4n} + H_2 \rightarrow C_{2n}H_{4n+2}$$

水素化反応　(n=4～8)

図5.13　エタノールからATJ-SPK燃料製造の化学

エタノールの脱水反応は遷移金属の酸化物やゼオライトのような酸触媒が有効である。次いで、エチレンはチーグラー・ナッタ触媒[5]に代表される重合触媒により、炭素数が8から16までのアルケンが生成する。たとえば、6分子のエチレンから炭素数が12のドデセンが生成する。生成するアルケンは分子内に不飽和結合があるために不安定であるので、この安定化のために水素化する。最近の報告によれば、Ni／Al／HMS(ニッケル／アルミ／中空メソポーラスシリカ)触媒により300℃、10気圧の条件下で、エチレンの変換率が91％で、C_4H_8、C_6H_{12}、C_8H_{16}、C8+の炭化水素が、それぞれ38％、25％、24％、9％生成する[18]。最終的には、蒸留により適正な炭素分布のバイオジェット燃料ができる。

④ATJ-SPK燃料の特性など

ATJ-SPK燃料はASTM D7566に適合し、D1655に適合した化石燃料由来のジェット燃料と混合して、これがD7566に適合していればドロップインフューエルとして給油できる。上限で50％まで混合でき、ATJ-SPKとしてAnnex 5に認証されている。

8 脂肪酸・油脂の熱化学変換によるCHJ燃料

①製造プロセス

植物油からはHEFA-SPK燃料が製造できることをAnnex2で示したが、同じ原料を用いて熱化学的手法でCHJ(Catalytic Hydrothermolyisis Jet fuel)と呼ばれるプロセスでバイオジェット燃料を製造することができる。これはARA(Applied Research　Associates)とCLG(Chevron Lummus　Global)によって開発された技術である。**図5.14**はその製造プロセスである[19]。

5　**チーグラー・ナッタ触媒**　オレフィンの重合に用いる触媒。チタンの塩化物とトリエチルアルミニウムのような有機アルミニウムと混合して調製する。

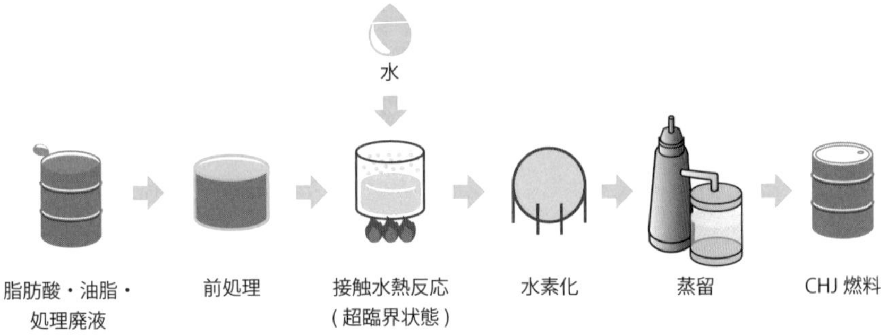

図5.14 生物系油脂から熱化学変換によるCHJ燃料の製造プロセス

脂肪酸エステルと油脂は前処理されたあと、予熱された水と共に接触水熱反応槽に送られる。ここでは高温、高圧の条件下で、石油系の粗油に似た成分に変換される。反応時間は2分程度と非常に短い。この反応はcatalytic hydrothermolysis(接触水熱液化反応)と呼ばれ、水の超臨界条件(200気圧から250気圧、500℃から600℃)で進行する。次いで、水素化処理により不飽和結合が飽和され、n-パラフィン、iso-パラフィン、シクロパラフィン、芳香族などが生成する。最終的に蒸留で分離されCHJ燃料と共に液化石油ガス(LPG Liquefied Petroleum Gas)、ナフサ、ディーゼルオイルができる。

通常のHEFA-SPKの製造法に比べて、水素消費量が少ないことが本法の利点である。すなわち、超臨界水が反応物となるので、水素化に使う水素は水から得ることができる。また、アルケンはシクロアルケンとして生成するので、これにより直鎖のアルケンよりも水素／炭素比が小さくなることにもよる[20]。

②CHJ燃料の特性など

CHJ燃料は、n-パラフィン、iso-パラフィン、シクロパラフィン、芳香族を含んでおり、化石燃料由来のジェット燃料の成分とほぼ同じである。密度も熱量も化石燃料由来のジェット燃料と同じで、クリーンであり熱的安定性も高い。いずれもASTM D7566の基準を満たしている[21]。このプロセスはISOCONVERSION、燃料の商品名はReadijetである。本法で作ったCHJ燃料は、ASTM D7566 Annex 6に認証され、最大50%まで混合できる。

9 藻類を原料としたHC-HEFA燃料

微細藻類は陸上のバイオマスに比べて生産性が桁違いに高いといわれており、エネルギーの原料として有望視されている。中には炭化水素や脂肪酸を含むものもあり、これを原料としてバイオジェット燃料を作ることができる[22]。

このプロセス名は正しくは、

HC-HEFA-SPK
Synthesized Paraffinic Kerosene from HydroCarbon-Hydroprocessed Esters and Fatty Acids

であるが、以後HC-HEFAと略記する。基本的には、前述したAnnex 2と同様の方法である。

1 製造プロセス

微細藻類から燃料油を製造する方法は一般的には、**図5.15**に示すように、培養、収穫、脱水、抽出、水素化などの改質というステップが必要となる。

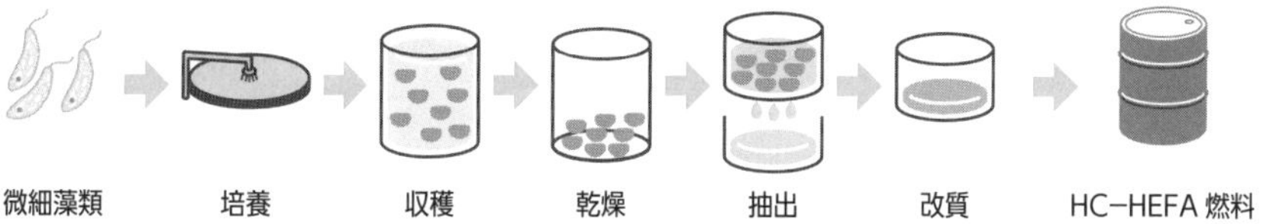

図5.15 微細藻類からのHC-HEFA燃料の製造プロセス

対象となる有望な微細藻類としては、ドナリエラ、ボトリオコッカス、オクロモナスなどがあり、それぞれ脂質の含有量は**表5.2**のように報告されている[23]。

表5.2 代表的な微細素類に含まれる脂質の含有量

種類	脂質含有量(%)
ドナリエラ	54
ボトリオコッカス	60
オクロモナス	37～71

培養法には大別して、開放系のオープンポンド方式[6]と閉鎖系のバイオフォトリアクター方式[7]がある。レースウエイ型[8]のような典型的な開放系システムはコストが低いが、外部環境と直接接触するので水分の蒸散量が多く、捕食やコンタミ[9]の危険度も高い。一方、閉鎖系システムは光の利用効率が高く、管理が容易でコンタミの危険度が低い反面、コストが高い。培養した微細藻類の濃度は、培養液1リットルに対して0.5gから2g程度であると報告されている[24]。

乾燥前に、ろ過や塩化鉄を加えて凝集して濃縮し、さらに遠心分離などで脱水する。乾燥した藻体をn-ヘキサン、クロロフォルム、ベンゼン、ジエチルエーテルなどで脂質を抽出し、水素化やクラッキングを行い必要に応じて蒸留工程を経て、最終目的物であるバイオジェット燃料ができる。藻類に含まれるのが炭化水素であれば水素化やクラッキングを行うが、トリグリセリドの場合は前述したHEFA-SPK製造と同様の手順でバイオジェット燃料ができる。

2 HC-HEFA燃料の特性など

本法で作られたバイオジェット燃料の性状は、2で説明したAnnex 2のHEFA-SPKとほぼ同じである。これはASTM D7566規格Annex 7に適合し、化石燃料由来のジェット燃料に最大で50%混合できSAFとして航空機に給油できることなった。ただし、2019年にアメリカ連邦航空局(FAA：Federal Aviation Administration)が制定した、簡易的な認証方式であるFast Trackで認証されたために、混合上限が10%となっている[25]。今後、追加審査を受けることで50%混合率にすることができる。

6 **オープンポンド方式**　微細藻類の培養方式で屋外に設置する円形あるいはレースウエイ型の培養システム。

7 **バイオフォトリアクター方式**　閉鎖型の微細藻類の培養方式。光合成効率は良いが、オープンポンド方式に比べて設備費用が高い。

8 **レースウエイ型**　オープンポンド方式の培養システムで、競技場のトラックに似ていることから名付けられている。

9 **コンタミ**　英語の「コンタミネーション（日本語で汚染を意味する）」を略した言い方で、製品に混入した不純物のこと、または製品に不純物が混入すること。

Column 5

アメリカでエタノールから併産されるCO_2の有効利用

2章で解説したように、アメリカでのトウモロコシを原料とするエタノール工場では、トウモロコシからエタノール、DDGS(Distiller's Dried Grains with Solubles)と呼ばれる家畜飼料、CO_2がそれぞれ重量で3分の1ずつ生産されている。アメリカでは2020年に約5,300万トンのエタノールが生産されているので、ほぼ同量のCO_2が排出されている。鉄鋼業や製油所から排出されているCO_2とは異なり、バイオマスであるトウモロコシ由来であり、純度は99%以上であるので、このCO_2はグリーンでかつクリーンといえる[26]。CO_2回収・貯留(CCS：Carbon dioxide Capture and Storage)として地中に貯留することもできる。しかし、これをエネルギー源として利用する方が環境的にも経済的にも有利である。CO_2を化学的あるいは電気化学的にCOに還元し、これと再生可能エネルギーで作ったH_2から、合成発酵によりエタノールを作ることができる。仮に、この方法でエタノールを作ればエタノール収量が37%増産できると報告されている[27]。

いいかえれば、トウモロコシを新たに植えることなしに、2,300万トンのエタノールが増産できることになる。CO_2と水素からは、エタノール以外にもいわゆるe-fuelを製造することができる。これはCO_2有効利用(CCU：Carbon dioxide Capture and Utilization)の模範例ともいえよう。

日本においては、北海道苫小牧市でCCS実証試験が行われている（**コラム図5.1**）。これは出光興産株式会社の北海道製油所の水素製造装置からのCO_2含有ガスを分離・回収してCO_2を海底下の地層に貯留するもので、目標とした30万トン圧入を達成している[28]。CCSもCCUも、このように実証段階から商業化に向けて動き出している。

コラム図5.1　CCS大規模実証実験設備
出典：日本CCS調査株式会社「苫小牧CCS大規模実証試験」[29]

5.3 バイオジェット燃料のCO_2削減効果

表5.3はASTM 7566のAnnex 1からAnnex 7の中で、4種類のバイオジェット燃料のCO_2削減効果である。化石燃料由来のジェット燃料はMJあたり87.5gのCO_2を排出するので、これを基準にどの程度削減されたかを示している。

表5.3　バイオジェット燃料のCO_2削減効果

技術	原料	排出量(g-CO_2／MJ)	削減率(%)
	従来のジェット燃料	87.5	−
FT	木質チップ[30]	4.8	95
	ポプラ[31]	10	89
	スイッチグラス[32]	6.6	92
HEFA	廃食用油[33]	27	69
	ジャトロファ[30]	30	66
	パーム油・大豆油・菜種油[30]	40～70	20～54
	動物性油脂[30]	10	89
	微細藻類[33]	27～42	52～69
	微細藻類[34]	26	70
	微細藻類[35]	—	−70
SIP	サトウキビ[33]	22～80	9～75
	サトウキビ[36]	16	82
ATJ	トウモロコシ由来のエタノール[33]	55～71	19～37
	トウモロコシ由来のエタノール[33]	18～26	70～79
	サトウキビ由来のエタノール[34]	31	65
	ポプラのガス化による合成ガス[33]	32～73	17～63

削減効果を調べるには、CO_2排出に関してどのようなモデルを使うのかによっても異なるし、また想定する規模によっても数値が変ってくる。現時点では、商業規模でバイオジェット燃料を製造しているケースは少ないので、ある程度の規模を想定して試算することが多い。また、規模拡大を想定する場合、これにともなう不確定要素が出てくることもあるので単純に比較することはあまり意味がないが、ある程度の傾向は見ることができる。

1 FT合成バイオジェット燃料のCO_2削減効果

FT合成に関しては、木質チップやポプラで多少の差はあるものの、比較的高い削減効果が認められる[30][31][32]。この技術そのものは石炭や天然ガスを原料として長年の蓄積があるので、バイオマスのガス化に多少の課題はあるものの実証済み技術(proven technology)であり、この点は大きな利点である。

2　植物油バイオジェット燃料のCO_2削減効果

HEFA-SPKに関しては、植物系油脂として廃食用油、ジャトロファ、パーム油、大豆油、菜種油のCO_2削減率は30%から70%となっている[30][33]。廃食用油を原料とした場合は、植物油の栽培に係るエネルギー投入量が少なく見積もられLCA的に有利になる。

3　微細藻類バイオジェット燃料のCO_2削減効果

微細藻類に関しては、非常に高い削減率を示すケースがある一方[33][34]、逆にCO_2が増加するケースもある(－70%)[35]。これは中国の精華大学のオープンポンド培養による報告であり、投入エネルギーは化石燃料由来のジェット燃料製造に必要なエネルギーより30%増加するという結果である。培養や抽出などに加えて、抽出残渣の発酵で排出されるメタンなどの影響も考慮している。この技術は培養する微細藻類の種類や培養設備の規模、気候条件などに大きく依存するので、CO_2削減効果の評価にはもう少し時間を要すると思われる。

4　SIPバイオジェット燃料のCO_2削減効果

SIPに関しては報告例が少ないが、糖から炭化水素への転換率が92%と高いケースがある[36]。2例だけではあるが削減率には幅がある。使用する酵母の生産過程を含めて、精度の高い定量的評価が必要である。

5　ATJ-SPK法で製造したバイオジェット燃料のCO_2削減効果

❶ CORSIA適格燃料

ATJ-SPK法に関しては、CO_2削減率は60～75%である[33][34]。トウモロコシ由来もサトウキビ由来のエタノールも、これらを原料としたバイオジェット燃料はほぼ同様のCO_2削減率といえる。

SAFを利用するためには、燃料の品質がASTMの規格を満たす必要があり、ICAOのCO_2排出削減枠組みに対応するためには、持続可能性を担保する観点からCORSIA適格燃料[10]として認証を得る必要がある。

② 土地利用の変化にともなうCO_2排出量

CORSIAではバイオジェット燃料について、CO_2排出量に直接土地利用変化(Direct Land Use Change)に加えて間接的土地利用変化(ILUC：Induced Land Use Change)によるCO_2排出量も加味している[37]。

図5.16は直接的および間接的土地利用変化を解説したものである。直接土地利用変化というのは、たとえば従来森林であった場所に作物を植えた場合は、森林伐採によって森林が畑に変わるように土地利用に変化が起こることである。これに対して間接的土地利用変化は、ある土地に植えた作物Aの栽培が拡大することによって、従来そこで栽培されていた作物Bが収穫できなくなり、Bを栽培するために新たに、森林伐採や泥炭地開発などを行う土地利用である。

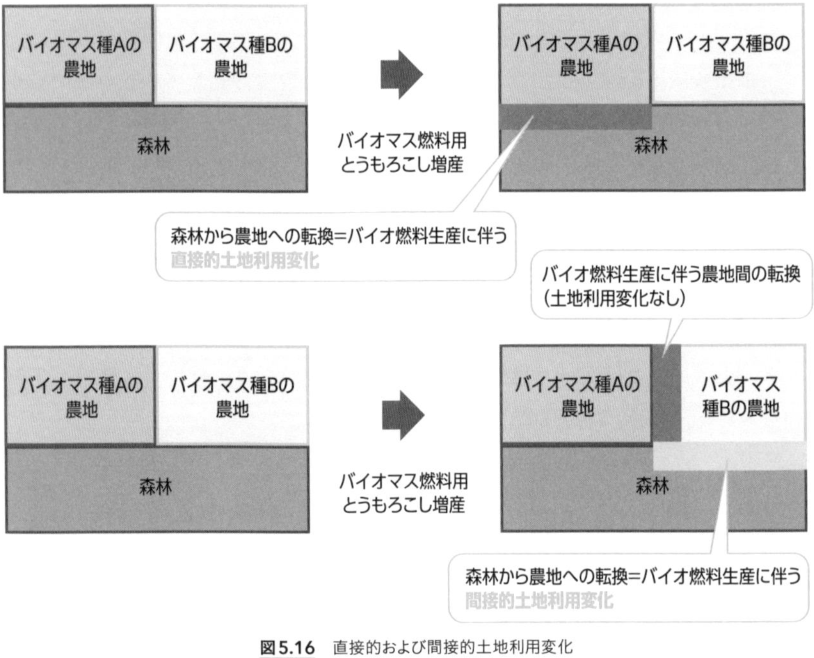

図5.16 直接的および間接的土地利用変化
出典：経済産業省・資源エネルギー庁「バイオマス発電燃料の食料競合について」(2020)[38]をもとに作成

10 **CORSIA適格燃料** 2021年からは航空機の運航で発生したCO_2排出量のオフセットが義務付けている。CORSIAの規定に沿った代替燃料を適格燃料と定め、オフセット義務分から控除されることが認められている。

CORSIAによれば、アメリカのトウモロコシ由来のエタノールによるATJ-SPK燃料のCO_2排出量は55.8g-CO_2/M J であるが、間接的な土地利用変化にともなうCO_2排出量は22.1g-CO_2/MJで、あわせて77.9g-CO_2/MJとなっている。すなわち、削減率は36%から間接土地利用変化を加味することで11%に減少する。一方で、アメリカの全米再生可能燃料協会(RFA Renewable Fuels　Association)によれば、エタノール生産にともなうCO_2排出量は現時点では対ガソリン比で40～45%、今後2年から5年で50～60%、8年から10年で80～90%になると報告されている[39][40]。ここでは土地利用に関連して、土地の土壌炭素の蓄積も示されているので、CORSIAとの見解とは必ずしも一致していない。エタノールのCO_2 排出係数が異なれば、これを基にしたCO_2削減率の算出にも大きな影響がある。適正な評価のためには、さらなる検証が必要と考えられる。

これまでのバイオジェット燃料のLCA的なCO_2削減率の推定にあたっては、商業化されていても規模的には小さいものが多い。また、中には実証段階にも至っていないものもある。規模が拡大し基盤実験から実証段階を経て商業化規模に進展するにしたがって、より精緻で正確な評価がされると考えられる。

5.4 〉バイオジェット燃料の開発状況

1 国内のバイオジェット燃料の開発状況

日本でNEDOを中心にバイオ燃料の開発を進めている。**表5.4**は主な開発プロジェクトをまとめたものである。

表5.4 国内の主なバイオジェット燃料の開発状況

プロセス	開発事業者	原料	技術内容	補足
FT-SPK	三菱パワー株式会社・JERA・TEC・JAXA	木質バイオマス	粉砕した木質バイオマスを噴流床ガス化炉でガス化して合成ガスを作り、FT合成のあと水素化分解し、蒸留・精製してFT-SPK燃料を得る	2021年3月にASTM D7566 Annex 1に認証される
ATJ-SPK	Bits・三友プラントサービス株式会社など	古紙パルプなど	古紙やパルプのセルロース分を分解してグルコースに変換してアルコール発酵し、触媒反応でバイオジェット燃料を製造する	NEDO事業として行われていたが、2019年に終了
ATJ-SPK	積水化学工業株式会社	有機性廃棄物	廃棄物系バイオマスをガス化し、合成ガスからの発酵法でエタノールを作り、ATJの原料とする	LanzaTech社と共同研究
HC-HEFA	IHI	ボトリオコッカス・ブラウニー(微細藻類)	微細藻類であるボトリオコッカス・ブラウニーを大量培養し、炭化水素を抽出変換してバイオジェット燃料を製造する	2020年5月にASTM D7566 Annex 7に認証される
CHJ	株式会社ユーグレナ	ユーグレナ(微細藻類)	ユーグレナを培養して有用成分の抽出、改変によりバイオジェット燃料を製造する	2020年3月にASTM D7566 Annex 6に認証。CLG社、ARA社と共同開発
HC-HEFA	電源開発株式会社	海洋珪藻類	大規模ハイブリット培養システムにより、安定培養技術を確立する	東京農工大学・関西学院大学・東京理科大の3大学と連携して技術実証を行う
HC-HEFA	ちとせ研究所	微細藻類	火力発電所排気ガスを利用した大規模培養施設で実証試験を行う	マレーシア・サラワク州の研究機関と共同開発

出典：新エネルギー・産業技術開発総合機構(NEDO)「NEDOセミナー「持続可能な社会実現に向けたバイオの貢献と可能性」BioJapan2021」[41]をもとに作成

❶ FT合成の研究状況

FT合成に関しては、三菱パワー株式会社が中心となり研究開発を進めている。粉砕した木質チップを噴流床ガス化炉でガス化し、合成ガスからFT-SPKを製造するもので、2021年3月にASTM D7566 Annex 1の認証を得ている[42]。2030年頃の商業化に向けてスケールアップが容易であることから、需要増加に対応した大量供給が可能な技術として有望視されている。

2 ATJ-SPK法の研究状況

ATJ-SPKに関しては、株式会社Biomaterial in Tokyo(Bits)と積水化学工業株式会社が中心に研究開発を行っているが、中心課題はエタノール生産であり、前者は古紙パルプやコーヒー粕の分解、糖化により[43]、後者は都市ゴミをガス化して得た合成ガスによる発酵によってエタノールを生産するものである[44]。このような方法でエタノールが得られれば、脱水によるエチレン生成や重合は比較的容易な技術であるので、実用化が期待できる。日本でのバイオエタノール生産の可能性はないとはいえないが、原料の供給安定性に課題があり、当面は輸入するのが現実的といえる。

3 HC-HEFA法およびCHJ法の研究状況

HC-HEFAの技術に関しては、IHIが微細藻類のボトリオコッカスを、CHJの技術に関しては、ユーグレナ社がユーグレナを原料として、バイオジェット燃料を製造し、それぞれASTM D7566のAnnex 7とAnnex 6の認証を得ている[45][46]。両グループとも、原料からバイオジェット燃料までの一貫製造プロセスに技術的に成功している。今後の課題は、商業化に向けて大規模化と経済性の確保になる。その他、微細藻類の培養に関しては、電源開発株式会社が海洋珪藻、株式会社ちとせ研究所が成長が早く、有用成分を多く含むクロレラなどの大量培養を目指して基盤的な研究開発を行っている。

2 世界のバイオジェット燃料の開発状況

表5.5は世界の主なバイオジェット燃料の開発状況である。2019年の世界の航空用燃料の消費量は約3億3000万トンであったが、2020年度は新型コロナの影響で2億トンにまで減少している[47]。一方、2020年時点で世界のSAFの生産量は約6.3万トンであり、世界のジェット燃料供給量の0.03%に過ぎずきわめて微々たるものである[48]。

表5.5 世界の主なバイオジェット燃料の開発状況

プロセス	開発事業者	国	原料	商用化時期・実施場所	補足
FT-SPK	Fulcrum BioEnergy	アメリカ	都市ゴミ	大都市圏で発注する都市ゴミを原料にし、ガス化合成によりFT-SPKを製造する。10万トン規模の生産を計画	イギリスのMAGと連携。丸紅・JALなどが国内事業を検討
ATJ-SPK	LanzaTech	アメリカ	都市ゴミ・工場排ガス	2018年にASTMの認証を受け、デモプラント実証および実証フライトを終えて商業プラントの建設段階。	三井物産、ANAなどが国内事業を検討中
ATJ-SPK	GEVO	アメリカ	トウモロコシ由来エタノール	ADMがSAF用のバイオエタノールをGEVOに供給。SAFと炭化水素を製造	当初は炭素捕獲、利用、CCUSを計画していた
HEFA-SPK	Neste	フィンランド	植物油 廃食用油	すでに、シンガポール、フィンランド、オランダなどで商用化規模で生産	ANAがNeste社のSAFで商用フライトを実施している
HEFA-SPK	World Energy	アメリカ	植物油・ 廃食用油	すでに商用化。カリフォルニア州のパラマウントからロスアンゼルスまでパイプラインで供給	改質技術はHoneywell UOP社の技術を使用
HEFA-SPK	Boeing	アメリカ	植物油	2018年にニートのバイオ燃料のみで試験フライトを行う	ASTM認証規格を主導
SIP	Total	フランス	糖	Amyrisがブラジルで年間5万m^3のファルネセン生産のバイオリファイナリーを建設	2014年にASTM D7566 Annex3に認証
	Amyris	アメリカ			

出典：経済産業省・資源エネルギー庁「CO_2等を用いた燃料製造技術開発プロジェクトの研究開発・社会実装の方向性（案）」(2021) [48] ／新エネルギー・産業技術開発機構(NEDO) TSC Foresight Vol.37「次世代バイオ燃料（バイオジェット燃料）分野の技術戦略策定に向けて」[49] をもとに作成

❶ FT合成の研究状況

FTに関しては、Fulcrum BioEnergy社が大都市圏で発生する都市ゴミを対象としてガス化を行い、FT-SPK燃料を製造している。ネバダ州で年間約17万5000トンの都市ゴミを原料として4万トンの燃料を製造するプラント建設を計画している。都市ゴミを原料とすることで供給の安定性とコスト削減が可能となる反面、分別前処理、ガス精製とガス化技術の効率性の向上が課題となる [50]。

❷ ATJ-SPK法の研究状況

エタノールを出発物質とするATJ-SPKに関しては、最近GEVOがADMと共同SAF協定を結び、ADMは約340万ｋＬのトウモロコシ由来のエタノールをGEVOに提供して、190万ｋＬのSAFと持続可能な炭化水素の製造を計画している [51]。合成ガス発酵によるATJ-SPKはLanzaTechによって開発が進められており、都市ゴミのガス化による合成ガスからの微生物発酵によるエタノール製造とともに、ビート由来のエタノールを原料としてバイオジェット燃料の研究開発実証を行った。そのバイオジェット燃料を用いてバージン・アトランチックのデモフライトを成功させている [52]。

3 HEFA-SPK法の研究状況

HEFA-SPKは原料として、比較的入手しやすい廃食用油や植物油などを使うためにNeste社などで製造され商用化段階にある。Neste社はフィンランド、オランダ、シンガポールに製造拠点を持っている。同社は植物油からのバイオディーゼル製造で実績がある。ルフトハンザ航空には2011年から供給しており、KLM航空にも2019年に75,000万トンの調達を実施すると発表している[53]。World EnergyもBoeingも同様のプロセスによりHEFA-SPK燃料を製造している。World Energyはカリフォルニア州の製油所で製造したバイオジェット燃料をロスアンゼルス空港へパイプラインで供給している。Boeingはバイオジェット開発の初期段階から、デモフライトプロジェクトにも積極的に関わってきた。2018年にはニート燃料のみで試験フライトを実施した。

4 SIP法の研究状況

SIPプロセスに関しては、Amyrisがブラジルのサンパウロに、年間5万m^3規模のファルネセン生産のバイオリファイナリーを建設している[10]。売値に関しては、ガソリンと同程度のガロン当たり3ドルを見込んでおり、このために、プロセス統合、微生物の耐性強化、代謝生産性の向上、分離精度の向上などが必要である[54]。

5.5 バイオジェット燃料導入へのこれからの課題

製造されたSAFが航空機に実際に利用されるためには、条件が満たされなければならない。後述するように、2050年の日本のSAFの想定需要量は2,300万kLと大量である。SAFの燃料としての条件はASTMの規格を満足しなければならない。一方で、前述したようにCO_2排出量をはじめ環境面ではCORSIAの規定に沿った代替燃料としての適格性が求められている。

それ以前の問題として、SAFを製造するためにさまざまなバイオマス資源が現実的に入手可能なのか、仮に原料が入手できたとしても大量のSAFを製造する技術が実用化あるいは商業化規模の段階にあるのかという課題がある。さらには、ある程度の製造コストの上昇はやむを得ないとしても、市場規模などを想定して容認できる適切なコストであることも必要である。**図5.17**は、これらの関係を示したものである。以下に、順を追って説明する。

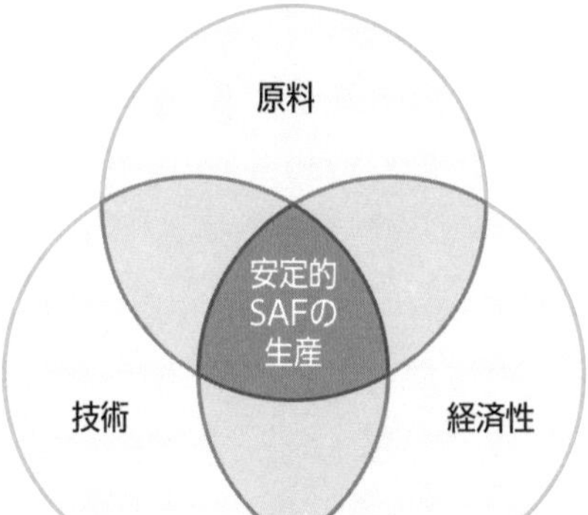

図5.17 安定的なSAF製造の条件

1 原料調達の課題

SAFの原料は当然ながらバイオマスであり、木質系バイオマス、草本系バイオマス、廃棄物系バイオマス、植物油系バイオマス、藻類など多岐にわたっている。

1 FT-SPKの原料

FT合成によるバイオジェット燃料の原料には、木質系バイオマス、草本系バイオマスに加えて廃棄物系バイオマスがある。日本では、これまで未利用だった木質系バイオマスはFIT制度[11]により需要が喚起され、外国から木質ペレットが輸入されている現状を考えると、国内の木質系バイオマスはFT原料としては過大な期待はできない。イナワラやモミガラのような草本系バイオマスも状況はかわらない。海外の条件の許すところで、エネルギー作物を環境に配慮しながら、ショートロテーションで早生樹を育成するようなシステムを確立することが現実的である。一方で、一般廃棄物を利用するのも現実的であり、LanzaTechやGEVOの取り組みは注目に値する。

2 HEFA-SPKの原料

HEFA-SPK燃料の原料は植物油や廃食用油であるが、植物油は食料との競合、廃食用油は供給量の制約という問題がある。日本では廃食用油の排出量は年間で50万kL程度であり、すでにバイオディーゼル燃料に使われている。パーム油、ジャトロファ、菜種油、ヒマワリ油、大豆油もHEFA-SPK燃料としては供給ポテンシャルに一定の制約があると考えられる。

3 ATJ-SPKの原料

ATJ-SPKの原料であるエタノールは、車両用の燃料用として世界で約1億kL生産されているが、まだ余力はありそうである。コラム欄で紹介したように、アメリカではトウモロコシの作付面積を拡大することなしに、収量を増加させており、この傾向はまだまだ続きそうである。エタノール製造において併産されるCO_2は化石資源ではなくバイオマス由来であり、かつ純度が99%と高いので、クリーンかつグリーンCO_2といって差支えがない。トウモロコシから発酵でエタノールを作り、発酵から出たCO_2と再生可能エネルギーで生産したH_2でエタノールを生産できるので、将来はカーボンニュートラル燃料の増産が可能となる。また、トウモロコシ由来のエタノールのCO_2排出係数は年々減少傾向を辿っている。このよう状況を考えれば、トウモロコシ由来のエタノールは大いに有望である。ただし、発酵エタノールはSAFの原料としては唯一のコモデティケミカル

11 **FIT制度** 再生可能エネルギーの固定価格買取制度（Feed-in Tariff）のことを指す。「電気事業者による再生可能エネルギー電気の調達に関する特別措置法（FIT法）」に基づき、2012年7月に開始し、一般家庭や事業者が再生可能エネルギーで発電した電気を、電力会社が買い取ることを国が約束する制度である。

であるため、生産コストに対して一定の比重を占めることになる。

④ HC-HEFAの原料

HC-HEFAの原料である微細藻類は、まだ安定的な大量培養には至ってないと思われるが、微細藻類の生産性の高さには大きなポテンシャルが期待できる。海水で培養できる微細藻類もあるので、この分野は将来に期待したい。ただし、商業的規模で培養可能で採算性がとれるには、光合成活性が高い、培養速度が速い、有用成分の含有率が高い、捕食されづらい、強光や高温耐性があり、雑菌汚染に強い、回収されやすい大きさで細胞膜が弱いなどの条件を満たす必要がある。

いずれにしても、現段階では原料の確保についてはどれも課題を抱えているが、単一の原料に依存するのではなく、多様な原料についてその可能性を追求すべきと考える。

2 製造技術の課題

バイオジェット燃料を製造する技術にはこれまで紹介してきたように多々あるが、既存技術で実績のあるものは、FT-SPK、HEFA-SPK、ATJ-SPKなどがある。

① FT-SPKの製造技術

FT合成は前述したように、1920年代から石炭のガス化により石油代替の炭化水素を製造してきた実績がある。原料が石炭からバイオマスに変わっても基本的に同様の手法が適用できる。触媒改良や最適反応条件の探索により、さらに高い選択率や変換率が期待できる。

② HEFA-SPKの製造技術

HEFA-SPKについてもすでに言及したように、廃食用油や植物油からディーゼル代替となる脂肪酸メチルエステル(FAME：Fatty Acid Methyl Ester)を製造する技術は確立されており、特段の新規技術は不要であり安定した技術である。

③ ATJ-SPKの製造技術

ATJ-SPKはエタノールなどのアルコールが入手できれば、脱水と重合反応によりバイオジェット燃料が合成できる。この過程は比較的容易であるが、発酵法ではない方法、すなわち合成ガス発酵によるエタノール製造技術は、ガス化後のガス精製に課題が残ると思われるものの実用化に期待がかかっている。したがって、当面は原料には発酵法で製造されるエタノールを利用することが現実的である。

4 SIPの製造技術

SIPは糖を原料とし、単一の化合物を製造することに特徴がある。技術的には確立されつつあるが、最終生産物であるバイオジェット燃料の中間体が付加価値の高い医薬品や化粧品として利用できるので、バイオジェット燃料に使われるか否かには疑問がある。現段階ではもっとも製造コストが高いと評価されている。

5 FT-SPK/Aの製造技術

FT-SPK/Aは非化石資源からの芳香族炭化水素の原料として、将来第二世代バイオエタノール工場から排出されるリグニンが有望とされている。リグニンを含む残渣物は、発電や熱としてエネルギー回収するよりも、芳香族炭化水素の原料として利用する方が価値がある。LCA的にも有利であり将来が期待される[55]。

6 CHJの製造技術

CHJはSIP同様に製造プロセスで必要なステップが多いために、ランニングコストが高い。全体のコストのうち設備コストとランニングコストが75%を占めるので、サプライチェーンの拡大にともないコストを下げることが必須である。CHJ燃料の成分は化石燃料由来のジェット燃料に近いので、長期的にはニートで航空用燃料として使える可能性がある[56]。

7 HC-HEFAの製造技術

微細藻類を使ったHC-HEFA燃料には、まだまだ培養方式の改善の余地があると考えられる。培養速度が速く目的物質を高選択率で得るために、微細藻類の探索に加えて、バイオテクノロジー技術を利活用できるのでゲームチェンジングな技術革新が期待できる。

3 バイオジェット燃料の経済性

航空業界では、燃料コストは固定費の中で最大であり平均で22%を占めている。SAFは化石燃料由来のジェット燃料コストよりは高く利用する上での障壁になる。

現在、先行しているHEFA-SPK燃料のコストについて、原料の廃食用油が原料の場合は想定製造規模が17万～36万トンでリットルあたり121～143円、大豆、ジャトロファ、カメリアなどは規模にもよるが90～260円程度である。これに対して、微細藻類ではアメリカで355～741円、オーストラリアでは1,027円となっている。ただし、微細藻類の想定製造規模は2.6万～6万トンである[46]。したがって、HEFA-SPKよりも他の方法ではコストが高くなると予想される。

2020年1月の総合イノベーション戦略推進会議が決定した「革新的環境イノベーション戦略」によれば、バイオジェット燃料のコストに言及しており、2030年では目標としてリットルあたり100円から200円を想定している。微細藻類からのバイオジェット燃料コストは、現状では1600円と推定されている。微細藻類由来のバイオジェット燃料製造に関しては、安価な培養システム、大規模実証に加えて遺伝子改変技術確立などコスト削減には多くの課題が残っている[57]。

表5.6は2030年と2050年における日本のSAFの想定需要や想定市場規模など経済効果とCO_2削減量である[49]。**図5.1**に示したように、2019年度の航空業界から排出されたCO_2量は約1,000万トンである。**表5.6**によれば、2030年には、この排出量の50～85%を削減することになる。現状のSAFの生産量からみれば、相当大きな削減量である。

表5.6　SAF導入により想定される経済効果とCO_2削減量

	2030年	2050年
SAF想定需要	250万kL～560万kL	2,300万kL
CO_2削減量	506万t～849万t	5,233万t
市場規模(日本)	2,500億円～1.1兆円	2.3兆円
市場規模(アジア)	―	22.0兆円

出典：経済産業省・資源エネルギー庁「CO_2を用いた燃料製造技術開発プロジェクトの研究開発・社会実装の方向性(案)」(2021年10月)[49]をもとに作成

日本の石油業界は、国内の石油製品需要の構造的な減少に加えて、2050年カーボンニュートラルに向けた世界的な動向の中で、既存設備を生かしたSAF供給インフラ企業として地位を確立する必要がある。さらに、海外におけるSAFを取り巻く環境・情勢を踏まえつつ、SAFの製造設備や運用技術・ノウハウを海外、特にアジア諸国を対象として展開することが戦略的に重要である。市場規模については2030年ではリットルあたり100～200円、2050年では100円と想定している。コスト削減のためには、原料の安定的な供給能力の確保、技術的な課題の克服に加えて、サプライチェーンの確立も重要である。

第 6 章

バイオエタノールの新たな用途への展開

第6章　概要

本章では、バイオエタノールの新たな用途の開発として、バイオ化学原料・製品やバイオプラスチック用途の開発ならびに今後のバイオエタノールプラットフォームへの展開を解説する。

その中でも特に、廃棄物系バイオマスを含む非可食バイオマスからのさまざまなバイオ変換や触媒反応による高付加価値物質(製造工程で高い価値になる物質)の製造・合成ルートなどを紹介する。

それらの実証・実用化に向けた今後の課題と、その解決法による取り組み状況をまとめた。

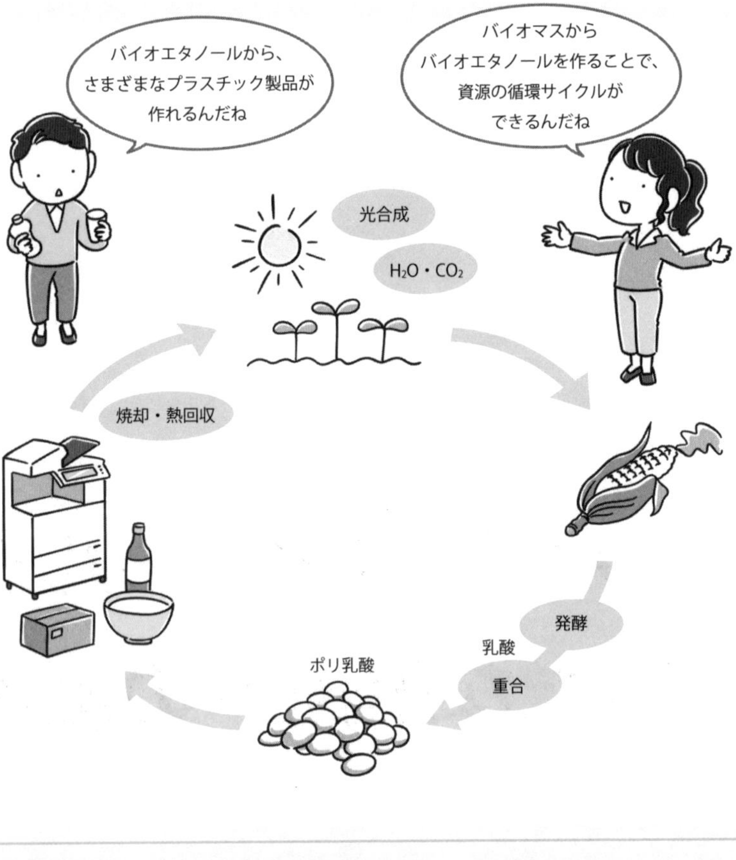

6.1 〉バイオエタノール技術の可能性

1　バイオエタノールの利用が推進される背景

5章でも解説したように、世界的なバイオエタノール市場はガソリンブレンド用を中心に拡大してきている。その中でもパリ協定や2021年10月に開催されたCOP26における運輸部門での燃料や産業・化学部門での化学製品などのカーボンニュートラル化に向けた動きが加速している[1]。

特に、海洋プラスチックごみ問題や2050年のカーボンニュートラルに向けたGHG削減のための化学製品の化石燃料を使わない非化石原料化も義務化されつつあり、世界的にもバイオエタノールから製造されたバイオエチレンを原料としたバイオプラスチック製品などが普及してきている[2]。

図6.1に、環境に優しいバイオプラスチックの循環システム例を示した。バイオプラスチックとは、バイオマスプラスチックと生分解性プラスチックの総称である。バイオマスプラチックは、光合成により生成したバイオマス資源から多糖

図6.1　環境に優しいバイオプラスチックの循環システム例
出典：岩田 忠久（東京大学 教授）・日本アイ・ビー・エム株式会社（IBM）「環境を守る新しいプラスチックを作る―原料は植物バイオマス。使用後は用途に応じて分解速度をコントロール」（2020）[3]をもとに作成

類、芳香族化合物や植物油を収穫・抽出して、微生物変換や化学変換によって生産される。バイオマスプラスチック製品が廃棄・回収され、エネルギー回収時に発生するCO_2、あるいは、バイオマスからつくられた一部の生分解性プラスチックが環境中で分解されるときに発生するCO_2が、また光合成でバイオマスに循環利用される。

2　バイオエタノールの利用に向けた取り組み

また、バイオエタノールを基幹物質としてATJやアルコール・ツー・オレフィン(ATO：Alcohol to Olefin)などの研究開発も進み、バイオエタノールの用途拡大につながっている[4]。

さらに、バイオマスを含む有機系廃棄物のガス化によって作られる合成ガスやCO_2を利用して、微生物や触媒によってバイオエタノールを合成する研究開発も実証段階に達しており、廃棄物資源を循環して利用する技術にもバイオエタノー

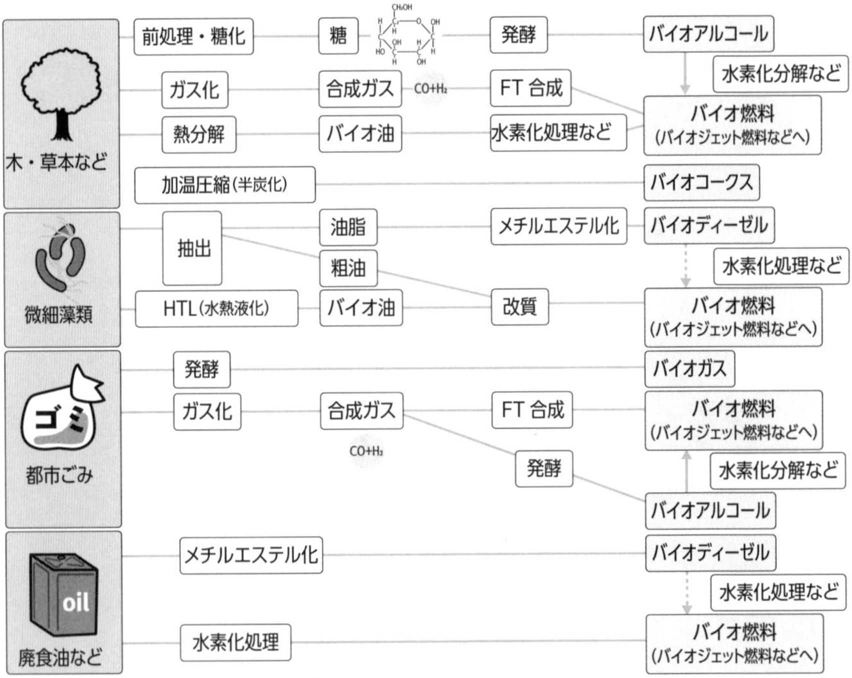

図6.2　バイオプロセスによるCO_2フリー合成燃料の製造スキーム
出典：新エネルギー・産業技術総合開発機構(NEDO) TSC Foresight Vol.21「次世代バイオ燃料分野の技術戦略策定に向けて」(2017)[6]をもとに作成

ルの利用が検討されている[5]。**図6.2**に、バイオプロセスによるCO_2フリー合成燃料の製造スキームを示した。木・草本や都市ごみ等のガス化反応によってCOと水素からなる合成ガスを製造すると、引き続くFT触媒反応によって炭化水素を合成して、バイオジェット燃料などのバイオ燃料を製造できる。

合成ガスからはメタノールを製造して、引き続く触媒転換反応によってガソリン(MTGやオレフィン(MTO：Methanol to olefin))製造プロセスの開発も進められている[7]。また、メタノールから合成できるDME（ジメチルエーテル）は、合成ガス(H_2／CO)比1/1の低水素消費量(トータル反応式：$3CO + 3H_2 \rightarrow CH_3OCH_3 + CO_2$)で製造でき、**図6.3**に示したようにDMEをC3、C4オレフィン化合物やプロパン、ブタンなどの合成LPガスに転換する研究開発も進められている[8]。DMEを合成する際に副生するCO_2の回収・リサイクル利用して、CCUSへの展開も図られると期待されている。

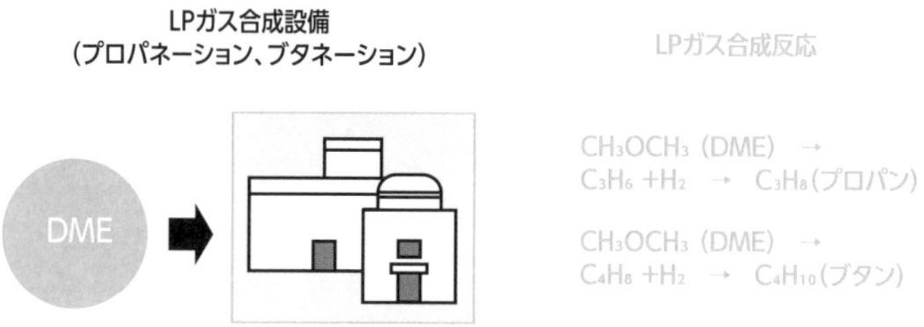

図6.3　DMEからのLPガス (プロパン、ブタン) 合成プロセス
出典：一般社団法人 日本グリーンLPガス推進協議会・エヌ・イー ケムキャット株式会社等の資料をもとに作成

6.2 バイオマスリファイナリーとシュガープラットフォーム

1 バイオマス資源の調達と利活用

バイオマス資源を持続的に利用できるようにするためには、前提条件として消費量に見合う生産量を確保する必要があり、さらに食料生産と競合しないことが求められる。したがって、これまでは主として非可食セルロース系バイオマス(草本系や農業残さなど)を原料として成分分離（リファイナリー）の研究開発が進められている。このリファイナリーという言葉は、これまで主に石油精製プロセスにおいて蒸留などによって成分を分離して利用する際に使われている。これに対して、木質系バイオマスを原料として、同様に成分分離（リファイナリー）して各成分を利用する例を**図6.4**に示している[9]。木質系バイオマスの水熱処理や酸・アルカリ処理などによってセルロース、ヘミセルロース成分とリグニンを分離する。さらにセルロースとヘミセルロースを分離すれば、セルロースからはセルロースナノファイバーを製造でき、ヘミセルロースからはフラン類やキシロオリゴ糖のような高付加価値物質の原料として利用できる。また、セルロース、ヘミセルロース成分を糖化すればグルコースやキシロースを生成し、さらに酒造プロセスと同様にアルコール発酵して生成したバイオエタノールを蒸留して無水化すればガソリンに混合して利用できる。このように、セルロース系バイオマスをグルコースまで糖化すれば、サトウキビやトウモロコシ、キャッサバなどの糖・でん粉系原料と同様に糖化・発酵プロセスが適用できる。このようなグルコースを基幹物質とする燃料や化学製品などの生産システムは、シュガー(Sugar)プラットフォームと呼ばれている。

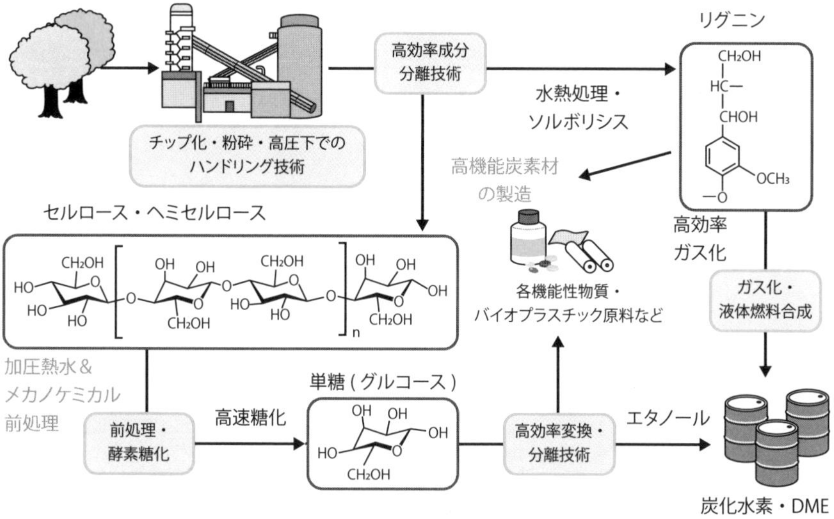

図6.4　セルロース系バイオマスの成分分離(リファイナリー)利用例
出典：国立研究開発法人産業技術総合研究所「きちんとわかる木質バイオマス」(2009)[9]をもとに作成

一方で、セルロース類と分離されたリグニンは、図に示したように芳香族骨格を有しており、その重縮合や炭化反応によって高機能炭素材料やバイオプラスチックなどへ転換できる。またリグニン成分をガス化して合成ガスを製造すれば、前述したようにDMEや合成炭化水素燃料に転換して利用できる。

このような各成分の利用スキームを**図6.5**にまとめている[10]。

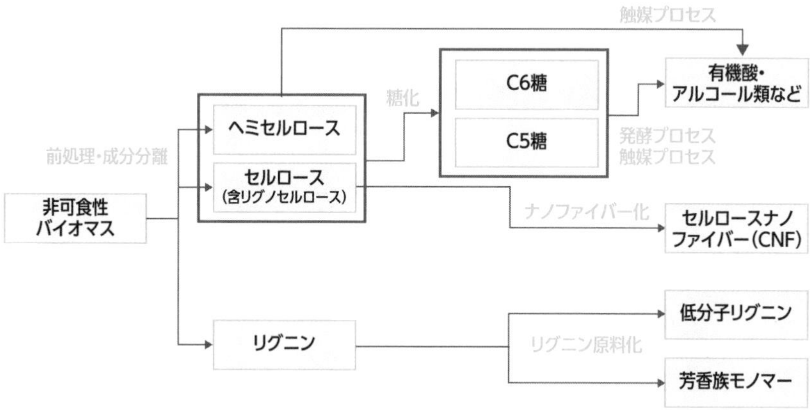

図6.5　非可食性バイオマスからの化学品製造の技術体系スキーム例
出典：新エネルギー・産業技術総合開発機構(NEDO)
TSC Foresight Vol.22「バイオマスからの化学品製造分野の技術戦略策定に向けて」(2017)[10]をもとに作成

セルロースやヘミセルロースは各々グルコースやキシロースなどの単糖ならびに可溶性のオリゴ糖へ転換でき、単糖からはアルコール(エタノール、プロパノール、ブタノールなど)発酵や乳酸発酵などのバイオ変換プロセスによって各種の化学品への転換が図られている。**図6.6**に、バイオマスリファイナリーによる各種バイオケミカル製品の利用例をまとめている。

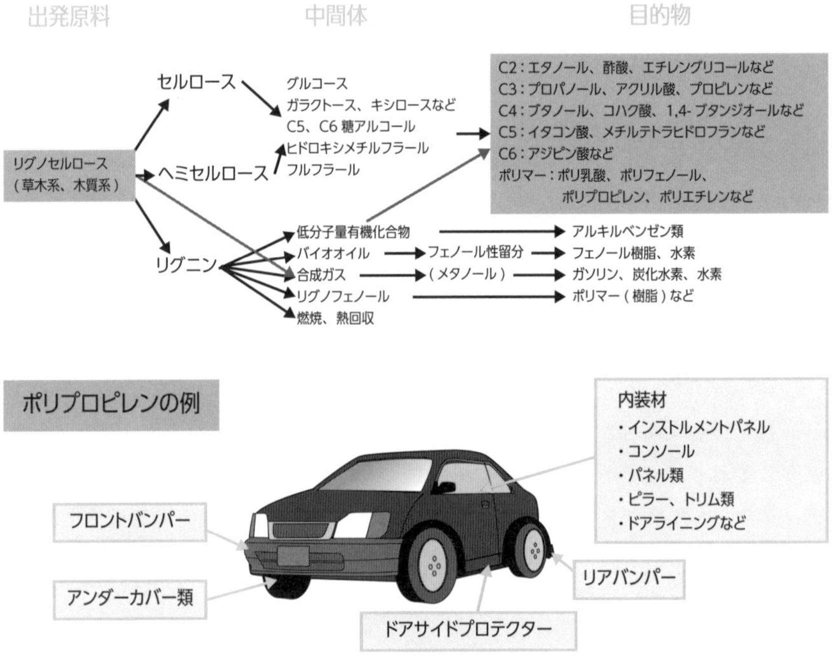

図6.6　バイオマスリファイナリーによる各種バイオケミカル製品の利用例
出典：農林水産省・バイオ燃料技術革新協議会「バイオ燃料技術革新計画(案)概要」(2008)[11]をもとに作成

6.3 バイオエタノールから プラスチックを製造する技術

前節ではバイオマスリファイナリーとシュガープラットフォームについて述べたが、ここではバイオエタノールを出発物質としてエチレンやブテン等のバイオケミカルを製造する技術について述べる[12]。

1 バイオマスを原料としたプラスチック製造

バイオマスからバイオエタノール経由でプラスチックを製造する場合は、基本的にはエタノールの脱水反応によってエチレンを経由することが主流である。石油由来の場合は、通例ナフサ留分のクラッキング反応で生成するエチレンを経由して、ポリエチレンやポリスチレンなどのプラスチックを製造する。**図6.7**に、原油リファイナリーとバイオリファイナリーを比較して示している。

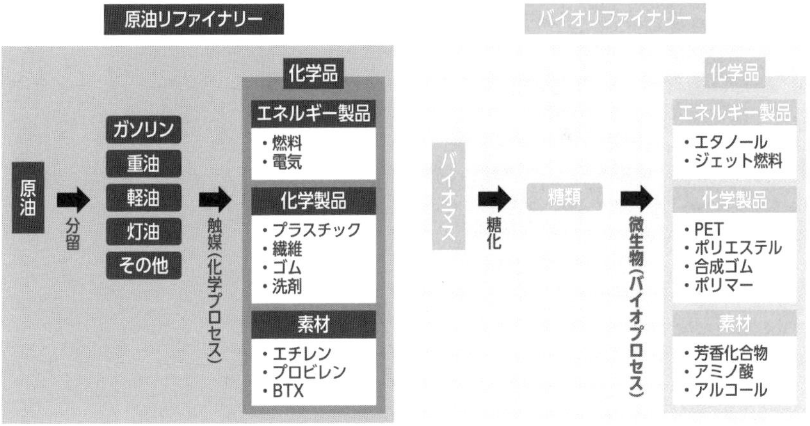

図6.7　原油リファイナリーとバイオリファイナリーの比較
出典：公益財団法人地球環境産業技術研究機構「バイオ研究グループの取り組み」[13]をもとに作成

プロピレンやブテン、1,4-ブタンジオールなどのC3、C4化合物を製造する場合は、石油由来のエチレンなどから製造するより、バイオエタノールからエチレン経由で製造する方が大きなCO_2削減効果が期待できる[14]。また、セルロース系バイオマスからのグルコースへの糖化および引き続く発酵プロセスによるエタ

ノール製造工程では、下記の式に示すように、

$$\text{グルコース}\ C_6H_{12}O_6 \rightarrow \text{エタノール}\ 2C_2H_5OH + 2CO_2$$

グルコース1分子から2分子のエタノールと2分子のCO_2が生成する。このCO_2はカーボンニュートラルであり、かつ燃焼プロセスで得られるCO_2より高純度であるため、通例は炭酸ガス飲料やドライアイスなどとして利用されている[15]。

このような副生バイオCO_2を回収・リサイクル利用して、バイオ水素との反応でギ酸(HCOOH)やメタノールなどのバイオケミカルに転換したり、ポリカーボネートなどのバイオプラスチックを製造する工程をバイオエタノール製造プラントに併設できれば、さらに高効率でCO_2削減効果を最大にするトータルプロセスの構築が期待できる。

2 カーボンリサイクルにつながるバイオリファイナリーシステム

RITEのバイオ研究グループでは、革新的バイオリファイナリー技術の研究開発を推進しており、非可食バイオマスを原料としてエタノール、ブタノールなどの燃料だけでなく、より付加価値の高いグリーン化学品(有機酸、芳香族化合物、アミノ酸など)を製造するようなバイオリファイナリーを提案している(**図6.8**と**図6.9**参照)[16]。この中で、芳香族化合物としてはグリーンフェノールの化学合成法やアニリンのバイオ生産法を見いだしている。

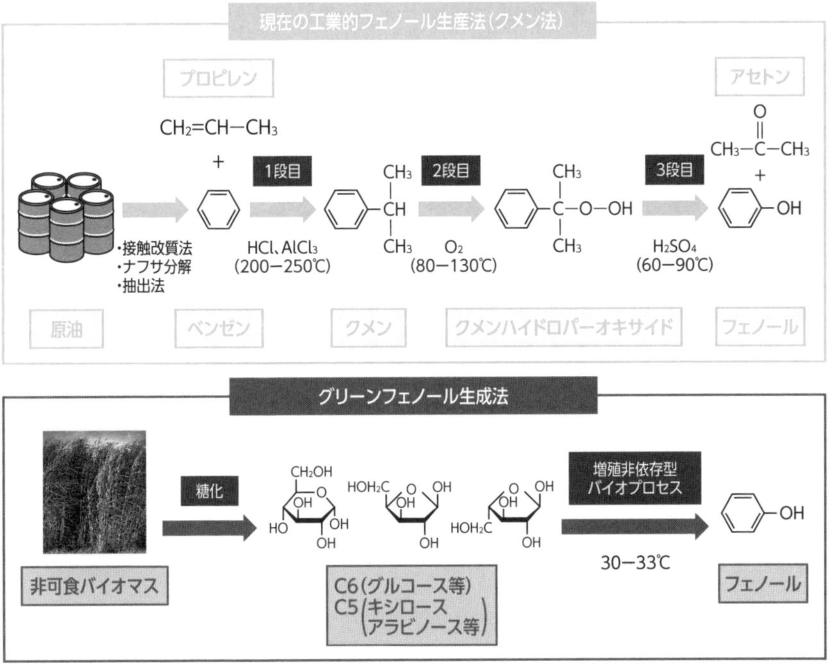

図6.8　RITEによる非可食バイオマスのバイオリファイナリー〜グリーンフェノール合成法
出典：公益財団法人地球環境産業技術研究機構（RITE）・バイオ研究グループ「グリーン化学品生産」[16]をもとに作成

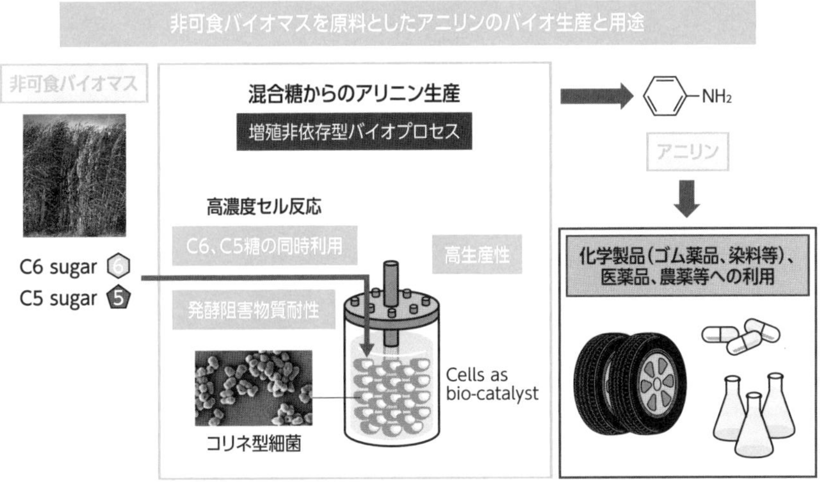

図6.9　RITEによる非可食バイオマスのリファイナリーシステム例〜アニリン合成と用途
出典：公益財団法人地球環境産業技術研究機構（RITE）・バイオ研究グループ「グリーン化学品生産」[16]をもとに作成

6.4 バイオエタノール利用技術の今後の展開

1 バイオエタノールを原料とした化学品の製造

これまで述べてきたように、非可食バイオマスから製造されるバイオエタノールがカーボンニュートラルであり、それに加えてC2化合物であるため、ガソリンブレンド用だけではなく、エチレンやC3、C4化合物などのバイオケミカルやバイオプラスチック原料への利用拡大が進展してきている[17]。

また、バイオマスを含む有機系廃棄物のガス化によって得られる合成ガスやCO_2を利用して、微生物や触媒によってバイオエタノールを合成する研究開発も実証段階に達しており、廃棄物資源の循環利用にもバイオエタノールの利用が図られている。積水化学工業とLanza Tech社では、ゴミ処理施設に収集されたごみを分別することなくガス化し、精製された合成ガスから微生物触媒によってエタノールを生産するプロセスを実証し、その事業化を目指している[18]。そのプロセス概要を**図6.10**に示した。

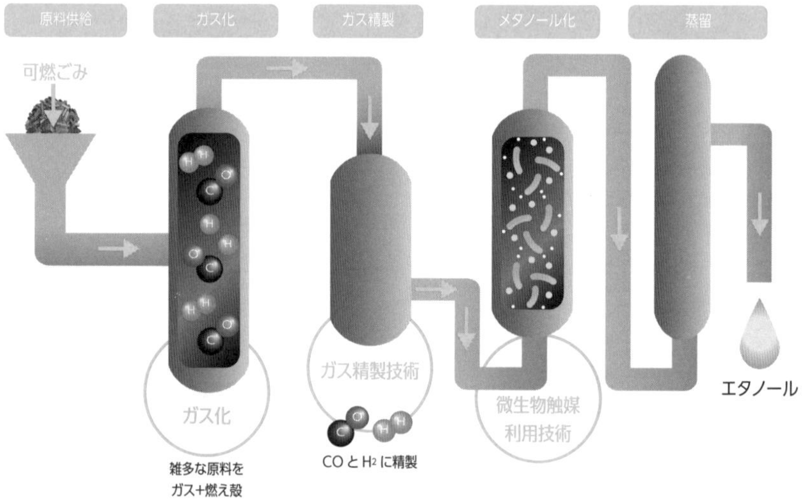

図6.10 積水化学工業とLanza Tech社のゴミからのバイオエタノール製造プロセス
出典：積水化学工業株式会社「“ごみ”を“エタノール”に変換する1/10スケールの実証プラントが岩手県久慈市に完成」(2022)[19]をもとに作成

このプロセスでは、非セルロース系バイオマスを含む種々の廃棄物から高純度の合成ガスを製造できれば微生物変換によってバイオエタノールを製造できる点が特徴である。非可食セルロース系バイオマスの糖化・発酵プロセスによるバイオエタノール製造法に比べて、より多種・多量のバイオマス資源からバイオエタノールを生産できることから、廃棄物のガス化プロセスとの連結によって、セルロース糖化・エタノール発酵より高い収率かつ低コストでバイオエタノールを製造できるプロセスの実用化が期待できる。

さらに、バイオエタノールを基幹物質としてエチレン、プロピレンなどの化学品だけでなく、BTX(ベンゼン、トルエン、キシレン)などの芳香族炭化水素を合成する触媒プロセスの研究開発も進められている(**図6.11**参照)[20]。

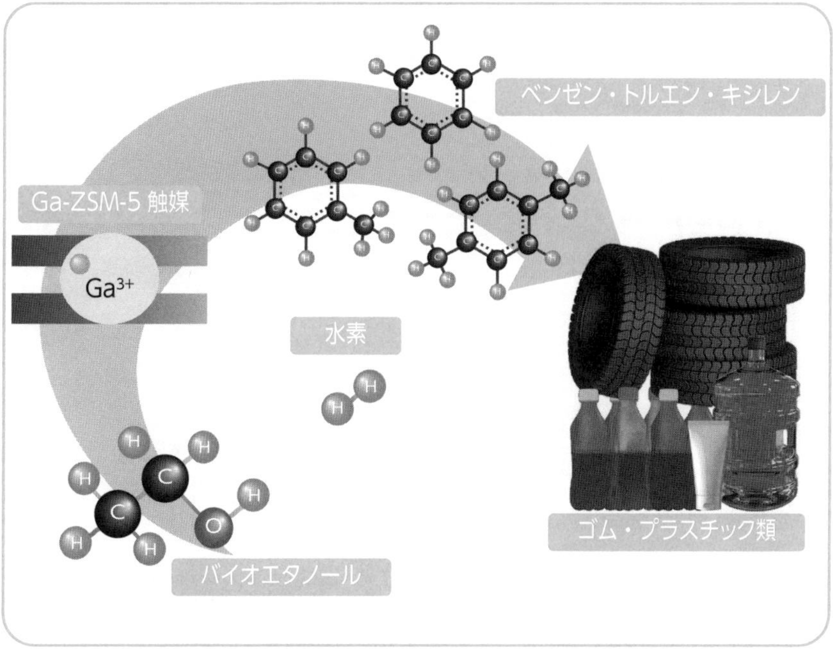

図6.11　バイオエタノールからのBTXおよびゴム・プラスチックの製造スキーム
出典：Zhenglong Li et al,. Green Chemistry「Selective conversion of bio-derived ethanol to renewable BTX over Ga-ZSM-5」(2017)[20]をもとに作成

このようなプロセスが開発できれば、たとえば汎用プラスチックの1つであるポリスチレンは、従来はエチル基のみがバイオエチレンで置換されて一部がバイオ化されたスチレンが原料であったが、ベンゼンもバイオエタノールから合成で

きればオールバイオエタノール由来バイオスチレンの合成が可能になる。また、このバイオスチレンの合成ではエチレンとベンゼンの反応で生成するエチルベンゼンから脱水素してバイオスチレンが合成されるため、副生バイオ水素を回収・利用することも期待できる。

2 カーボンリサイクル技術を利用した化学品の製造

図6.12に、カーボンリサイクル技術ロードマップにおけるバイオエタノールを基幹としたバイオ由来燃料やバイオ化学品などの生成フローを示す[21]。

植物などのバイオマスがCO_2を吸収する天然光合成だけでなく、大気中や排ガス中またはメタン発酵やエタノール発酵プロセスなどで副生するCO_2を再利用すれば、カーボンニュートラルやネガティブエミッションでのバイオ燃料・ケミカル生産技術の構築にもつながると期待される。

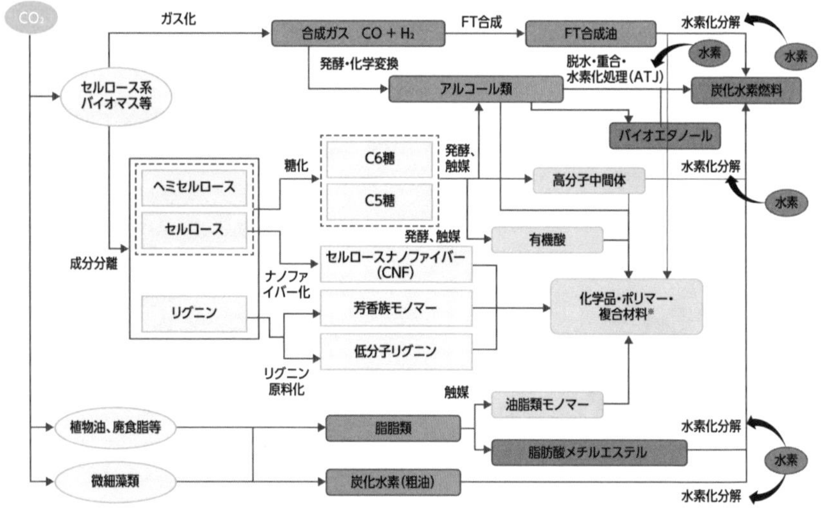

図6.12　バイオマス由来燃料・化学品のカーボンリサイクル技術におけるCO_2利用フロー
出典：経済産業省「カーボンリサイクル技術ロードマップ」(2021)[21]をもとに作成

図6.13に、ICEF(Innovation for Cool Earth Forum)2020で提案されたネガティブエミッション技術としてのバイオマスの有効利用スキームを示す[22]。化石資源に比べてエネルギー効率の悪い木質バイオマス資源は、木材や木工材料などの耐久消費財として50年以上長く有効利用するとともに、CO_2を大気中から積極

的に吸収・除去させるためのプラットフォームとして荒地や砂漠などを緑地化して維持・拡大していくことがネガティブエミッション技術としてもっとも有望な方策の1つになると考えられる。

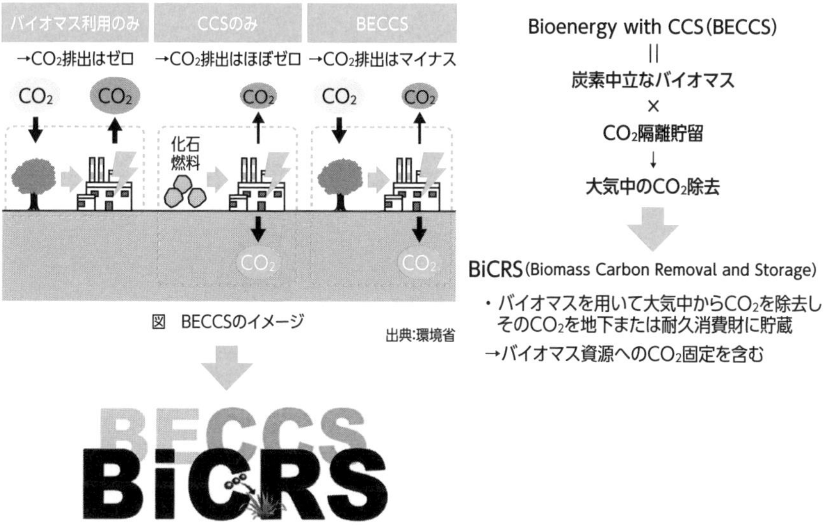

図6.13 ネガティブエミッション技術によるバイオマスの有効利用スキーム
出典：David Sandalow et al.,「ICEF2020 Roadmap」(2021)[22] をもとに作成

本章で述べてきたように、バイオエタノールはさまざまな原料から種々の方法で製造されるバイオマス由来の基幹物質であることから、バイオエタノールプラットフォームを構築することによって、これまで石油を中心とした化石資源から製造されてきた多くの化学製品を代替することができる。

バイオエチレンなどのバイオプラスチックス、バイオケミカルなどに加えて、ATJによるジェット燃料などの基幹物質とする展開も期待されている。バイオエタノールは、非可食バイオマスからの製造も可能であり、また廃棄物系バイオマスのガス化による合成ガス経由の新しい製造法も開発されてきていることから、廃棄物削減と同時に化石資源代替による炭酸ガス排出の低減も実現できると考えられる。

Column 6 バイオプラスチックと生分解性プラスチックの違い

2020年7月のレジ袋有料化で、エコバックを常用したりバイオプラスチックをブレンドしたレジ袋を利用する機会が多くなった。以前は、バイオプラスチックといえば、ポリ乳酸系プラスチックのように、廃棄しても自然界で分解する生分解性プラスチックのイメージがあったが、これはコストが高く、廃棄可能なプラスチックとしてとらえられ、定着しなかった。

昨今では、海洋プラスチックごみが世界的な環境問題として取り上げられ、河川や海に大量に廃棄されるプラスチックごみの回収や削減が大きな課題となっている。

プラスチックは大部分が石油由来製品なので、バイオプラスチックといえばもともとは石油を原料としない天然原料、すなわちバイオマスから製造された製品のことを呼ぶ。たとえば、サトウビキやトウモロコシから製造されるバイオエタノールを脱水反応でエチレンに転換し、それを重合させてポリエチレンを製造すれば100%バイオマス由来だが、これは石油由来のポリエチレンと同じ性質を持っている。したがって、バイオプラスチック＝生分解性プラスチックではない。このようなバイオプラスチックをブレンドしたレジ袋には、「この袋は植物由来の素材を一部使用し、石油資源の節約とCO_2削減に貢献しています。」と記載されていて、**コラム図6.1**のようなマークも付与されている。

そもそも私たちの日常生活を振り返ると、プラスチック製品があふれていて、レジ袋だけでなく、さまざまな食品包装材や電化製品などの日常製品のどれをとっても石油由来のプラスチックが使用されている。これらをすべてバイオマス由来原料で製造できれば、石油資源に依存せず、CO_2削減にも貢献できる。

それでは、生分解性プラスチックが必要ないかといえば、そうではなく、たとえば笹団子のように天然の笹で包まれていれば究極の生分解性プラスチック代替品になる。現在は、海洋プラスチックごみ低減のため、海水中で分解されるようなプラスチック製品の開発も進んでいるが、前述した生分解性プラスチックのように、「どうせ自然に分解するから、どこに捨てても大丈夫」のように勘違いしてはいけない。一番大事なのは、ゴミをきちんと決められた場所に分別して捨てるマナーであるし、いわゆる3R(Reduce：減量化、Reuse：再利用、Recycle：再生利用)が重要になることはいうまでもない。

コラム図6.1　バイオマスマーク
出典：一般社団法人日本有機資源協会[23]
バイオマスマークは生物由来の資源(バイオマス)を活用し、品質及び安全性が関連する法規、基準、規格等に適合している環境商品の目印です。

第 7 章

バイオエタノールの産業化シナリオと政策提言

第7章　概要

本章では運輸部門におけるCO_2削減への追加施策として、バイオエタノール導入の促進やバイオエタノールを起点にした複合産業「バイオエタノールプラットフォーム」の創造について、政策への提言を行う。

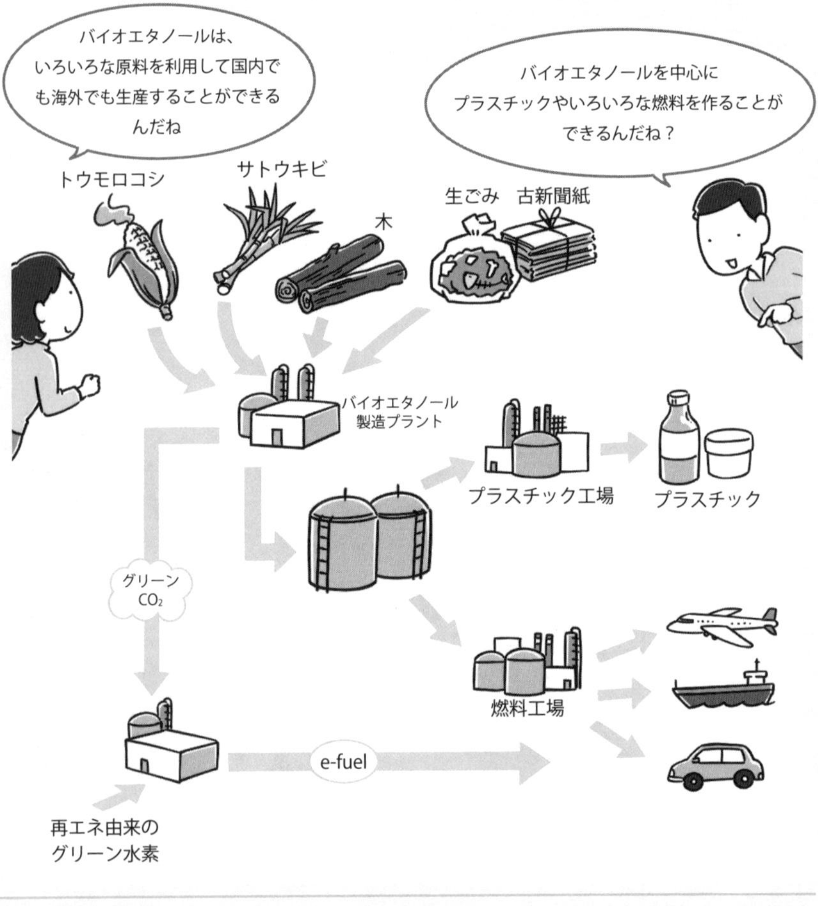

7.1 〉日本におけるバイオエタノール産業の振興

1　バイオエタノールの可能性と期待

2021年10月22日に日本政府が閣議決定した「第6次エネルギー基本計画」[1]では、2050年カーボンニュートラル(CN2050)の達成に向けた中間目標として2030年度までに46% (2013年度比)の温室効果ガス(GHG)削減を目指した施策が列挙されているが、その実現性については疑問視する声が多い。特に全体の2割を占める運輸部門では35% (78百万トンCO_2)の削減が必要であるが、現行の対策だけでは不十分といわざるを得ない状況である。

第3章で説明したように、自動車のCO_2削減対策としては「次世代自動車(電気自動車(EV)、プラグインハイブリッド車(PHV)、ハイブリッド車(HV)、燃料電池車(FCV)の導入」と「燃費改善」が中心となっているが、それだけで目標を達成することは困難であることから、追加施策としてガソリンにバイオエタノールを10%以上混合した燃料(E10以上)の導入が有効と考えられる。さらに、将来の燃料対策として現在技術開発中のe-fuel等合成燃料との混合使用による理想的な100%カーボンニュートラル燃料化が可能となるばかりか、バイオエタノール製造時の併産物であるグリーンCO_2[1]をe-fuelの原料として活用することもできる。

また、第5章で説明したように、航空業界のCO_2削減対策としてバイオジェット燃料導入の必要性が強く求められるなか、バイオエタノール由来のATJ(Alcohol to Jet)はバイオジェット燃料の有力な選択肢であると考えられている。

一方、第6章で説明した通り、プラスチックを中心とした化学品の脱炭素化などの分野においても、バイオエタノールの利活用は重要なソリューションと位置づけられるものと考える。

1　**グリーンCO_2**　バイオマス由来のCO_2や大気から直接回収したCO_2のように、大気へ排出することによって、大気中のCO_2濃度を増加させないCO_2のこと。

2　これまでの日本の燃料用バイオエタノール導入の経緯

1 バイオエタノール原料の確保の難しさと製造コストの問題

2002年に農林水産省は「バイオマスニッポン総合戦略」[2]を閣議決定し、北海道、沖縄、新潟において、てんさい・小麦・米・サトウキビなどの原料からバイオエタノールを製造して、生産・利用に関する実証を行うため補助事業を実施した。しかしながら、日本では原料となる農作物の種類・コスト・集荷可能量がアメリカやブラジルとは大きく異なり、特に量的な制約から一工場でのバイオエタノール生産量が最大でもアメリカやブラジルの1／20程度にしかならず、第2章の2節で解説した通り、製造コストが割高になり、商業生産には至らなかった。

2 セルロースエタノール

原料多角化のために、セルロース系原料からバイオエタノールを製造する技術開発へのさまざまな取り組みが欧米と日本で行われたが、製造コストが下がらずやはり商業化には至っていない。

3 CO_2削減への貢献度

2009年に制定された「エネルギー供給構造高度化法」[3]で、原油換算で50万kL／年相当のバイオエタノール導入が目標として掲げられ、2017年度にはこれが達成された。ただし、この50万kL／年はガソリン消費量の1%強にしかすぎず、CO_2削減にはあまり貢献していないというのが実情である。

3　2010年以降の日本のエネルギー政策の変遷

2010年以降の日本の主なエネルギー政策の変遷は以下の通りで、2010年から2021年までの11年間で4回「エネルギー基本計画」を策定したが、第4次は東日本大震災、第5次はCOP21、第6次はCN2050の多大な影響を受けて、その都度、基本方針自体の大幅な見直しを行った[4]。次の**表7.1**の通りである。

表7.1　日本のエネルギー基本政策

公布・発表	概要
2010年6月	第３次エネルギー基本計画 ※原子力発電所(原発)と再生可能エネルギー(再エネ)で電源構成の比率を約70%にする
2011年3月	東日本大震災 ※福島第一原子力発電所事故の発生
2012年7月	FIT法(再エネ固定価格買取制度)施行
2014年4月	第４次エネルギー基本計画 ※再エネ、高効率石炭火力の使用率を上げる
2015年7月	「2030年度エネルギーミックス」発表
2015年12月	国連気候変動枠組条約第21回締約国会議(COP21) ※パリ協定の締結
2018年7月	第５次エネルギー基本計画 ※2050年度までにCO_2の排出量を80%削減する目標を掲げる
2019年1月	ダボス会議での安倍晋三元総理大臣発表 ※CO_2の資源利用
2019年6月	カーボンリサイクル・ロードマップ策定
2020年1月	「革新的環境イノベーション戦略」発表
2020年10月	菅義偉元総理大臣「2050年カーボンニュートラル(CN2050)」宣言
2020年7月	経済産業省(経産省)「非効率石炭火力フェードアウト方針」表明
2020年12月	経済産業省「グリーン成長戦略」発表
2021年9月	「地球温暖化対策計画」発表
2021年10月	「第６次エネルギー基本計画」
2021年11月	国連気候変動枠組条約第26回締約国会議(COP26／開催地：イギリス・グラスゴー)

❶火力発電への依存度が増した背景

上記の中でも、特に電力部門での基本方針の転換は非常に目まぐるしい変遷をたどり、本来は長期的な視点に基づいて策定されるべき「エネルギー基本計画」の中において、電力部門は迷走を続けているといっても過言ではない。

第3次では再エネよりもむしろ力を入れていた原子力発電が、福島第一原子力発電所の事故の影響によって全面的に稼働がストップしてしまい、火力発電への依存度が急増する事態となった。その影響から再エネの本格導入施策としてFIT制度が導入されたが、それと並行して第4次においては大変皮肉なことに、石炭ガス化複合発電プラント(IGCC：Integrated coal Gasification Combined Cycle)や石炭ガス化燃料電池複合発電(IGFC：Integrated Coal Gasification Fuel Cell Combined Cycle)など高効率石炭火力の技術開発と輸出戦略に注力するという方針が明記された。

❷パリ協定以降のCO_2削減に向けた動き

その後発表された「2030年度エネルギーミックス」[5]では、再エネ22～24%、原発20～22%、石炭火力26%、LNG火力27%、石油火力3%にするという目標が設定されたが、COP21で採択されたパリ協定を契機にCO_2排出の多い石炭火力がヨーロッパを起点に世界中で急速に廃止、または抑制の方向に流れが変わった。

石炭火力を形容して座礁資産 (Stranded Asset) [2]という言葉が代名詞となり、投資家、金融機関、保険会社、商社も撤退(ダイベストメント)の方針を次々と打ち出さざるを得ない事態となった。パリ協定から3年後に策定された第5次では、「2030年度エネルギーミックス」は据え置かれたが、2050年度に80% GHGを削減するという長期目標が発表された[4]。その後も石炭火力廃止に対する日本政府の消極的な姿勢にはヨーロッパ、NPO並びにグローバル企業から批判が浴びせられ、2019年1月に当時の安倍晋三総理大臣がダボス会議において「日本は排出したCO_2を資源として活用してリサイクルする」という「カーボンリサイクル」のコンセプトを発表した[6]。

その後、経済産業省が「カーボンリサイクル技術ロードマップ」[7]を策定し、内閣府が「革新的環境イノベーション戦略」[8]を発表したが、2020年の菅義偉元総理大臣の「CN2050」宣言によって日本のCO_2削減に対する本気度が一気に増大された。

その後、経済産業省が「グリーン成長戦略」[9]を発表し、新エネルギー・産業技術総合開発機構(NEDO)の「グリーンイノベーション基金事業」[10]として2030年度まで2兆円の予算が割り当てられた。このような変遷を辿って2021年10月に第6次が策定されたが、ここでは2030年度CO_2削減目標46%にもとづき電源構成のエネルギーミックスが新たに設定された。この目標は、**図7.1**に示すように再エネ36～38%、原発20～22%、水素・アンモニア1%、石炭火力19%、その他火力20%で、ゼロエミッション電源を61%にするという極めて野心的な目標設定となっている[11]。

2 **座礁資産**　市場環境や社会環境が激変することにより、価値が大きく毀損する資産のこと。

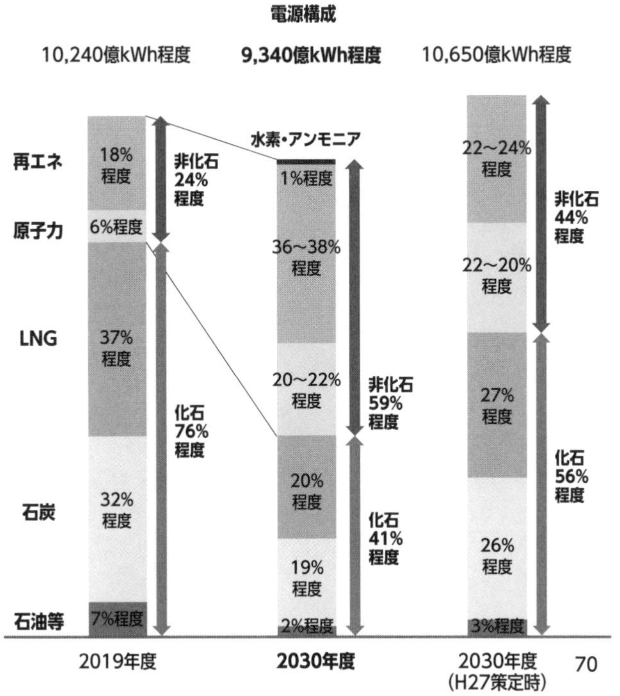

図7.1 第６次エネルギー基本計画における電源構成

出典：経済産業省・資源エネルギー庁「2030年度におけるエネルギー需給の見通し（関連資料）」（2021）[11] をもとに作成

4 運輸部門のCO_2削減を目標としたバイオエタノール導入策

1 運輸部門のCO_2排出量の現状

「第６次エネルギー基本計画」[1] の関連資料「2030年度におけるエネルギー需給の見通し」[11] の「(参考)部門別エネルギー起源CO_2排出量」において、2030年度の運輸部門の目標として1億4,600万トンという数字が示されているが、これは2013年度の2億2,400万トンから7,800万トン(35%相当)削減するという野心的な目標である。

第3章で解説したように、2021年9月に公開された「地球温暖化対策計画」の別表１「エネルギー起源二酸化炭素に関する対策・施策の一覧」の中の「26. 次世代自動車の普及、燃費改善等」では、「対策評価指標」として2030年度の新車の販売台数に占める次世代自動車の割合を50～70 %として、「2030年度の排出削減量」を2,674万トンとしている [12]。

しかしながら、EVとFCVの導入が思うように進んでいない現状(新車の販売が減少した2020年度実績でも1%以下)を考えると、この目標を次世代自動車の導入(通常の新車買替サイクルは10〜15年)と燃費改善だけで達成することは困難といわざるを得ない。

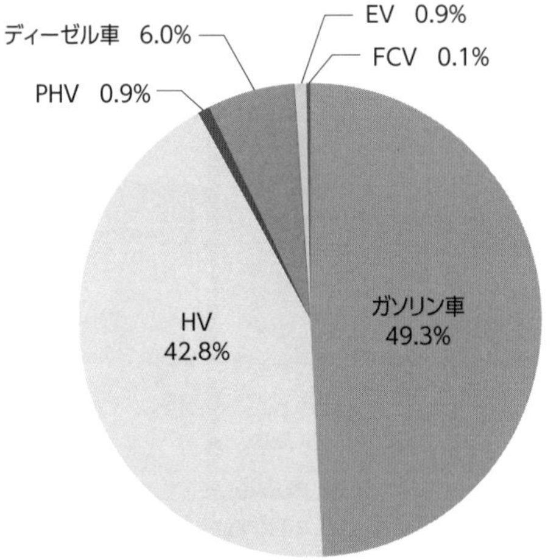

図7.2 2021年の燃料別新車販売台数(乗用車)の割合
出典：一般社団法人日本自動車販売協会連合会「燃料別販売台数(乗用車)」(2022年3月)[13]をもとに作成

② E10導入によるCO_2削減策

第2章で解説した通り、アメリカでは1980年代からE10が普及しており、自動車会社も石油会社もE10への対応技術は既に確立済みである。また、アメリカに次いでブラジル、中国、タイを始め世界中でE10またはさらに高濃度バイオエタノール混合の燃料が普及しており、何と2030年以降にEV以外の新車販売を禁止したイギリスにおいてもE10の導入を義務付けた[14]。

これまで、第2章や第4章で述べた通り、もちろん日本においてもE10については技術的に対応可能であり、2012年にはE10の使用を可能にする法制度(品質確保法)も整備された。

このため、EVとFCVの導入は急ピッチで進めるにしても、それでも不足するCO_2削減量については、第3章で解説した通り**表7.2**で示すように（**表3.19**再掲）、エンジン搭載車両である従来車・HV・PHVに対してE10を導入することによってカバーする方法が、即効性・確実性・実現性の観点で極めて有効な手段と考えられ、少なくとも2030年度までの選択肢としてもっとも実効性の高い政策であると考えられる。

表7.2 バイオエタノールの導入にかかるCO_2削減コストの試算結果(基本ケース・最大コスト)

基本ケース

CO_2削減コスト		
電動車の導入拡大	EV	258,231円／t-CO_2
	HV	2,626円／t-CO_2
	PHV	417,154円／t-CO_2
	FCV	325,630円／t-CO_2
従来の燃費改善		-53,621円／t-CO2
バイオエタノール(E10)の導入	従来車	34,811円／t-CO_2
	HV	34,811円／t-CO_2
	PHV	34,811円／t-CO_2

最大ケース

CO_2削減コスト		
電動車の導入拡大	EV	199,709円／t-CO_2
	HV	-998円／t-CO_2
	PHV	147,878円／t-CO_2
	FCV	277,423円／t-CO_2
従来の燃費改善		-53,621円／t-CO_2
バイオエタノール(E10)の導入	従来車	35,660円／t-CO_2
	HV	35,660円／t-CO_2
	PHV	35,660円／t-CO_2

諸外国に比べてバイオエタノールの導入が進んでいない日本は、バイオエタノールの導入という、いまだに使っていないカードを切ることによって、運輸部門のCO_2削減を比較的有利に行うことができる立場にある。

したがって、すでにバイオエタノール混合燃料の実績があり、導入環境も整っている日本においては、運輸部門のCO_2削減追加施策という位置付けで、E10の導入をただちに行うべきである。

7.2 バイオエタノールプラットフォームについて

バイオエタノール製造時に発生するグリーンCO_2と水素の合成燃料e-fuel、ATJプロセスによるバイオジェット燃料、バイオエタノール由来のバイオプラスチックなどを併産する「バイオエタノールプラットフォーム」の構築を目指した以下のような取り組みについて提案する。

1 e-fuel原料としてのバイオエタノール併産物CO_2の活用

図7.3(**図4.27**再掲)の通り、トウモロコシからバイオエタノールを製造するプロセスの発酵工程では、バイオエタノール 、家畜飼料(DDGS)、グリーンCO_2が重量ベースで約1／3ずつ生産される。

したがって、このグリーンCO_2はe-fuel (水素とCO_2の合成燃料)製造用の原料として利用できる。

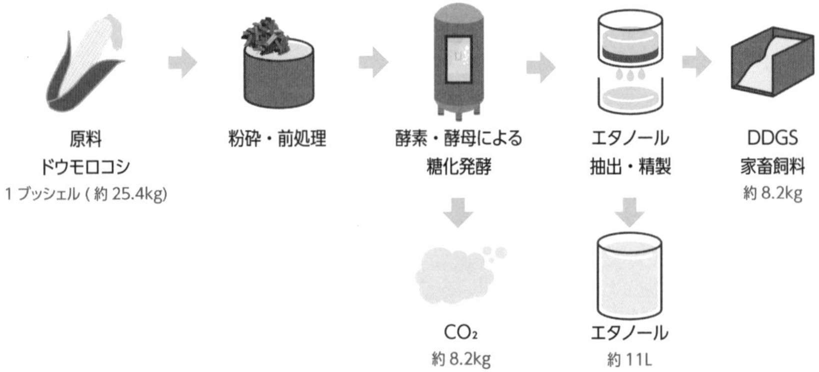

図7.3 e-fuel原料としてのバイオエタノール併産物グリーンCO_2の活用
出典：アメリカ穀物協会「取扱穀物－DDGS」[15]をもとに作成

2　バイオエタノールとe-fuelの併産プロセス

図7.4の通り、再エネによって製造されるグリーン水素とグリーンCO_2を原料とする合成燃料として100%カーボンニュートラルなグリーンe-fuelを製造することができる。

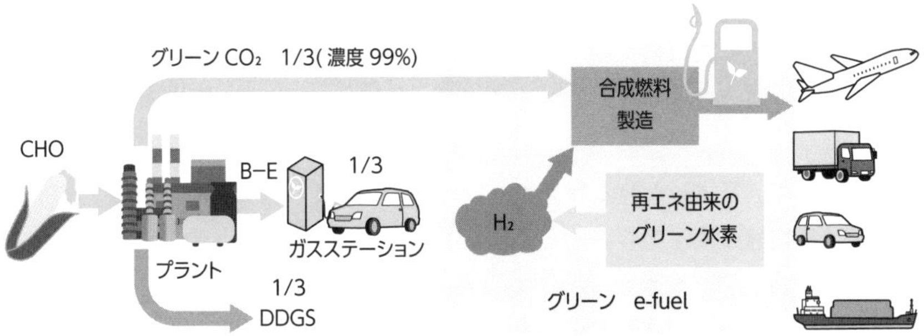

図7.4　バイオエタノールとe-fuelの併産プロセス

e-fuelはオクタン価[3]が低いという課題があるため[16]、オクタン価向上効果のあるバイオエタノールと混合使用することが有効であり、この混合燃料は100%カーボンニュートラルな理想的な燃料となる。

したがって、現在技術開発段階にあるe-fuelに先行してE10などバイオエタノールを導入すれば、e-fuelを導入するための事前の流通網や給油などインフラ整備にもつながる。

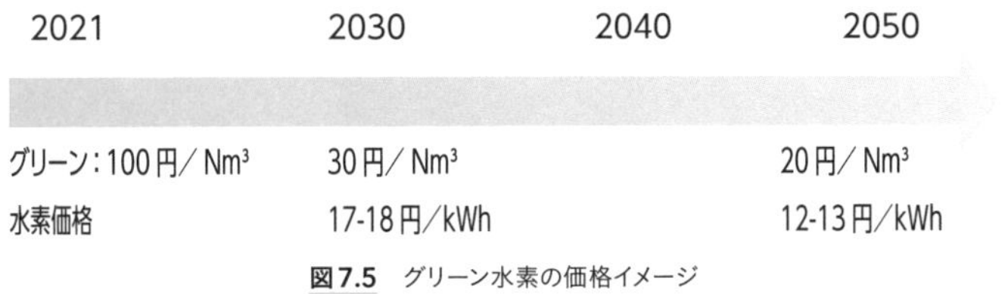

図7.5　グリーン水素の価格イメージ
出典：経済産業省・資源エネルギー庁「今後の水素政策の検討の進め方について」(2020)[17]をもとに作成

3　**オクタン価**　ガソリンのエンジン内での自己着火のしにくさ、エンジンが金属性の打撃音及び打撃的な振動を生じるノッキングの起こりにくさを示す数値でオクタン価が高いほどノッキングが起こりにくい。耐ノック性が比較的高いイソオクタンのオクタン価を100として表される。

3 バイオエタノールプラットフォームの構築

バイオエタノールはATJプロセスでバイオジェット燃料を製造する原料となるし、バイオプラスチックなどバイオケミカルの原料にもなる。

1節で説明した通り、現時点では日本においてバイオエタノールの商業生産を行うことは困難といわざるを得ない。しかしながら、今後の技術革新により廃棄物を含めたセルロース系バイオマスからの商業生産技術あるいは高収率で安価な原料用農作物の収穫技術が確立すれば、将来的には国産バイオエタノールの生産が実現できる可能性もあるので、イノベーションへの取り組みは継続すべきである。

したがって、日本における取り組みの方向性としては、国産バイオエタノールの製造技術開発に取り組むことと並行して、バイオエタノールの利活用技術の確立に取り組むことが重要である。

図7.6に示す通り、1、2で解説したe-fuel、ATJプロセスによるバイオジェット燃料、バイオプラスチックなどを併産する「バイオエタノールプラットフォーム」の構築を目指した取り組みを行うことを提案する。

この取り組みでは、廃棄物系原料の熱分解ガス化・液化 並びにATJプロセスの技術を保有するアメリカのLanzaTech社との協調も考慮し、日米協調の観点から、当面はアメリカ産バイオエタノールの輸入を検討することも考えられ、国際連携にもつながる（3節参照）。

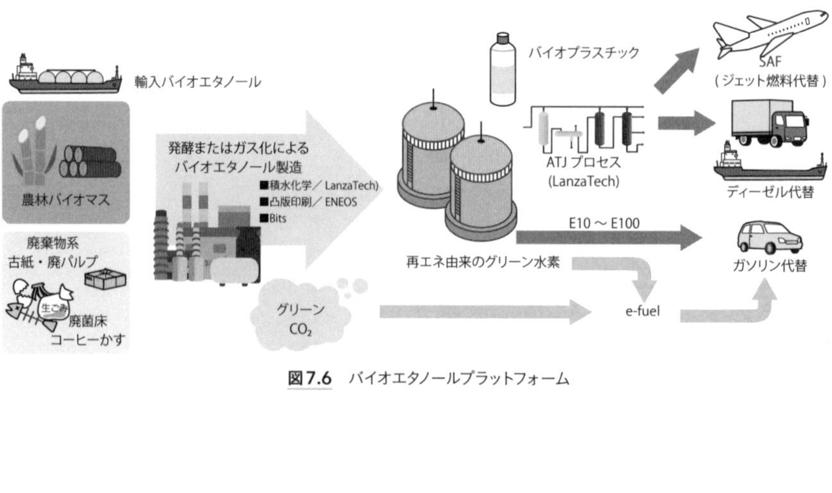

図7.6 バイオエタノールプラットフォーム

7.3 〉海外と連携したバイオエタノール関連事業

1節では日本国内での取り組みについて政策提言を行ったが、過去の経緯を踏まえると、誠に残念ではあるが、日本国内での取り組みの限界は原材料の調達可能性(Availability)に起因するという事実を認めざるを得ない。

廃棄物やセルロース系原料を活用した技術開発が社会的に実装され、国内で燃料製造ができる環境が整う可能性には大いに期待したい。ただし、もともとエネルギーの大半を海外に依存せざるを得ない事情を抱える日本が一足飛びにエネルギー自立を達成するというシナリオは楽観的である。

したがって、現在の主要エネルギー源の石油を中近東に依存する体質から少しでも脱却できるようなシナリオを描くことが現実的に目指すべき方向性である。そこでエネルギー安全保障、さらには経済成長戦略という観点から日本としては東南アジア諸国と連携したエネルギー産業振興を目指すべきであると考える。

1 バイオエタノール製造事業の展開

❶エネルギー事業の評価軸　S＋3E＋2E

エネルギーに対する基本的な考え方としてよく引用される言葉は「S＋3E」だが、事業展開を考える場合には**表7.3**に示す「S＋5E(3E＋2E)」を提案する。

表7.3　エネルギー事業の評価軸　S＋3E＋2E

分類	用語	意味
S	Safety	安全性
3E	Energy Security	供給安定性
	Environment	環境適合性
	Economic Efficiency	経済効率性
2E	Earnings	収益性／事業性
	Employment	雇用創出

ここで強調したいのは、エネルギー事業というと公益性の強い事業ではあるものの、公益事業ではなく民営事業にすべきという点である。

すなわち、民間企業が事業として取り組むために重要な要素であるEarnings(収益性／事業性)とEmployment(雇用創出)の２つのＥを「Ｓ＋３Ｅ」に加えて成立する方向性を追求すべきであるということである。

②燃料製造事業のQQC

バイオ燃料の製造事業の事業性を検討するにあたって重要な3つの要素は、Q(質：Quality)、Q(量：Quantity)、C(コスト：Cost)である。

まずは燃料としての品質のQが確保されることが大前提だが、次に数量のQをエネルギー需給量の規模で確保することが不可欠である。その上で製造コストのCを社会的に受け入れられる許容範囲に収める必要がある。

このQQCが揃って、はじめて燃料としての商業生産・利用が可能となる。しかしながら、バイオ燃料の商業生産を国内で行うことを考えると、最初のQはともかく、残りのQとCについては、日本の農林業が抱える構造的な問題から、第一世代原料で産業規模の生産を実現するのは困難である。

したがって、資源の乏しい日本がエネルギーを確保するために取り組んできた手法として一般的な「開発輸入プロジェクト」を、資源(原料)立地で行うことが現実的であると考えられる。

③開発輸入の検討

日本ではこれまで原油の90%近くを中近東から調達してきたというのが実態だが、この一極集中を是正してエネルギー供給源の多様化を図る必要がある。そのためには、農業資源・林業資源の豊富な国々で、日本への輸出を目的にバイオ燃料の製造事業を行うことが考えられる。

世界のバイオエタノールの生産量は2019年実績で約1.1億kLに達した。コロナによるガソリンの需要減を反映して2020年の実績は1億kL弱となったが、その内容は次の**図7.7**のとおりである[18]。

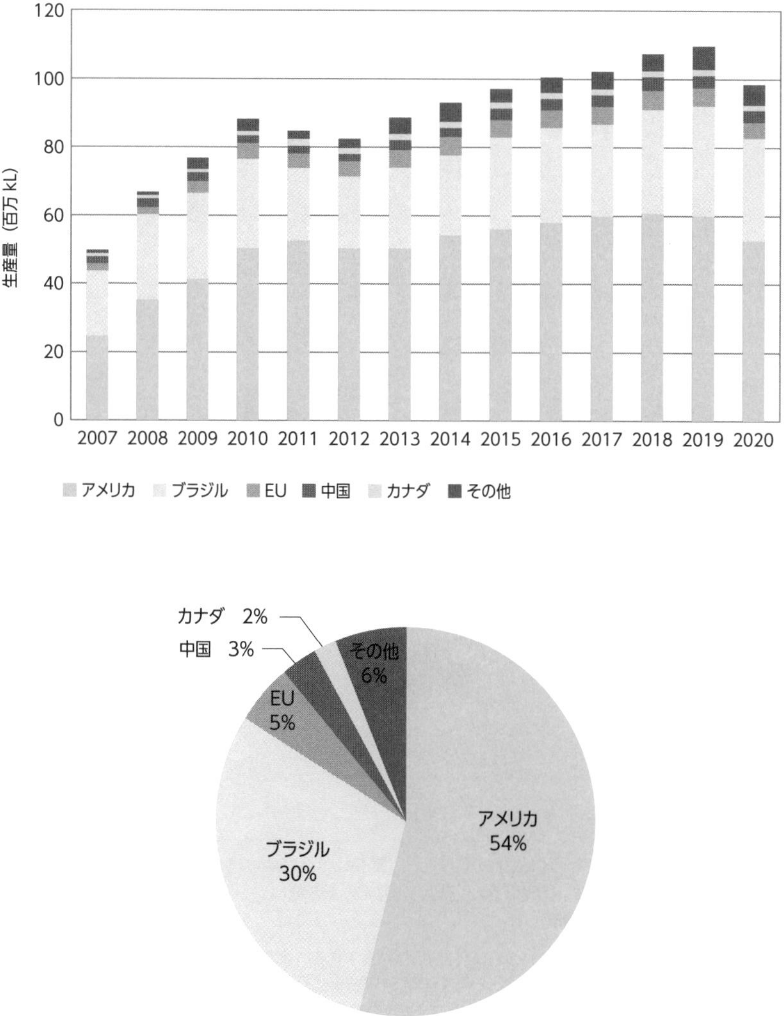

図7.7　世界のバイオエタノール生産量推移（上図）および2020年の国別内訳（下図）
出典：アメリカ合衆国エネルギー省(DOE)「Alternative Fuels Data Center」[18]をもとに作成

第2章でも解説したように、原材料は、アメリカ、カナダ、中国が主にトウモロコシ、ブラジル、インド、タイが主にサトウキビであるが、その他には小麦、テンサイ、キャッサバなどが使用されている。

また、通常のアルコール発酵プロセスによって製造された無水アルコールは、燃料用バイオエタノールとしてガソリンと混合したE10、E20、E85となって流通している。ブラジルではエタノール対応車両(FFV：Flexible-Fuel Vehicle)でE100として使用されている事例もある。

このような状況から、日本が開発輸入[4]を目的として製造事業を志向できる対象国としては、アメリカ、ブラジル、インド、タイなどが考えられる。

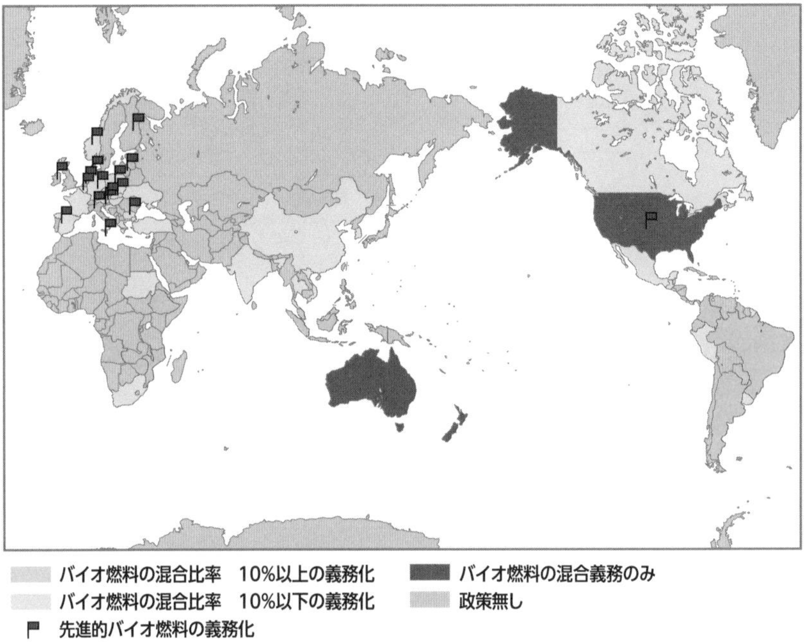

図7.8　バイオ燃料導入義務の状況

出典：AutoMobilSport.com・REN21「RENEWABLES 2021 GLOBAL STATUS REPORT (2021)[19]をもとに作成

すでにシェル、BPなどのヨーロッパ企業が進出しているブラジルとインド以外で、日本企業が進出しやすい国という観点から、アメリカとタイなど東南アジアでのバイオエタノール製造事業の展開について次項以降で解説する。

4　**開発輸入**　貿易の形態の1つで、国内の企業が新製品の企画や開発を行い、その新製品を国外のメーカーが生産し、その生産された製品の全てを国内で販売することを目的として輸出されるという形態。

2 アメリカとの連携によるバイオエタノールの事業展開

①アメリカと協力するバイオエタノール製造事業

アメリカは世界一の年間50百万kLを超える3兆円規模の燃料用バイオエタノールの市場を有し、その原料は年間約3.5億トンと世界一の生産量をほこる原料トウモロコシの自国生産でまかなっている。

第2章の4節で解説したように、バイオエタノールの原料として使用されているトウモロコシは、もともと飼料原料用に栽培されているものである。近年では単位面積当たりの収穫量が飛躍的に向上したことから、供給余力は十分にあり、販売先さえ確保できれば、さらにバイオエタノールの生産を拡大することが可能である。

日本では現在、年間83万kL(原油換算50万kL)のバイオエタノールを燃料用に消費しており、当初はその全量をブラジルからの輸入に頼っていたが、供給ソースを多様化する観点から、2018年にアメリカからの輸入にも門戸を開くことになった。そこで、日本で使用する必要な量を長期安定的に確保することを目的に、オフテイク[5]を前提に、今後日本企業が開発輸入コンセプトでアメリカでのバイオエタノール製造事業に参入することにも必然性が出てきたと考えられる。

日本のエネルギー関連事業の展開においては、石油では油田の井戸そのものまで確保できている事例はきわめて稀だが、LNGや石炭では総合商社などが開発輸入を手掛けている事例がある。バイオエタノールにおいても同様の展開を志向すべきであると考える。

②アメリカ企業とのバイオエタノール製造事業への展開

上述したアメリカ内でのバイオエタノール製造事業も、基本的にはアメリカ企業と連携した合弁事業の形態で展開することになると思われる。ただし、それ以外の日米協調による展開の可能性としては、アメリカ企業が保有する技術に基づいて日本企業がバイオエタノール製造事業を展開することが考えられる。

この技術については、将来的には農業生産技術分野での連携の可能性もある。ただし、当面バイオエタノールを製造するための変換技術に関しては、アメリカの技術と日本の技術を統合したプロセスにもとづいて日本企業がバイオエタノー

5 **オフテイク** 長期契約により、全量を引き取ること。

ルを製造するというビジネスモデルが主流になると思われる。

すでに実現間近の具体的な事例としては、アメリカLanzaTechの微生物によるSyngas(合成ガス)からのエタノール合成技術を活用して、積水化学が都市ごみからエタノールを製造している。さらに、バイオジェット燃料(ATJ-SPK法)やバイオケミカルを製造する事業を日本国内で行うもの[20]や、LanzaTechの技術で製鉄排ガスからバイオジェット燃料を製造する事業を、三井物産がアメリカと中国で展開する[21]というものもある。

3　東南アジアにおけるバイオエタノールプラットフォームの構築

東南アジアは、地政学的に、また政治的に、日本企業が製造事業を推進するには適した地域であると考える。

特にバイオ燃料については、バイオエタノールではタイが、バイオディーゼルではインドネシア・マレーシアが、木質ペレットではベトナムが、それぞれバイオ燃料産業の先進的な国である。また、これらの国の農業開発プロジェクトには日本の政府開発援助 (ODA)[6]で支援した経緯もあることからも、その農業資源を活用したバイオ燃料製造事業に、日本企業が現地企業との合弁事業の形態で取り組むことには必然性があると考える。

バイオエタノールの原料としては、タイではサトウキビとキャッサバが使用されているが、インドネシア、マレーシア、ベトナムなど、その他のASEAN諸国(東南アジア諸国連合)でも、サトウキビ、キャッサバはもとより、バイオエタノール製造用原料として活用可能なスイートソルガム、メイズ(トウモロコシ)、パーム残渣、ネピアグラス、エリアンサスなどの農業資源が豊富に存在する。

また、日本はインドネシア、タイ、ベトナム、ミャンマー、カンボジア、ラオス、フィリピン、マレーシアと二国間クレジット(JCM)[7]を締結しており、すでに再エネ関連プロジェクトを多数実施済み[22]である。そのため、バイオエタノールなどバイオ燃料製造プロジェクトに対してもJCMを適用することができる可能性が高い。

6　**政府開発援助**　欧文表記は、ODA(Official Development Assistance)。政府が開発途上国に資金や技術の協力を行うこと。

7　**二国間クレジット**　欧文表記は、JCM(Joint Crediting Mechanism)。二国間クレジットとは、日本の優れた環境に配慮した低炭素技術を途上国と協力して普及させ、地球規模でのGHGの削減に貢献する制度。パートナー国でプロジェクトを実施し、日本の貢献を定量的に評価するとともに、CO_2の削減分を日本の目標達成に活用する。

このような背景から、2節の 3 で解説した日本国内で実証事業の実施を提案したバイオエタノールプラットフォームの本格的な事業展開を、日本企業が東南アジアにおいて遂行することを提案する。

なお、この遂行にあたっては、現地企業との提携は不可欠であるが、アメリカが先行している分野では、アメリカ企業と技術的・資金的なアライアンスを志向することも是非共検討すべき方向である。さらに日米が東南アジアでの新規事業、さらには新産業の創造に協調した構図を描く取り組みを目指すべきであることをあわせて提案する。

4 Asia Biomass Communityの形成

これまで述べてきた東南アジアとの連携によるバイオ燃料製造事業の展開についてのコンセプトを図7.9に示す。

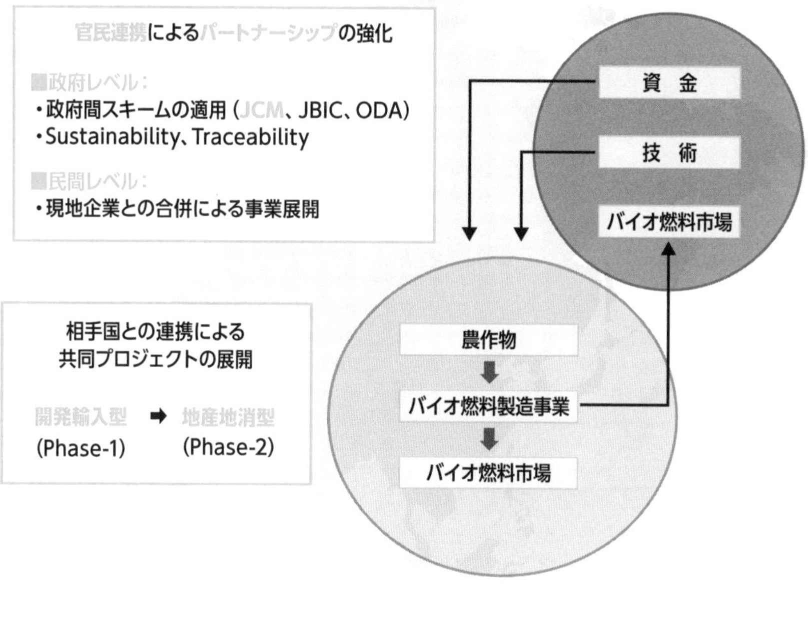

図7.9 東南アジアと連携したバイオ燃料製造事業のコンセプト

これは２段階での実施を目指すべきと考えている。

まずはPhase-1として日本での使用を前提とした「開発輸入型」のバイオ燃料製造事業を推進し、次にPhase-2としてさらに、現地での使用を視野に入れた「地産地消型」のプロジェクトを推進することを目指した取り組みを行う。

当該国では、バイオマスエネルギー産業の創造に寄与した中長期的なシナリオを描き、官民連携のもとでプロジェクトを遂行していくことを提案する。

そして、さらにバイオ燃料製造事業を複合化することでバイオマスリファイナリーを形成して、東南アジア諸国との間で持続可能なサプライチェーンを**図7.10**に示すようなかたちで構築する。このことを最終ゴールとして目指し、アジア・バイオマス・コミュニティ(Asia Biomass Community)の形成を図るという戦略的アプローチについて提案したい。

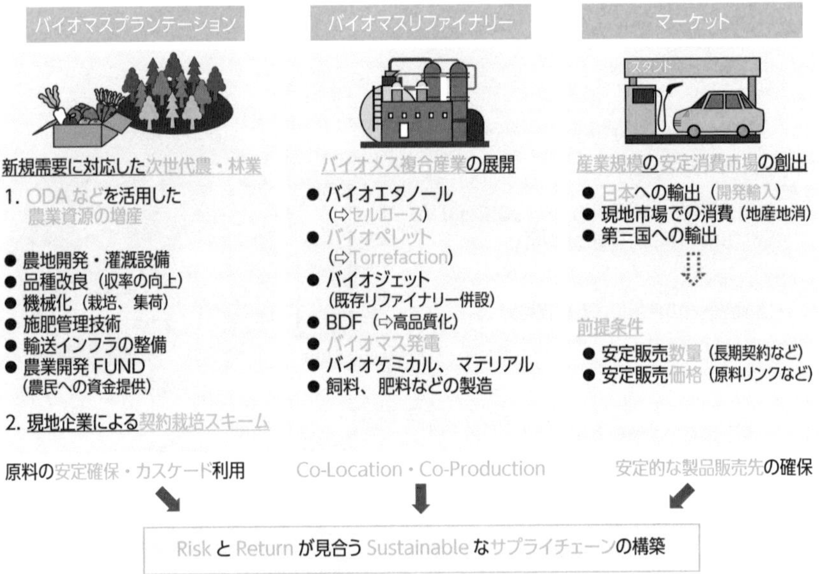

図7.10　持続可能なバイオマスインダストリー(アジアモデル)の構築

おわりに

本書は、2030年のCO_2排出削減マイナス46%および2050年の実質排出ゼロのカーボンニュートラルに向けて、7名の専門家が運輸部門の対応策としてバイオエタノール導入の意義や将来展望について執筆したものである。

運輸部門でCO_2排出をゼロにするためには、電気自動車、プラグインハイブリッド車、燃料電池車など次世代自動車の大幅な導入が必須である。しかし、これらだけでCO_2削減目標の達成は極めて困難である。2050年を境に、ガソリン車がすべて次世代自動車に切り替わることはあり得ない。自動車の耐用年数から考えても、2030年は当然として2050年でも一定数のガソリン車が走っていると想定される。

このような状況の中で、柔軟かつ適切に対処できるのが、ガソリンに一定量のバイオエタノールを混合した燃料を使うことである。現在、日本では約82万kLのバイオエタノール(原油換算で50万kL)が、ETBEに変換されてガソリンに混合されている。本書では、バイオエタノールを10%ガソリンに直接混合したE10によるCO_2削減効果を定量的に評価し、この導入を強く主張している。

E10導入の利点は、CO_2削減に即効性があること、インフラ整備費が大きな負担にならないこと、制度上も問題ないことなどである。すなわち、次世代自動車導入に比べて技術的な課題もなくコストも安い。CO_2の削減コストを比べると、従来車、ハイブリッド車、プラグインハイブリッド車にE10を導入した方が、次世代自動車に比べて一桁低いことも示されている。すなわち、ユーザーの経済的な負担も軽減できることになる。

それでは、当面E10を導入してその効果が発揮できるものとして、2050年段階ではバイオエタノールはどのような位置付けになるのであろうか。E10は2050年に実質的にカーボンニュートラルが達成できるまでの、Transition(移行期)におけるCO_2削減の強力なツールと考えるべきであろう。

2050年以降は、いくつかの方策が考えられる。1つはe-fuelへの混合である。e-fuelとはCO_2と再生可能エネルギーで作ったH_2で合成した液体燃料のことである。e-fuelは直鎖の炭化水素が主成分のために、ノッキングを起こす原因となる。一方、エタノールはアンチノッキング剤として利用できる。すなわち、e-fuelの弱点を補うことができるので、e-fuelとは共存することができる。もう1つは、持続可能な航空用燃料であるバイオマスを原料とするSAFの製造である。地上を走行する自動車と違って、航空機は電気や水素燃料で飛行するのはまだ無理であり、液体燃料を使わざるを得ない。有力なSAFとしては、バイオマスからの合成ガスを原料とするFT合成によるもの、植物油由来のHEFA燃料、バイオエタノールを原料とするATJなどがある。すなわち、バイオエタノールは航空用燃料としても有力な原料である。原料は当面、輸入に頼らざるを得ないが、有機性廃棄物のガス化によるバイオエタノール生産技術も開発中であり、中長期的な視野からは国産化が可能である。もう1つは、バイオプラスチックなどの原料としての役割がある。これは、バイオエコノミーすなわちグローバルな環境問題や食料問題を、バイオマスを原料とすることで解決しようという動きと連動しており、燃料に加えてバイオケミカルを製造するエタノールプラットフォームを形成することができる。このように、バイオエタノールは2050年以降もその果たすべき役割は大きい。

E10導入を政策として取り入れるべきと提言する大きな理由は、CO_2排出削減に貢献できるだけではなく、日本の自動車産業とりわけ内燃機関で動く自動車の生産を維持・発展することにもなるからである。日本の自動車産業を支える労働人口は500万人以上といわれており、まさに日本の産業を支えている屋台骨ともいえる。自動車産業の衰退は経済の衰退に直接つながってくる。輸送部門のカーボンニュートラル化を推進し自動車産業を支えていくには、液体燃料であるE10導入が極めて重要な役割を果たす。

最後にバイオエタノールのCO_2排出係数(炭素強度)に触れたい。この値は、ガソリンが排出するCO_2に比べて、どの程度のCO_2を排出するかという目安となるものである。アメリカのトウモロコシから作るバイオエタノールは現時点では対ガソリン比で約51%の削減効果があると報告されている。これは、トウモロコシの生産技術の進歩、バイオエタノール製造技術の改善などに加えて、発酵で発生されるCO_2を回収・貯留(CCS)することなどにより、対ガソリン比がマイナスになることも想定されている。いわばカーボンニュートラルを超えてネガティブになる可能性もある。

本書を読まれた方々には、E10をわが国で導入することの重要性を理解していただくことを強く願うしだいである。

本書の出版にあたって、企画の段階から関わっていただき、色々な角度から助言をいただいた技術評論社書籍編集部の最上谷栄美子氏に深く感謝を申し上げる。

横山伸也
(執筆者を代表して)

[参考文献]

第1章

[1] 気候変動に関する政府間パネル(IPCC),2021,https://www.ipcc.ch/

[2] Energy & Climate Intelligence Unit,"Net Zero Scorecard－NET ZERO EMISSIONS RACE",2021,https://eciu.net/netzerotracker

[3] Climate Action Tracker(CAT)," Addressing global warming",(2021),2021,https://climateactiontracker.org/global/temperatures/

[4] Masson-Delmotte et al.," Global warming of 1.5℃",(2018),2021,https://www.ipcc.ch/sr15/download/#fod

[5] 農林水産省,「バイオマス・ニッポン総合戦略」,(2006),2021,https://www.maff.go.jp/j/shokusan/biomass/biojapan.html

[6] 農林水産省,「バイオマス・ニッポン総合戦略(本文)」,p.1,(2006),2022,https://www.maff.go.jp/j/shokusan/biomass/b_data/pdf/bio_honbun.pdf

[7] 国連広報センター,「持続可能な開発目標」,2021,https://www.unic.or.jp/activities/economic_social_development/sustainable_development/2030agenda/

[8] Jennifer Wilcox, Ben Kolosz, Jeremy Freeman (eds.), "Carbon Dioxide Removal Primer(CDR Primer)",(2021).

[9] 国際エネルギー機関(IEA)," Sankey Diagram",2021,https://www.iea.org/sankey/

[10] 国際エネルギー機関(IEA)," World Energy Outlook 2018",(2018),2021,https://www.iea.org/reports/world-energy-outlook-2018

[11] BP," Press release",(2020),2021,https://www.bp.com/en/global/corporate/news-and-insights/press-releases/bernard-looney-announces-new-ambition-for-bp.html

[12] BP," Press release",(2020),2021,https://www.bp.com/en/global/corporate/news-and-insights/press-releases/from-international-oil-company-to-integrated-energy-company-bp-sets-out-strategy-for-decade-of-delivery-towards-net-zero-ambition.html

[13] BP," Gas & low carbon energy",2021,https://www.bp.com/en/global/corporate/what-we-do/gas-and-low-carbon-energy.html#tab_

[14] BP, "Press releases",(2019),2021,https://www.bp.com/content/dam/bp/business-sites/en/global/corporate/pdfs/news-and-insights/press-releases/bp-bunge-bioenergia-infographic-july-19.pdf

[15] Shell," Responsible Investment Annual Briefing updates",(2020),2021,https://www.shell.com/media/news-and-media-releases/2020/responsible-investment-annual-briefing-updates.html

[16] AFP BB News,「石油大手シェル、50年までのCO_2排出量「実質ゼロ」宣言　批判の声も」,(2020),2021,https://www.afpbb.com/articles/-/3278949

[17] Mayflower Wind,2021,https://mayflowerwind.com/

[18] Atlantic Shores Offshore Wind,2021,https://www.atlanticshoreswind.com/

[19] Shell," IH2 Technology",2021,https://www.shell.com/business-customers/catalysts-technologies/licensed-

technologies/benefits-of-biofuels/ih2-technology.html

[20] 石油連盟, 「石油業界のカーボンニュートラルに向けたビジョン(目指す姿)」, (2021), 2021, https://www.paj.gr.jp/paj_info/topics/2021/03/19-001926.html

[21] 経済産業省, 「カーボンリサイクル技術ロードマップ(令和3年7月改訂)」, (2021), 2021, https://www.meti.go.jp/press/2021/07/20210726007/20210726007.pdf

[22] 経済産業省, 「第6次エネルギー基本計画」, (2021), 2021, https://www.meti.go.jp/press/2021/10/20211022005/20211022005.html

[23] 環境省・経済産業省, グリーン・バリューチェーンプラットフォーム「サプライチェーン排出量算定をはじめる方へ」, 2021, https://www.env.go.jp/earth/ondanka/supply_chain/gvc/supply_chain.html

第2章

[1] 経済産業省・資源エネルギー庁, スペシャルコンテンツ, 「エンジン車でも脱炭素?グリーンな液体燃料『合成燃料』とは」, (2021), 2021, https://www.enecho.meti.go.jp/about/special/johoteikyo/gosei_nenryo.html

[2] Energy Efficiency & Renewable Energy (EERE), Alternative Fuels Data Center" Fuel Properties Comparison", (2021), 2021, https://afdc.energy.gov/fuels/properties [

[3] ゴールドマン・サックス証券株式会社, "グローバル自動車　CO_2規制の新局面:EVは「走り方」だけでなく「作り方」も問われる時代に", (2019), 2021, https://www.goldmansachs.com/japan/insights/pages/electric-vehicles-lfa-f/lca-report.pdf

[4] 環境省, 「バイオ燃料の温室効果ガス削減効果に関するLCAガイドライン　Ver.1.0」, (2010), 2021, https://www.env.go.jp/earth/ondanka/lca/pdf/guideline01.pdf

[5] CNPEM, "Comparison of Biofuel Life Cycle Assessment Tools", (2017), 2021, https://task39.sites.olt.ubc.ca/files/2019/04/Task-39-GHS-models-Final-Report-Phase-1.pdf

[6] Edward S. Hubbard, Jr.,Esq.Renewable Fuels Association,"Ethanol Policy Priorities and Outlook Under the Biden Administration" (Personal communication), (2021).

[7] 森山亮・澤一誠, 「我が国における運輸部門のCO_2排出削減に対するバイオエタノール導入の効果」, 季報エネルギー総合工学43-4号, (2021).

[8] U.S.Energy Information Administration, "Renewable & Alternative Fuels", (2020), 2021, https://www.eia.gov/renewable/

[9] U.S.Environmental Protection Agency, "Renewable Fuel Standard Program", 2021, https://www.epa.gov/renewable-fuel-standard-program

[10] U.S.Department of Energy,"Alternative Fuels Data Center",2021,https://afdc.energy.gov/fuels/ethanol_e85.html

[11] Ana Zancaner and Carys Wright," The Energy Series : The Brazilian Ethanol Market", (2020), 2021, https://www.czarnikow.com/blog/the-energy-series-the-brazilian-ethanol-market

[12] 農林水産省, 「バイオマス・ニッポン総合戦略」, (2006), 2021, https://www.maff.go.jp/j/shokusan/biomass/biojapan.html

[13] 内閣府, 「バイオガスエネルギー」, (2007), 2021, https://www8.cao.go.jp/cstp/project/bunyabetu2006/energy/3kai/

siryo3-2-1-1.pdf

[14] 大阪府,「E10利用のための法整備」,(2016),2021,https://www.pref.osaka.lg.jp/chikyukankyo/e10/gov.html

[15] 日本経済新聞,「国産バイオエタノールの補助金打ち切り」,(2014),2021,https://www.nikkei.com/article/DGXNASFS14H19_U4A710C1EE8000/

[16] 経済産業省・資源エネルギー庁「バイオエタノールの導入に関するこれまでの取組と最近の動向」,(2017),2021,https://www.meti.go.jp/committee/kenkyukai/energy_environment/bio_nenryo/pdf/001_02_00.pdf

[17] 経済産業省・資源エネルギー庁,「次期判断基準のあり方に関する考え方(改訂版)(案)」,(2018),2021,https://www.meti.go.jp/shingikai/energy_environment/bio_nenryo/pdf/002_03_00.pdf

[18] バイオマス燃料供給有限責任事業組合,「組織概要」,2021,https://www.jbsl.jp/outline/index.html

[19] 株式会社日刊工業新聞社,「トコトンやさしいバイオエタノールの本」,PP.91,(2008).

[20] バイオマス燃料供給有限責任事業組合(JBSL),「導入目標」,2021,https://www.jbsl.jp/objective/

[21] バイオマス燃料供給有限責任事業組合(JBSL),「事業内容」,2021,http://www.jbsl.jp/content/index.html

[22] 財務省,貿易統計,,,2021,https://www.customs.go.jp/toukei/info/

[23] 国際エネルギー機関(IEA),"Oil Market Report",2021,https://www.iea.org/topics/oil-market-report

[24] 経済産業省,総合資源エネルギー調査会 石油分科会 石油部会 燃料政策小委員会,第4回ETBE利用検討・ワーキンググループ資料「ETBEの供給安定性、経済性について」,(2005).

[25] 江藤 諒,一般財団法人日本エネルギー経済研究所(IEEJ),「わが国のバイオエタノール導入の状況と課題」(IEEJ 2018年8月掲載),(2018),2021,https://eneken.ieej.or.jp/data/8037.pdf

[26] 一般財団法人日本自動車工業会,「次世代自動車の現状と展望」(3)バイオ燃料対応車,(2009),2021,https://www.kantei.go.jp/jp/singi/tikyuu/kaisai/dai04tyuuki/siryou3_2-2.pdf

[27] 廣瀬敏之・一般財団法人石油エネルギー技術センター(JPEC),JATOP第2回成果発表会「ガソリン車バイオ燃料WG研究報告」,(2012),2021,https://www.pecj.or.jp/japanese/jcap/jatop/pdf02/003.pdf

[28] 環境省,沖縄バイオ燃料事業成果等評価委員会,環境省委託 バイオ燃料利用体制確立促進事業「沖縄バイオ燃料事業成果・課題等報告書」平成29年8月,図 2-3 環境省委託 バイオ燃料利用体制確立促進事業の概要,(2017),2021,https://www.env.go.jp/earth/ondanka/biofuel/okinawabio/bio_hokokusyo.pdf

[29] 大阪府 環境農林水産部 脱炭素・エネルギー政策課 気候変動緩和・適応策推進グループ,「いい!スリーロゴマーク」,(2013),2021,https://www.pref.osaka.lg.jp/chikyukankyo/e3/rogo.html

[30] 経済産業省・資源エネルギー庁,我が国のバイオ燃料の導入に向けた技術検討委員会(第1回),「バイオエタノールの導入に関するこれまでの取組と最近の動向」,(2017),2021,https://www.meti.go.jp/committee/kenkyukai/energy_environment/bio_nenryo/pdf/001_02_00.pdf

[31] 一般財団法人エネルギー総合工学研究所,「バイオエタノールの導入技術比較調査」,(2020).

[32] 独立行政法人国立印刷局,官報号外第86号,(2018).

[33] 独立行政法人国立印刷局,官報号外第189号,(2020).

[34] 株式会社日刊工業新聞社,「トコトンやさしいバイオエタノールの本」,p.25,(2008).

[35] 株式会社日刊工業新聞社,「トコトンやさしいバイオエタノールの本」,p.37,(2008).

[36] 農林水産省,「砂糖のすべて～原料の生産から製品まで～」,(2009),2021,https://www.maff.go.jp/j/seisan/tokusan/kanmi_sigen/pdf/120412_sugar_part2.pdf

[37] 株式会社日刊工業新聞社,「トコトンやさしいバイオエタノールの本」,p.66,(2008).

[38] アメリカ穀物協会,DDGSハンドブック第4版「エタノール、ジスチラーズコーンオイルおよびトウモロコシ併産物の乾式粉砕製造」,(2018),2021,https://grainsjp.org/report/userhandbook4/

[39] 浜本 哲郎,アメリカ穀物協会日本事務所,RE2020フォーラム「トウモロコシ原料バイオエタノールの国際状況と今後の展望」,p.24「エタノール製造過程と併産物」,(2020),2022,https://grainsjp.org/cms/wp-content/uploads/dlm_uploads/b6db7055bd02c9d054347e34a3850909.pdf

[40] Renewable Fuels Association(RFA),"Ethanol Co-products",2021,https://ethanolrfa.org/ethanol-101/ethanol-co-products

[41] Institute of Energy Administration(IEA),"Putting CO_2 to Use",(2019),2021,https://www.iea.org/reports/putting-CO_2-to-use

[42] Attis Biofuels, BY-PRODUCTS "CARBON DIOXIDE",2021,https://www.attisbiofuels.com/by-products/carbon-dioxide

[43] 経済産業省・資源エネルギー庁,「知っておきたいエネルギーの基礎用語～CO_2を集めて埋めて役立てる「CCUS」」,(2017),2021,https://www.enecho.meti.go.jp/about/special/johoteikyo/ccus.html

[44] Green Plains, "Carbon Capture and Sequestration",2021,https://gpreinc.com/carbon-capture/

[45] U.S.Department of Agriculture, Economic Research Service, "Feed Grains Database",2021,https://www.ers.usda.gov/data-products/feed-grains-database/

[46] United Nations, "World Population Prospects 2019",2021,https://population.un.org/wpp/

[47] アメリカ穀物協会,アメリカ穀物協会ニュースレター　NETWORK　160号「オンラインバイオカフェ「バイオエタノール私たちのくらし」-vol.2」,(2021),2021,https://grainsjp.org/cms/wp-content/uploads/dlm_uploads/71ab3f9473ec40bd7ed746d938a56afa.pdf

[48] 農林水産省,「令和2年度食料・農業・農村白書」(令和3年5月25日公表),2021,https://www.maff.go.jp/j/wpaper/w_maff/r2/index.html

[49] U.S.Energy Information Administration(eia), "Petroleum and Other Liquids",2021,https://www.eia.gov/petroleum/

[50] 一般財団法人エネルギー工学研究所,「バイオエタノールの導入技術比較調査」,「図5-17　アメリカのトウモロコシ生産における作付け面積と単収の推移」,「図5-18　ブラジルのサトウキビ生産における作付け面積と単収の推移」,(2020).

[51] Gian Carlo Moschini(Iowa State University), Agricultural Policy Review(CARD), "Technology and Productivity in U.S. Corn and Soybean",(2014),2021,https://www.card.iastate.edu/ag_policy_review/article/?a=18

[52] Economic Research Service, U.S. Department of Agriculture, "Feed Grains at a Glance",2021,https://www.ers.usda.gov/topics/crops/corn-and-other-feedgrains/feedgrains-sector-at-a-glance/

[53] 株式会社三菱総合研究所,「バイオエタノールの利用に関する調査」(非公開),(2017).

第3章

[1] トヨタ自動車株式会社,「アニュアルレポート2018 | 社長メッセージ」,(2018),2021,https://www.toyota.co.jp/pages/

contents/jpn/investors/library/annual/pdf/2018/ar2018_1.pdf

[2] 環境省・国立研究開発法人国立環境研究所,「2020年度(令和2年度)の温室効果ガス排出量(速報値)について」,(2021),2021,https://www.env.go.jp/press/files/jp/117187.pdf

[3] 永田豊・藤井美文(一般財団法人電力中央研究所),「省エネルギーの限界に関する評価−家庭部門と運輸部門における省エネルギー」,電力経済研究,No.29,(1990),2021,https://criepi.denken.or.jp/jp/serc/periodicals/pdf/periodicals29_03.pdf

[4] 国土交通省,「運輸部門における二酸化炭素排出量」,(2021),2021,https://www.mlit.go.jp/sogoseisaku/environment/sosei_environment_tk_000007.html

[5] 環境省,「地球温暖化対策計画」(令和3年10月22日閣議決定),(2021),2021,http://www.env.go.jp/earth/ondanka/keikaku/211022.html

[6] 株式会社日本経済新聞社,「CASEとは　つながる・自動運転…車産業の新潮流」,(2021),2021,https://www.nikkei.com/article/DGXZQODZ2482L0U1A320C2000000/

[7] デロイトトーマツコンサルティング合同会社,「自動車業界の大変革「CASE」の技術開発動向と知財上の課題」,2021,https://www2.deloitte.com/jp/ja/pages/manufacturing/articles/aut/development-trends-and-ip-issues-of-case.html

[8] 国土交通省,「令和元年版交通政策白書」,2021,https://www.mlit.go.jp/common/001294514.pdf

[9] 株式会社ストロボ,自動運転ラボ「CASEとは?意味や使い方は? 「コネクテッド」や「自動運転」を示す略語」,(2021),2021,https://jidounten-lab.com/y-case-connected-autonomous-shared-electric

[10] 株式会社マクニカ,「自動運転のレベル分けとは?　レベル0〜5までを一挙解説」,(2020),2021,https://www.macnica.co.jp/business/maas/columns/135343/

[11] 国土交通省,「自動運転のレベル分けについて」,2021,https://www.mlit.go.jp/common/001226541.pdf

[12] 株式会社ダイヤモンド社,DIAMOND Onlime「自動車業界研究! 100年に一度の変革期に必要な人材像とは?」,(2021),2021,https://diamond.jp/articles/-/262602?page=2

[13] MONET Technologies株式会社,2021,https://www.monet-technologies.com/

[14] 総務省,「次世代の交通　MaaS」M−ICTナウ,vol.23,(2018),2021,https://www.soumu.go.jp/menu_news/s-news/02tsushin02_04000045.html

[15] 国土交通省・総合政策局公共交通政策部,「新たなモビリティサービスの推進について」,(2019),2021,https://www.mlit.go.jp/common/001273287.pdf

[16] 国土交通省,「日本版MaaSの推進」,2021,https://www.mlit.go.jp/sogoseisaku/japanmaas/promotion/

[17] 経済産業省・国土交通省,「スマートモビリティチャレンジ」,2021,https://www.mobilitychallenge.go.jp

[18] 経済産業省,「第6次エネルギー基本計画」,(2021).

[19] 経済産業省,「自動車産業戦略2014」,(2014),2021,https://www.meti.go.jp/shingikai/sankoshin/seizo_sangyo/pdf/003_s02_02.pdf

[20] 株式会社イード,Automotive media Response.「新車全て電動車の実現は2035年に…菅首相がより明確に提示」,(2021),2021,https://response.jp/article/2021/01/19/342285.html

[21] 経済産業省,「次世代自動車戦略2010」,(2010).

[22] 首相官邸,「日本再興戦略」改訂 2015,(2015),2021,https://www.kantei.go.jp/jp/singi/keizaisaisei/pdf/dai1jp.pdf

[23] 経済産業省・自動車新時代戦略会議「中間整理」,(2018),2021,https://www.meti.go.jp/shingikai/mono_info_service/jidosha_shinjidai/pdf/20180831_01.pdf

[24] 国土交通省・経済産業省,「乗用車燃費規制の現状と論点について」,(2018),2021,https://www.mlit.go.jp/common/001224511.pdf

[25] 一般社団法人次世代自動車振興センター,「EV等販売台数統計」,2021,http://www.cev-pc.or.jp/tokei/hanbai3.html

[26] 一般社団法人次世代自動車振興センター,「EV等保有台数統計」,2021,http://www.cev-pc.or.jp/tokei/hanbai.html

[27] 一般社団法人日本自動車販売協会連合会,「年別統計データ新車・年別販売台数(登録車)・車種別販売台数・乗用車合計(普通+小型)」,2021,http://www.jada.or.jp/data/year/y-r-hanbai/y-r-type/y-r-type-ns/

[28] 一般社団法人日本自動車販売協会連合会,「年別統計データ新車・年別販売台数(軽自動車)軽乗用車」,2021,http://www.jada.or.jp/data/year/y-l-hanbai/y-l-n/

[29] 一般社団法人自動車検査登録情報協会,「自動車保有台数:過去の自動車保有台数」,2021,https://www.airia.or.jp/publish/statistics/number.html

[30] 経済産業省,「生産動態統計年報:機械統計編:製品年表」,2021,https://www.meti.go.jp/statistics/tyo/seidou/result/ichiran/08_seidou.html#menu3

[31] 不破雷蔵,「50年近くにわたる乗用車価格の変遷をさぐる」,(2018),2021,https://news.yahoo.co.jp/byline/fuwaraizo/20180525-00085509/

[32] 価格.com,ハイブリッドカーの新車情報・自動車カタログ,2021,https://kakaku.com/kuruma/fueltype/hybrid-car/price/#100-149

[33] 価格.com,自動車　スペック検索,2021,https://kakaku.com/kuruma/spec-search/

[34] 価格.com,日産　リーフの価格・新型情報・グレード諸元,2021,https://kakaku.com/item/K0000099959/

[35] 日産自動車株式会社,セルフ見積もりLEAF,2021,https://www2.nissan.co.jp/SP/LEAF/SIMULATION/?scadid=AD_TIJ_EV_KA_KCOM_PC_00403631

[36] 荻野 隆一,House to House「電気自動車販売台数」,(2021),2021,http://house-to-house.jp/hanbaidaisu.html

[37] トヨタ自動車株式会社,MIRAI 価格・グレード,2021,https://toyota.jp/mirai/grade/?padid=from_mirai_top_navi-menu_grade

[38] 本田技研工業株式会社,クラリティ FUEL CELL,2021,https://www.honda.co.jp/CLARITYFUELCELL/

[39] 国際エネルギー機関(IEA),"Global EV Outlook 2021",(2021),2021,https://iea.blob.core.windows.net/assets/ed5f4484-f556-4110-8c5c-4ede8bcba637/GlobalEVOutlook2021.pdf

[40] ブルームバーグ・エル・ピー,ブルームバーグ・インテリジェンス「ESG特集 2021 Vol. 1:炭素社会へ向けて加速する産業界」,(2021),2021,https://about.bloomberg.co.jp/blog/electrification-strategies-of-toyota-honda-and-nissan

[41] トヨタ自動車株式会社,「バッテリーEV戦略に関する説明会」,(2021),2021,https://global.toyota/jp/newsroom/corporate/36428939.html

[42] 株式会社イード,Automotive media Response.「トヨタ　豊田社長「2030年までに30車種,BEVフルラインに」…販売は年350万台　事業戦略」,(2021),2021,https://response.jp/article/2021/12/14/352284.html

[43] 日産自動車株式会社,「日産自動車,2050年カーボンニュートラルの目標を設定」,(2021),2021,https://global.

nissannews.com/ja-JP/releases/210127-01-j

[44] 首相官邸,「第二百四回国会における菅内閣総理大臣施政方針演説」,(2021),2021,https://www.kantei.go.jp/jp/99_suga/statement/2021/0118shoshinhyomei.html

[45] 経済産業省,「EV・PHV普及に関する経済産業省の取組」,(2017),2021,https://www.chademo.com/wp2016/wp-content/japan-uploads/2017GA/2017GAMETI.pdf

[46] 経済産業省,「電気自動車・プラグインハイブリッド自動車の充電インフラ整備事業費補助金について」,(2017),2021,https://www.meti.go.jp/information_2/publicoffer/review2017/html/h29_s6.pdf

[47] 株式会社ゴーゴーラボ,GoGoEV,2021,http://ev.gogo.gs/

[48] 不破 雷蔵,「直近で2万9005件、漸減継続中…ガソリンスタンド数や急速充電スタンド数の推移(最新)」,(2021),2022,http://www.garbagenews.net/archives/1972324.html

[49] 国立研究開発法人新エネルギー・産業技術総合開発機構(NEDO),「NEDO水素エネルギー白書」,(2014),2021,https://www.nedo.go.jp/library/suiso_ne_hakusyo.html

[50] 国立研究開発法人新エネルギー・産業技術総合開発機構(NEDO),「NEDO燃料電池・水素技術開発ロードマップ2010」,(2010),2021,https://www.nedo.go.jp/library/battery_hydrogen_2010.html

[51] 日本水素ステーションネットワーク合同会社,(2020),2021,https://www.jhym.co.jp/

[52] 経済産業省・水素・燃料電池戦略協議会,「水素・燃料電池戦略ロードマップ」,(2019),2021,https://www.meti.go.jp/press/2018/03/20190312001/20190312001-1.pdf

[53] 経済産業省,水素・燃料電池戦略ロードマップ評価ワーキンググループ,参考資料4「水素・燃料電池戦略ロードマップ～水素社会実現に向けた産学官のアクションプラン～(全体)」,2022,https://www.meti.go.jp/shingikai/energy_environment/suiso_nenryo/roadmap_hyoka_wg/pdf/002_s04_00.pdf

[54] 欧州連合(EU),"DIRECTIVE 2014/94/EU OF THE EUROPEAN PARLIAMENT AND OF THE COUNCIL of 22 October 2014 on the deployment of alternative fuels infrastructure",(2014),2021, https://eur-lex.europa.eu/legal-content/EN/TXT/HTML/?uri=CELEX:32014L0094&from=en

[55] 欧州委員会(EC),"Proposal for a REGULATION OF THE EUROPEAN PARLIAMENT AND OF THE COUNCIL on the deployment of alternative fuels infrastructure, and repealing Directive 2014/94/EU of the European Parliament and of the Council",(2021),2021,https://eur-lex.europa.eu/legal-content/EN/TXT/HTML/?uri=CELEX:52021PC0559&from=en

[56] 一般社団法人次世代自動車振興センター,「電気自動車の5つの不安にお答えします」,2021,http://www.cev-pc.or.jp/what_ev/charge/

[57] 株式会社日本経済新聞社,「レアメタル 供給揺らぐ アフリカや南米、コロナで鉱山停止 スマホやEV生産に影」,(2020),2021,https://www.nikkei.com/article/DGXMZO59503350T20C20A5EA5000/

[58] 株式会社インテージ,知るギャラリー「日本のEV導入における課題とは?～EV先進国中国の事例と日本の生活者意識から考える～」,(2019),https://gallery.intage.co.jp/ev2019/

[59] 清水直茂,株式会社日経BP,日経xTECH「2030年"LCA規制"の衝撃、トヨタ・日産・ホンダは中核にエンジン」,(2019),2021,https://xtech.nikkei.com/atcl/nxt/column/18/00938/00003/

[60] マツダ株式会社,マツダ公式ブログ ZOOM-ZOOM BLOG「マツダ、クルマをより魅力的にする電動化とコネクティビティの技術戦略を公表」,電動化技術－「Well-to-Wheel(燃料採掘から車両走行まで)」の考え方,(2018),2021,https://blog.mazda.com/archive/20181002_01.html

[61] 国際エネルギー機関(IEA),"Global EV Outlook 2019",(2019.6),2021,https://iea.blob.core.windows.net/assets/7d7e049e-ce64-4c3f-8f23-6e2f529f31a8/Global_EV_Outlook_2019.pdf

[62] 環境省,「2019年度(令和元年度)の温室効果ガス排出量確報値について」,(2021),2021,https://www.env.go.jp/press/files/jp/116118.pdf

[62] 電気事業低炭素社会協議会,「電気事業における地球温暖化対策の取組み」,2021,https://e-lcs.jp/followup/2019FU_torikumi.pdf

[64] 経済産業省・資源エネルギー庁,「長期エネルギー需給見通し」,(2015),2021,https://www.enecho.meti.go.jp/committee/council/basic_policy_subcommittee/mitoshi/pdf/report_01.pdf

[65] 環境省,「算定・報告・公表制度における算定方法・排出係数一覧」,2021,https://ghg-santeikohyo.env.go.jp/files/calc/itiran2019.pdf

[66] 経済産業省,「水素・燃料電池戦略協議会 CO_2フリー水素WG,CO_2フリー水素WG報告書」,(2017),2021,https://www.meti.go.jp/report/whitepaper/data/pdf/20170307001_01.pdf

[67] 一般社団法人日本自動車工業会,「2050年カーボンニュートラルに向けた課題と取組み」,(2021),2021,https://www.meti.go.jp/shingikai/mono_info_service/carbon_neutral_car/pdf/004_04_00.pdf

第4章

[1] 経済産業省,第5回 経済産業分野におけるトランジション・ファイナンス推進のためのロードマップ策定検討会,資料6「トランジション・ファイナンス」に関する石油分野におけるロードマップ(案)」,(2021),2021,https://www.meti.go.jp/shingikai/energy_environment/transition_finance_suishin/pdf/005_06_00.pdf

[2] 経済産業省,「総合資源エネルギー調査会 資源・燃料分科会 報告書」,(2021),2021,https://www.meti.go.jp/shingikai/enecho/shigen_nenryo/pdf/20210512_1.pdf

[3] 経済産業省,「我が国のバイオ燃料の導入に向けた技術検討委員会(第5回)参考資料1 高度化法告示におけるガソリンのGHG排出量に係る論点」(第3回本委員会資料),(2019),2021,https://www.meti.go.jp/shingikai/energy_environment/bio_nenryo/pdf/005_s01_00.pdf

[4] 経済産業省,第27回 総合資源エネルギー調査会資源・燃料分科会「資料5 バイオ燃料の導入に係る高度化法告示の検討状況」,(2019),2021,https://www.meti.go.jp/shingikai/enecho/shigen_nenryo/pdf/027_05_00.pdf

[5] 大阪府,「E10利用のための法整備」,(2012),2021,https://www.pref.osaka.lg.jp/chikyukankyo/e10/gov.html

[6] 岩手大学 化学・生命理工学科 化学コース,研究ハイライト「木質バイオマスからの化学品原料合成」,(2016),2022,http://www.chem.iwate-u.ac.jp/highlight/shirai_01.html

[7] 那須緑地株式会社,地球環境 植物の生命活動,2022,https://www.nasu-net.co.jp/ryokuchi/environment.html

[8] 国立研究開発法人産業技術総合研究所,産総研TODAY 2013-06.(2013)2021,https://www.aist.go.jp/Portals/0/resource_images/aist_j/aistinfo/aist_today/vol13_06/vol13_06_p11.pdf

[9] 積水化学工業株式会社,新着情報“ごみ”を“エタノール”に変換する世界初の革新的生産技術を確立(2017),2022,https://www.sekisui.co.jp/news/2017/1314802_29186.html

[10] 国立研究開発法人新エネルギー・産業技術総合開発機構(NEDO),「セルロース系エタノール革新的生産システム開発事業」(事後評価)分科会事業原簿【公開】,(2013),2021,https://www.nedo.go.jp/content/100551833.pdf

[11] 国立研究開発法人新エネルギー・産業技術総合開発機構(NEDO),セルロース系エタノール生産システム総合開発実証事業(事後評価)分科会「資料5　プロジェクトの概要説明資料(公開)」,(2020),2021,https://www.nedo.go.jp/content/100927214.pdf

[12] 国立研究開発法人新エネルギー・産業技術総合開発機構(NEDO),「セルロース系エタノール革新的生産システム開発事業:事業・プロジェクト概要」,(2020),2021,https://www.nedo.go.jp/activities/FF_00042.html

[13] 国立研究開発法人新エネルギー・産業技術総合開発機構(NEDO),「セルロース系エタノール生産システム総合開発実証事業:事業・プロジェクト概要」,(2020),2021,https://www.nedo.go.jp/activities/ZZJP_100095.html

[14] 公益財団法人地球環境産業技術研究機構(RITE),研究活動概説・バイオ研究グループ「持続可能な社会の実現を目指したグリーンバイオプロセスの開発」,「図3　RITEバイオプロセス(増殖非依存型バイオプロセス)の特徴」,(2019),2021,https://www.rite.or.jp/results/today/pdf/RT2019_bio_j.pdf

[15] 凸版印刷株式会社・ENEOS株式会社,NEWS RELEASE「凸版印刷とENEOS、古紙バイオエタノール事業で協業検討開始」,(2021),2021,https://www.toppan.co.jp/news/2021/06/nsrelease210614_1.html

[16] 国立研究開発法人新エネルギー・産業技術総合開発機構(NEDO),「セルロース系エタノール生産システム総合開発実証事業」(事後評価)分科会プロジェクトの概要(公開),BITS「可溶性糖質源培養による木質系バイオマス由来パルプ分解用酵素生産の研究開発」バイオエタノール生産パイロットプラント,(2020),2021,https://www.nedo.go.jp/content/100927214.pdf

[17] 経済産業省(協力府省:内閣府・文部科学省・環境省),「カーボンリサイクル技術ロードマップ」(令和3年7月改訂),(2021).

[18] 経済産業省,合成燃料研究会「中間取りまとめ」,(2021),2021,https://www.meti.go.jp/shingikai/energy_environment/gosei_nenryo/pdf/20210422_1.pdf

[19] 経済産業省,第8回 産業構造審議会 グリーンイノベーションプロジェクト部会 エネルギー構造転換分野ワーキンググループ「資料5　CO_2等を用いた燃料製造技術開発」プロジェクトの研究開発・社会実装の方向性,(2021),2021,https://www.meti.go.jp/shingikai/sankoshin/green_innovation/energy_structure/pdf/008_05_00.pdf

[20] 石油連盟,「石油業界のカーボンニュートラルに向けたビジョン(目指す姿)」,(2021),2021,https://www.paj.gr.jp/from_chairman/20210319_02.pdf

[21] 経済産業省・資源エネルギー庁,第7回 産業構造審議会 グリーンイノベーションプロジェクト部会 エネルギー構造転換分野ワーキンググループ「資料2　CO_2等を用いた燃料製造技術開発プロジェクトの研究開発・社会実装の方向性」,(2021),2021,https://www.meti.go.jp/shingikai/sankoshin/green_innovation/energy_structure/pdf/007_02_00.pdf

[22] 国立研究開発法人新エネルギー・産業技術総合開発機構(NEDO),ニュースリリース「CO_2からの液体合成燃料一貫製造プロセス技術の研究開発に着手—ガソリン・軽油・ジェット燃料を代替し、温室効果ガスの大幅削減を目指す—」,図1　CO_2から液体合成燃料を製造するイメージ,(2021),2021,https://www.nedo.go.jp/news/press/AA5_101410.html

[23] 国立研究開発法人新エネルギー・産業技術総合開発機構(NEDO),ニュースリリース「CO_2からの液体合成燃料一貫製造プロセス技術の研究開発に着手—ガソリン・軽油・ジェット燃料を代替し、温室効果ガスの大幅削減を目指す—」,「図2　研究開発の概要」,(2021),2021,https://www.nedo.go.jp/news/press/AA5_101410.html

[24] 経済産業省,第6回 産業構造審議会 グリーンイノベーションプロジェクト部会「資料2　グリーンイノベーション基金事

業の今後の進め方について」,(2021),2021,https://www.meti.go.jp/shingikai/sankoshin/green_innovation/pdf/006_02_00.pdf

[25] 国立研究開発法人新エネルギー・産業技術総合開発機構(NEDO)・技術戦略研究センター(TSC),技術戦略研究センターレポート「TSCForesightVol.21」,「次世代バイオ燃料分野の技術戦略策定に向けて」の「図1次世代バイオ燃料製造プロセス一覧」,(2017),2022,https://www.nedo.go.jp/content/100870191.pdf

[26] 環境省,「令和3年度二酸化炭素の資源化を通じた炭素循環社会モデル構築促進事業委託業務の公募採択案件について」,(2021),2022,https://www.env.go.jp/press/109906.html

[27] 丸田 昭輝(株式会社テクノバ),京都大学大学院・経済学研究科・再生可能エネルギー経済講座,コラム「No.248 すれ違う日本と欧州のE-Fuel:日本のとるべき戦略」,(2021),2021,https://www.econ.kyoto-u.ac.jp/renewable_energy/stage2/contents/column0248.html

[28] 大聖 泰弘(早稲田大学　名誉教授),エネルギー・資源学会「2050年に向けた日本のエネルギー需給」研究委員会2020年度第2回シンポジウム／第10回東京大学ESIシンポジウム,「次世代自動車技術による温暖化ガス排出削減の取り組み」,(2021),2021,https://www.esisyab.iis.u-tokyo.ac.jp/symposium/20210204/20210204-04.pdf

[29] アメリカ穀物協会,”取扱穀物　DDGS”,2022,https://grainsjp.org/grains/ddgs-g/

[30] 日産自動車株式会社(NISSAN),日産自動車ニュースルーム「日産自動車、SOFCを発電装置とする世界初の燃料電池電気自動車のプロトタイプをブラジルで発表」(2016/08/05),(2016),2022,https://global.nissannews.com/ja-JP/releases/160805-02-j?source=nng

[31] 日産自動車株式会社(NISSAN),技術アーカイブe-Bio Fuel-Cell「バイオエタノールから発電した電気で走行する、新しい燃料電池システム」,(2016),2022,https://www.nissan-global.com/JP/TECHNOLOGY/OVERVIEW/e_bio_fuel_cell.html

第5章

[1] 国土交通省,「運輸部門における二酸化炭素排出量」,(2021),2021,https://www.mlit.go.jp/sogoseisaku/environment/sosei_environment_tk_000007.html

[2] 国際民間航空機関(ICAO),Working Paper“ASSEMBLY — 40TH SESSION EXECUTIVE COMMITTEE”,(2019),2021,https://www.icao.int/Meetings/A40/Documents/WP/wp_102_en.pdf

[3] 国際航空運送協会(IATA),“IATA Calls for 50% Aviation Emission Reduction by 2050”,(2009),2021,https://www.airport-technology.com/categorised/news72127-html/

[4] 国際航空運送協会(IATA),“IATA Sustainable Aviation Fuel Roadmap 1st Edition”,(2015),2021,https://www.iata.org/contentassets/d13875e9ed784f75bac90f000760e998/safr-1-2015.pdf

[5] Manuel Ojeda edit and Sergio Rojas edit,“Biofuels from Fischer-Tropsch Synthesis”,Nova Science Publishers,Inc.(2010).

[6] C. Gutierrez-Antonio,et al.,Renew. Sustain. Energy Rev vol.79, pp. 709-729,(2017).

[7] Martin Kaltschmitt and Ulf Neuling edit : Biokerosene,pp506-509 Springer,(2018)

[8] Martin Kaltschmitt and Ulf Neuling edit : Biokerosene,pp448-451,Springer,(2018)

[9] Ramesh C. Ray edit：Sustainable Biofuels, pp287, Academic Press, (2021)

[10] Rainer Janssen(WIP), Alain Quignard(IFPEN), "CORE-JetFuel Final Report on Technical Compatibility, Certification and Deployment", 2021, https://www.senasa.es/recursos/adobePDF/2018/pdf/core-jet-fuel/5_2GA_605716_CORE-JetFuel_Deliverable_5.2_Final%20_Report_on_Technical_Com.pdf

[11] Ramesh C. Ray edit：Sustainable Biofuels, pp.253, Academic Press, (2021)

[12] Anamaria P. P. Pires, et al., "Chemical composition and fuel properties of alternative fuels", Bioresources, vol.13(2), pp.2632-2657, (2018)

[13] Feng Cheng et al, "Aromatic Hydrocarbons for Jet Fuels from Lignin Fast Pyrolysis and Upgrading", 2015 AIChE Annual Meeting, (2015).

[14] 国際民間航空機関(ICAO), Working Paper" Conference on Aviation and Alternative Fuels", October 2017 CAAF/2-WP/07, (2017), 2021, https://www.icao.int/Meetings/CAAF2/Documents/CAAF.2.WP.007.1.en.pdf

[15] Shuai Guo et al, "Controllable alkylation of benzene with mixed olefins for producing C8-C15 aromatics in jet fuel", Fuel, 1－8, pp.275, (2020).

[16] Scott Geleynse et al.," The Alcohol-to-Jet Conversion Pathway for Drop-In Biofuels：Techno-Economic Evaluation", (2018), 2021, https://doi.org/10.1002/cssc.201801690

[17] 村上 克治, "合成ガス発酵法による燃料・化学品の生産", 生物工学, vol. 91, p. 654, (2013).

[18] Yanyong Liu, "Catalytic Ethylene Oligomerization over Ni/Al-HMS：A Key Step in Conversion of Bio-Ethanol to Higher Olefins", Catalysis, vol.8, pp.537, (2018)

[19] Green Car Congress," ASTM approves 6th pathway for sustainable aviation fuel(SAF)：catalytic hydrothermolysis jet fuel(CHJ)", (2020), 2021, https://www.greencarcongress.com/2020/02/2020-0201-astmchj.html

[20] Martin Kaltschmitt and Ulf Neuling edit, "Biokerosene", pp.486-488, (2018).

[21] Bioenergy International, "Biofuels & Oils：ASTM International approves ReadiJet's Catalytic Hydrothermolysis Jet pathway", (2020), 2021, https://bioenergyinternational.com/biofuels-oils/astm-international-approves-readijets-catalytic-hydrothermolysis-jet-production-pathway

[22] Martin Kaltschmitt and Ulf Neuling edit：Biokerosene, pp.314-315, Springer, (2018).

[23] Martin Kaltschmitt and Ulf Neuling edit：Biokerosene, pp.310, Springer, (2018).

[24] Martin Kaltschmitt and Ulf Neuling edit：Biokerosene, pp.313, Springer, (2018).

[25] US Department of Energy, Sustainable Aviation Fuel, Review of Technical Pathways, pp.18-19, (2020)

[26] Sai Gollakota・Scott McDonald," CO_2 capture from ethanol production and storage into the Mt Simon Sandstone", (2012), 2021, https://onlinelibrary.wiley.com/doi/10.1002/ghg.1305

[27] Uisung Lee et al., "Retrospective analysis of the U.S. corn ethanol industry for 2005-2019：implications for greenhouse gas emission reductions", DOI：10.1002/bbb.2225；Biofuels. Bioprod. Bioref., (2021).

[28] 経済産業省・国立研究開発法人新エネルギー・産業技術開発機構(NEDO)・日本CCS調査株式会社, 「苫小牧におけるCCS大規模実証試験30万トン圧入時点報告書(総括報告書)」, (2020).

[29] 日本CCS調査株式会社, 「苫小牧CCS大規模実証試験」, (2012～2020年度), 2021, https://www.japanccs.com/business/demonstration/overview.php

[30] 国際航空運送協会(IATA), Sustainable Aviation Fuel Roadmap 1st Edition, ISBN978-92-9262-704-4, (2015).

[31] Ramesh C. Ray edit, Sustainable Biofuels, pp.293, Academic Press, (2021)

[32] 国際民間航空機関(ICAO)," CORSIA Default Life Cycle Emissions Values for CORSIA Eligible Fuels", (2021).

[33] Ramesh C. Ray edit, Sustainable Biofuels, pp239, Academic Press, (2021)

[34] Amgad A. Elgowainy et al. OSTI.GOV : " Life-Cycle Analysis of Alternative Aviation Fuels in GREET", Energy System Division, ANL/ESD/12-8, (2012).

[35] Xunmin Ou et al.," Life-Cycle Energy Use and Greenhouse Gas Emissions Analysis for Bio-Liquid Jet Fuel from Open Pond-Based Micro-Algae under China Conditions" Energies, vol. 6, pp. 4897-4923, (2013).

[36] Ramesh C. Ray edit, Sustainable Biofuels, pp.228, Academic Press, (2021) .

[37] 国際民間航空機関(ICAO), "CORSIA Default Life Cycle Emissions Values for CORSIA Eligible Fuels", (2021).

[38] 経済産業省・資源エネルギー庁,「バイオマス発電燃料の食料競合について」, (2020), 2021, https://www.meti.go.jp/shingikai/enecho/shoene_shinene/shin_energy/biomass_sus_wg/pdf/006_02_00.pdf

[39] Renewable Fuels Association, "Ethanol Policy Priorities and Outlook under the Biden Administration, RFA analysis using GREET_2019 and underdefined Assumptions/projections ", (2019).

[40] Uisung Lee, et al., "Using waste CO_2 from corn ethanol biorefineries for additional ethanol production: life cycle analysis" , Biofuels. Bioprod. Bioref., vol. 15, pp. 468-480 (2020)

[41] 国立研究開発法人新エネルギー・産業技術開発総合機構(NEDO), NEDOセミナー「持続可能な社会実現に向けたバイオの貢献と可能性」BioJapan2021「持続可能なエネルギー領域における 「バイオ」の課題と期待 ～SAF(Sustainable Aviation Fuel/持続可能な航空燃料;バイオジェット燃料)製造を中心にして」(2021), 2021, https://www.nedo.go.jp/content/100938901.pdf

[42] 篠田 克彦, "バイオマスからのジェット燃料製造技術の開発", 日本エネルギー学会機関誌えねるみくす, vol.100, pp. 417-423, (2021).

[43] 国立研究開発法人新エネルギー・産業技術開発総合機構(NEDO) ,「セルロース系エタノール生産システム総合開発実証事業(事後評価)」分科会資料(資料－5), (2020), 2021, https://www.nedo.go.jp/introducing/iinkai/ZZBF_100433.html

[44] 積水化学工業株式会社,「ゴミをエタノールに変換する技術の事業化を目的に合弁会社を設立」, (2020), 2021, https://www.sekisui.co.jp/news/2020/1348992_36493.html

[45] 国立研究開発法人新エネルギー・産業技術開発総合機構(NEDO) ,「バイオジェット燃料生産技術開発事業(中間評価)」プロジェクトの概要 2020年10月21日(中間評価)分科会資料－5, (2020), 2021, https://www.nedo.go.jp/content/100925276.pdf

[46] 株式会社ニューラル, Sustainable Japan「ユーグレナ, ミドリムシ由来のバイオジェット燃料生産に成功。ASTM D7566 Annex規格に適合」, (2021), 2021, https://sustainablejapan.jp/2021/03/16/euglena-bio-aviation-fuel/60031

[47] statista,"Total fuel consumption of commercial airlines worldwide between 2005 and 2022",(2021),2022,https://www.statista.com/statistics/655057/fuel-consumption-of-airlines-worldwide/

[48] 経済産業省・資源エネルギー庁「CO_2等を用いた燃料製造技術開発プロジェクトの研究開発・社会実装の方向性(案)」, (2021), 2021, https://www.meti.go.jp/shingikai/sankoshin/green_innovation/energy_structure/pdf/007_02_00.pdf

[49] 国立研究開発法人新エネルギー・産業技術開発機構(NEDO) , NEDO技術戦略研究センターレポート, TSC

Foresight vol.37「次世代バイオ燃料(バイオジェット燃料)分野の技術戦略策定に向けて」,(2020),2021,https://www.nedo.go.jp/content/100920836.pdf

[50] Tsvetomira Tsanova,Renewables Now,"Fulcrum starts construction of Nevada garbage-to-fuel plant",(2021),2021,https://www.renewablesnow.com/news/fulcrum-starts-construction-of-nevada-garbage-to-fuel-plant-613317/

[51] Gevo, Inc., "GEVO and ADM Announce Support of Sustainable Aviation Fuel Production Using Ethanol Pathway",(2021),2021,https://gevo.com/products/ethanol/gevo-and-adm-saf-through-ethanol/

[52] Notified GlobeNewswire, "LanzaTech Awarded $4M from DOE for Low Carbon Jet & Diesel Demonstration Facility",(2016),2021,https://www.globenewswire.com/news-release/2016/12/30/1005721/0/en/LanzaTech-Awarded-4M-from-DOE-for-Low-Carbon-Jet-Diesel-Demonstration-Facility.html

[53] 国土交通省・航空局,「航空機運航分野におけるCO_2削減に関する検討会(第1回)資料2－1」令和3年3月22日,(2021),2021,https://www.mlit.go.jp/common/001395880.pdf

[54] Ryan Davis, et al.,"Biological Conversion of Sugars to Hydrocarbons Technical Pathway",NREL/TP-5100-58054 PNNL-22318,(2013).

[55] Rongchun Shen, et al.,"Techno-economic analysis of jet-fuel production from biorefinery waste lignin",Biofuels, Biofuels. Bioprod. Bioref.DOI：10.1002/bbb.1952,(2018).

[56] Roland Berger Report "Sustainable Aviation Fuels",(2020),2021,https://www.rolandberger.com/publications/publication_pdf/roland_berger_sustainable_aviation_fuels.pdf

[57] 内閣府　革新的環境イノベーション戦略,総合イノベーション戦略推進会議決定(資料2－2),令和2年1月21日,(2020),2021,https://www.kantei.go.jp/jp/singi/tougou-innovation/pdf/kankyousenryaku2020.pdf

第6章

[1] 森山亮・澤一誠,一般財団法人エネルギー総合工学研究所・季報エネルギー総合工学・第43巻・第4号「わが国における運輸部門のCO_2排出削減に対するバイオエタノール導入の効果」,pp.1-9,(2021).

[2] 澤一誠,石油学会・新エネルギー部会講演会資料「CO_2削減策としてのバイオマスエネルギー導入戦略」,(2021).

[3] 岩田 忠久(東京大学 教授),日本アイ・ビー・エム株式会社(IBM)・THINK Blog Japan,「環境を守る新しいプラスチックを作る―原料は植物バイオマス。使用後は用途に応じて分解速度をコントロール」,図1：環境にやさしいバイオプラスチック,(2020),2022,https://www.ibm.com/blogs/think/jp-ja/mugendai-11672-interview-biodegradable-biomass-plastics/

[4] Scott Geleynse,Kristin Brandt,Manuel Garcia-Perez,Michael Wolcott,Xiao Zhang,ChemSusChem"The Alcohol-to-Jet Conversion Pathway for Drop-In Biofuels:Techno-Economic Evaluation",3728-3741,(2018),2021,https://chemistry-europe.onlinelibrary.wiley.com/doi/10.1002/cssc.201801690

[5] 国立研究開発法人新エネルギー・産業技術総合開発機構(NEDO),技術戦略研究センターレポート・Foresight TSC Vol.21「次世代バイオ燃料分野の技術戦略策定に向けて」,(2017),2021,https://www.nedo.go.jp/content/100870191.pdf

[6] 国立研究開発法人新エネルギー・産業技術総合開発機構(NEDO)・技術戦略研究センター(TSC),技術戦略研究センターレポート「TSCForesightVol.21」,「次世代バイオ燃料分野の技術戦略策定に向けて」の「図1次世代バイオ

燃料製造プロセス一覧」,(2017),2022,https://www.nedo.go.jp/content/100870191.pdf

[7] Yanyong Liu,Kazuhisa Murata,Toshiaki Hanaoka,Megumu Inaba,Kinya Sakanishi,Journal of Catalysis" Syntheses of new peroxo-polyoxometalates intercalated layered double hydroxides for propene epoxidation by molecular oxygen in methanol",Vol.248,pp.277-287,(2007),https://doi.org/10.1016/j.jcat.2007.03.025

[8] Sungsik Park,Yasuhiro Watanabe,Yuji Nishita,Takuya Fukuoka,Satoshi Inagaki,Yoshihiro Kubota,Journal of Catalysis "Catalytic conversion of dimethyl ether into propylene over MCM-68 zeolite",Vol.319,pp.265-273,(2014),https://doi.org/10.1016/j.jcat.2014.09.002

[9] 国立研究開発法人産業技術総合研究所,株式会社白日社,産総研ブックス「きちんとわかる木質バイオマス」,(2009).

[10] 国立研究開発法人新エネルギー・産業技術総合開発機構(NEDO),技術戦略研究センターレポート・TSC Foresight,Vol.22「バイオマスからの化学品製造分野の技術戦略策定に向けて」,p.14「図7　非可食性バイオマスからの化学品製造の技術体系」,(2017.11).

[11] 農林水産省,バイオ燃料技術革新協議会,資料3「バイオ燃料技術革新計画(案)概要」,(2008),2022,https://www.maff.go.jp/j/shokusan/biomass/b_innovation/02/pdf/data3.pdf

[12] 国立研究開発法人新エネルギー・産業技術総合開発機構(NEDO),技術戦略研究センターレポート・TSC Foresight,Vol.36「バイオプラスチック分野の技術戦略策定に向けて」,(2019.11).

[13] 公益財団法人地球環境産業技術研究機構(RITE)," バイオ研究グループの取り組み",2021,https://www.rite.or.jp/bio/effort/

[14] Yanyong Liu,Kazuhisa Murata,Megumu Inaba,Isao Takahara,Fuel Processing Technology" Synthesis of ethanol from methanol and syngas through an indirect route containing methanol dehydrogenation,DME carbonylation,and methyl acetate hydrogenolysis",Vol.110,pp.206-213,(2013),2021,https://doi.org/10.1016/j.fuproc.2012.12.016

[15] 坂西欣也,「環境技術」Vol.51,p.39,(2022).

[16] 公益財団法人地球環境産業技術研究機構(RITE)・バイオ研究グループ,研究内容「グリーン化学品生産」,2021,https://www.rite.or.jp/bio/green/

[17] 国立研究開発法人新エネルギー・産業技術総合開発機構(NEDO),技術戦略研究センターレポート・TSC Foresight,Vol.22「バイオマスからの化学品製造分野の技術戦略策定に向けて」,(2017.11).

[18] 積水化学工業株式会社,「"ごみ"を"エタノール"に変換する世界初の革新的生産技術を確立」,(2017),2021,https://www.sekisui.co.jp/news/2017/1314802_29186.html

[19] 積水化学工業株式会社,「"ごみ"を"エタノール"に変換する1/10スケールの実証プラントが岩手県久慈市に完成～新しい資源循環社会のシステム構築を目指して～」,【ご参考①】◆BRエタノール技術について,(2022),2022,https://www.sekisui.co.jp/news/2022/1373478_39136.html

[20] Zhenglong Li et al.,Green Chemistry," Selective conversion of bio-derived ethanol to renewable BTX over Ga-ZSM-5",19,4344-4352,(2017),2021,https://pubs.rsc.org/en/content/articlelanding/2017/gc/c7gc01188a

[21] 経済産業省,「カーボンリサイクル技術ロードマップ」(2021年7月改訂版),(2019),https://www.meti.go.jp/press/2021/07/20210726007/20210726007.pdf

[22] David Sandalow et al.,ICEF2020 Roadmap:Biomass Carbon Removal and Storage (BiCRS),(2021),https://www.icef.go.jp/pdf/summary/roadmap/icef2020_roadmap.pdf

[23] 一般社団法人日本有機資源協会,「バイオマスマーク」,2021,https://www.jora.jp/biomassmark/

第7章

[1] 経済産業省・資源エネルギー庁,「エネルギー基本計画について」,(2021),2022,https://www.enecho.meti.go.jp/category/others/basic_plan/

[2] 農林水産省,「バイオマスニッポン総合戦略」,(2006),2022,https://www.maff.go.jp/j/shokusan/biomass/biojapan.html

[3] 経済産業省・資源エネルギー庁,「エネルギー供給構造の高度化について」,(2010),2022,https://warp.da.ndl.go.jp/info：ndljp/pid/11708387/www.enecho.meti.go.jp/notice/topics/017/

[4] 経済産業省・資源エネルギー庁,「これまでのエネルギー基本計画について」,2022,https://www.enecho.meti.go.jp/category/others/basic_plan/past.html

[5] 経済産業省,「長期エネルギー需給見通し」,(2015),2022,https://www.enecho.meti.go.jp/committee/council/basic_policy_subcommittee/mitoshi/pdf/report_01.pdf

[6] 経済産業省・資源エネルギー庁,「カーボンリサイクルについて」,(2019),2022,https://www.enecho.meti.go.jp/category/others/carbon_recycling/pdf/concept_ja.pdf

[7] 経済産業省,『「カーボンリサイクル技術ロードマップ」を改訂しました』,(2021),2022,https://www.meti.go.jp/press/2021/07/20210726007/20210726007.html

[8] 内閣府,「革新的環境イノベーション戦略」,(2020),2022,https://www.kantei.go.jp/jp/singi/tougou-innovation/pdf/kankyousenryaku2020.pdf

[9] 経済産業省,「2050年カーボンニュートラルに伴うグリーン成長戦略を策定しました」,(2020),2022,https://www.meti.go.jp/press/2020/12/20201225012/20201225012.html

[10] 国立研究開発法人新エネルギー・産業技術総合開発機構(NEDO),グリーンイノベーション基金事業,(2021),2022,https://www.nedo.go.jp/activities/green-innovation.html

[11] 経済産業省,「2030年度におけるエネルギー需給の見通し(関連資料)」,(2021),2022,https://www.enecho.meti.go.jp/category/others/basic_plan/pdf/20211022_03.pdf

[12] 環境省,「地球温暖化対策計画」,(2021),2022,http://www.env.go.jp/earth/ondanka/keikaku/211022.html

[13] 一般社団法人日本自動車販売協会連合会,「燃料別販売台数(乗用車)」(2022年3月),(2022),2022,http://www.jada.or.jp/data/month/m-fuel-hanbai/

[14] UK Department for Transport, Introducing E10 petrol：outcome and summary of responses, (2021), https://www.gov.uk/government/consultations/introducing-e10-petrol/outcome/introducing-e10-petrol-outcome-and-summary-of-responses

[15] アメリカ穀物協会,「取扱穀物－DDGS」,2022,https://grainsjp.org/grains/ddgs-g/

[16] Jian Wei, Qingjie Ge et al., NATURE COMMUNICATIONS "Directly converting CO_2 into a gasoline fuel", (2017), 2022, https://www.nature.com/articles/ncomms15174

[17] 経済産業省・資源エネルギー庁,「今後の水素政策の検討の進め方について」,(2020),2022,https://www.meti.go.jp/shingikai/energy_environment/suiso_nenryo/pdf/018_01_00.pdf

[18] アメリカ合衆国エネルギー省(DOE),"Alternative Fuels Data Center",2022,https://afdc.energy.gov/

[19] AutoMobilSport.com, REN21(RENEWABLES NOW) "RENEWABLES 2021 GLOBAL STATUS REPORT",(2021),2022,https://www.automobilsport.com/pdf/GSR2021_Report.pdf

[20] 積水化学工業株式会社,「"ごみ"を"エタノール"に変換する世界初の革新的生産技術を確立」,(2017),2022,https://www.sekisui.co.jp/news/2017/1314802_29186.html

[21] LanzaTech,"World's First Commercial Waste Gas to Ethanol Plant Starts Up",(2018),2022,https://www.lanzatech.com/2018/06/08/worlds-first-commercial-waste-gas-ethanol-plant-starts/

[22] 公益財団法人地球環境センター(GEC),「JCM事例紹介」,2022,https://gec.jp/jcm/jp/projects/

[索引]

英数字

さ

た

な

は

ま

や・ら

［著者略歴］

CN2燃料の普及を考える会

「CN2燃料の普及を考える会」の「CN2」とは、Carbon Neutral & Negativeをあらわし、「カーボンニュートラル」から さらに「カーボンネガティブ」につながるという意味であり、脱炭素化への相乗効果を考えたネーミングである。

森山 亮（モリヤマ リョウ）

執筆：1章

【現職】 一般財団法人エネルギー総合工学研究所　副主席研究員・部長、博士（工学）、米国PE、PMP

【経歴】 2001年、北海道大学博士号取得。エネルギー総合工学研究所にて石炭ガス化PJの嘱託研究員、2005年から株式会社KRI、大阪ガスケミカル株式会社にて、炭素材料に関する研究開発に従事。2010年より現研究所にて、バイオマスなどの再生可能エネルギーに関する研究に従事。

浜本 哲郎（ハマモト テツオ）

執筆：2章・4章

【現職】 アメリカ穀物協会日本代表

【経歴】 1980年、東京大学 農学部 農芸化学科卒業。1985年、東京大学 農学博士。学位取得後10年間、理化学研究所研究員。理化学研究所やカリフォルニア大学デービス校にてセルロース分解酵素系をはじめとする微生物利用について研究。アメリカ大使館農務部スペシャリストなどを経て、現職の飼料穀物の輸出促進団体にて、日米穀物貿易の円滑化業務に従事。

岸岡 三春（キシオカ ミハル）

執筆：3章

【現職】 日本環境エネルギー開発株式会社（NEED）顧問、株式会社ナレッジコミュニケーションズ 研究主幹、TAインターナショナル株式会社 統括研究調査官、博士（工学）

【経歴】 1982年、東京大学 工学部 舶用機械工学科卒業後、通商産業省入省。資源エネルギー庁・大臣官房エネルギー対策本部・企画室などで長期エネルギー需給見通しの策定などに従事。1985年ローランド株式会社入社、電子楽器・音声解析ソフトの開発に従事。1990年株式会社三菱総合研究所、1995年株式会社テクノリサーチ研究所、2012年株式会社E&T総研を経て、2021年より現職。この間、エネルギー・環境分野などの調査研究、技術経済分析、バイオマス発電事業などのFS・経済性評価、IT管理などに従事。2003年東京工業大学工学博士。

濱田 利幸 (ハマダ トシユキ)

執筆：2章・4章

【現職】 一般財団法人エネルギー総合工学研究所　参事

【経歴】 1976年、東京工業大学 工学部 機械工学科卒業後、日本鋼管株式会社入社。主にエネルギープラントに携わる。2009年に国立研究開発法人新エネルギー・産業技術総合開発機構(NEDO)出向、2013年よりNEDO職員、この間バイオマスエネルギープロジェクトに携わる。2018年より現研究所にて、バイオマスなどの再生可能エネルギーに関する研究に従事。

横山 伸也 (ヨコヤマ シンヤ)

執筆：5章・おわりに

【現職】 東京大学名誉教授、公立鳥取環境大学名誉教授

【経歴】 1974年、北海道大学大学院 理学研究科 化学専攻博士課程修了後、工業技術院公害資源研究所(資源環境技術総合研究所)に入所。2004年、産業技術総合研究所 中国センター所長として退職。この間、バイオマスのガス化、液化、水素製造、エネルギーシステム分析などの研究に従事。その後、東京大学大学院 農学生命科学研究科 教授、公立鳥取環境大学 環境学科 教授としてバイオマス研究と環境教育に従事し、2020年退職。理学博士。

坂西 欣也 (サカニシ キンヤ)

執筆：6章

【現職】 国立研究開発法人産業技術総合研究所　エネルギー・環境領域長補佐

【経歴】 1985年、九州大学修士課程修了(1989年工学博士)後、九州大学・助手、資源環境技術総合研究所・主任研究官、産業技術総合研究所・エネルギー利用研究部門・主任研究員、2005年バイオマス研究センター長などを経て、2020年より現職。非食用バイオマスや廃棄物などからのバイオ燃料、バイオガス、バイオケミカル、バイオ炭などの製造技術の研究開発に従事。特に、バイオエタノール(お酒を含む)研究はライフワーク。

澤　一誠 (サワ イッセイ)

執筆：7章

【現職】 日本環境エネルギー開発株式会社(NEED)　代表取締役社長

【経歴】 1980年早稲田大学理工学部機械工学科卒業後、三菱商事株式会社に入社。2000年以降バイオマスエネルギー関連の事業開発に従事。

2016年 NEED(http://need.co.jp) を起業してバイオマスエネルギー専門のコンサルティング業務を行なっており、アメリカ穀物協会等の顧問として活動。経産省、農水省等政府機関の各種関連委員会の委員を歴任。産業技術総合研究所の2つの研究センターの外部評価委員を8年間務めた。2016年バイオマス発電事業者協会を設立し2018年まで副代表理事。2019年東久邇宮国際文化褒賞授与。早稲田大学招聘研究員。

■本書へのご意見、ご感想について

本書に関するご質問については、下記の宛先にFAXもしくは書面、小社ウェブサイトの本書の「お問い合わせ」よりお送りください。
電話によるご質問および本書の内容と関係のないご質問につきましては、お答えできかねます。あらかじめ以上のことをご了承の上、お問い合わせください。
ご質問の際に記載いただいた個人情報は質問の返答以外の目的には使用いたしません。また、質問の返答後は速やかに削除させていただきます。

〒162-0846　東京都新宿区市谷左内町21-13
株式会社技術評論社　書籍編集部
「図解でわかるカーボンニュートラル燃料」質問係

FAX番号：03-3267-2271

本書ウェブページ：https://gihyo.jp/book/2022/978-4-297-12805-0/

カバー・本文デザイン　武田 厚志（SOUVENIR DESIGN INC.）
カバーイラスト　加納 徳博
本文イラスト　小野﨑 理香
本文図版・レイアウト　株式会社トップスタジオ
編　集　最上谷 栄美子

未来《みらい》エコ実践《じっせん》テクノロジー
図解《ずかい》でわかるカーボンニュートラル燃料《ねんりょう》
～脱炭《だったん》素《そ》を実現《じつげん》する新《しん》バイオ燃料《ねんりょう》技《ぎ》術《じゅつ》～

2022年　6月　3日　初版　第1刷発行
2022年　7月14日　初版　第2刷発行

編著者　CN^2《シーエヌツー》燃料《ねんりょう》の普及《ふきゅう》を考《かんが》える会《かい》
発行者　片岡 巌
発行所　株式会社技術評論社
東京都新宿区市谷左内町21-13
電話　03-3513-6150 販売促進部
03-3267-2270 書籍編集部
印刷／製本　日経印刷株式会社

ISBN 978-4-297-12805-0 C3060
Printed in Japan